职业教育课程改革规划新教材

# 机床电气设备维修技术基础与技能

主　编　胡桂丽
副主编　杨　捷　周志文
参　编　李兆平　李志行　李景红　杨汉全

机 械 工 业 出 版 社

本书分三步对机床电路进行了系统、全面的讲解。第一，简介机床上常用的低压电器，主要包括各种低压电器的分类、符号、构造、选择、使用、维护和维修；第二，讲述机床上常用的主电路和控制电路，主要包括三相交流异步电动机的点动控制、持续运行控制、正反转控制、顺序控制减压起动、电气制动等电路的电气原理、电气布置、电气安装、故障分析及维修；第三，讲解各种普通机床的电气原理，主要包括各种常用机床的电气控制原理、操作、维护、故障判断、排除和维修。

本书的编排遵循由简入繁、从易到难、循序渐进的原则。大部分章节都包括理论学习和操作训练两部分内容，两者的比例约为4:6，是一本真正意义上的理实一体化教材。本书可作为各职业教育院校电类及数控等专业学生的学习教材，也可选作机械加工行业的岗位培训教材。

**图书在版编目（CIP）数据**

机床电气设备维修技术基础与技能/胡桂丽主编．—北京：机械工业出版社，2012.2（2019.1重印）

职业教育课程改革规划新教材

ISBN 978-7-111-37189-2

Ⅰ.①机…　Ⅱ.①胡…　Ⅲ.①机床-电气设备-维修-中等专业学校-教材　Ⅳ.①TG502.34

中国版本图书馆 CIP 数据核字（2012）第 011189 号

机械工业出版社（北京市百万庄大街22号　邮政编码100037）

策划编辑：高　倩　责任编辑：高　倩　张利萍　版式设计：石　冉

责任校对：闫玥红　封面设计：鞠　杨　责任印制：常天培

河北宝昌佳彩印刷有限公司印刷

2019年1月第1版第6次印刷

184mm×260mm · 13印张 · 317千字

8001–9500册

标准书号：ISBN 978-7-111-37189-2

定价：32.00元

凡购本书，如有缺页、倒页、脱页，由本社发行部调换

电话服务　　网络服务

服务咨询热线：010-88379833　　机 工 官 网：www.cmpbook.com

读者购书热线：010-88379649　　机 工 官 博：weibo.com/cmp1952

教育服务网：www.cmpedu.com

封面无防伪标均为盗版　　金 书 网：www.golden-book.com

# 前　言

本书在内容上，除了介绍机床上常用的典型电气控制设备的相关基础知识外，主要侧重于各种电气设备的常见故障分析及排除方法等。全书共分十七章，其中第一章为安全用电的基本知识和机床电气设备维修中常用的一些仪表的使用方法，第二章介绍了常见低压电器的原理、结构、选用等方面的知识，第三至六章介绍了电气控制的常用电路，第七至十一章介绍了常用机床和电动葫芦的电气控制电路的原理、故障分析及排除方法，第十二至十七章还补充介绍了其他常用的机床控制电路。

本书本着“理论够用、重在实践”的原则，结合国内目前使用较多的指定设备 YL-ZKT 为平台进行介绍，其目的是培养学生的实际动手和操作能力，并具有简单的设备维护和检修能力。本书中提到的实训内容，指导教师可根据实训设备和条件，作适当调整。在实训过程中，除了对学生要严格要求外，尤其要注重培养学生的安全意识、质量意识和职业意识。本书中的电气符号和电路原理图均执行国家最新标准的规定。

本书由胡桂丽主编，杨捷及周志文任副主编，李兆平、李志行、李景红、杨汉全参编。本书教材的编写工作得到了各学校的重视和支持，参加教材编写的人员均为各校的教学骨干，多名以上均为学科带头人、市级骨干教师、全国技能大赛指导教师、湖北名师等。本书在编写过程中，也得到了浙江亚龙教育装备股份有限公司及周正鼎、张晓蓉的帮助，在此一并表示诚挚的谢意。

由于时间仓促，加之编者水平有限，书中难免有错误和不妥之处，恳请大家批评指正，联系邮箱：guili. hu@ 163. com。

编　者

# 目　录

# 第一章　安全用电与常用仪表

## 一、安全用电知识

电是一种看不见、摸不着的物质，只能用仪表测量。随着科学技术的发展，电的使用越来越广泛，但是如果使用不合理、安装不恰当、维修不及时或违反操作规程，都将带来不良的后果。因此，了解安全用电常识，正确地用好电、管好电，在日常工作和生活中十分重要。

（一）触电对人体的危害

当人体某一部位接触到带电的导体如裸导线、开关、插座的铜片等，或触及绝缘损坏的用电设备时，人体便成为一个通电的导体，电流流过人体造成伤害，这就是触电。人触电后可能会受到电击和电伤两种伤害。

人触电时，流过人体电流的大小和伤害程度有很大关系。少量电流流过人体时，会有麻刺的感觉；大量电流如超过50mA电流流过人体时就会造成伤害，甚至死亡。此外，电流流经身体的途径以胸部至手、手至脚最为危险，电流经过大脑也是相当危险的，会使人立即昏迷。另外，电流通过人体的持续时间的长短也影响了伤害程度。时间越长，后果越严重。

（二）常见触电方式

常见触电方式见表1-1。

**表1-1　常见触电方式**

| 触电方式 | 示意图 | 说　明 |
| --- | --- | --- |
| 单线触电 |  | 当人体的某一部位碰到相线或绝缘性能不好的电气设备外壳时，电流由相线经人体流入大地的触电，称为单线触电（或称单相触电） |
| 双线触电 |  | 当人体的不同部位分别接触到同一电源的两根不同相位的相线、电流由一根相线经人体流到另一根相线的触电，称为双线触电（或称双相触电） |
| 跨步触电 | 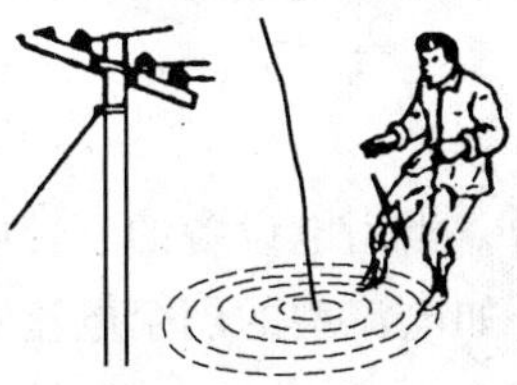 | 当电气设备相线碰壳短路接地，或带电导线直接触地时，人体虽没有接触带电设备外壳或带电导线，但是跨步行走在电位分布曲线的范围内而造成的触电，称为跨步触电（或称跨步电压触电）。跨步触电一般发生在高压电线落地时，但对低压电线落地也不可麻痹大意 |

（三）触电的原因

触电的场合不同，引起触电的原因也不同，下面根据在工农业生产、日常生活中所发生的不同触电事例，将常见触电原因归纳如下。

1. 线路架设不合规格

室内、外线路对地距离及导线之间的距离小于允许值；通信线、广播线与电力线间隔距离过近或同杆架设；线路绝缘破损；有的地区为节省电线采用一地一线制送电等。

2. 电气操作制度不严格、不健全

带电操作时，不采取可靠的保护措施；不熟悉电路和电器而盲目修理；救护已触电的人员时，自身不采取安全保护措施；停电检修时，不挂警告牌；检修电路和电器时，使用不合格的保护工具；人体与带电体过分接近而又无绝缘措施或屏护措施；在架空线上操作时，不在相线上加临时接地线（零线）。

3. 用电设备不合要求

电器设备内部绝缘损坏，金属外壳又未加保护接地措施或保护接地线太短、接地电阻太大；开关、灯具、携带式电器绝缘外壳破损，失去防护作用；开关、熔断器误装在中性线上，一旦断开，就使整个线路带电。

4. 用电不谨慎

违反布线规程，在室内乱拉电线；随意加大熔断器熔丝规格；在电线上或电线附近晾晒衣物；在电杆上拴牲口；在电线（特别是高压线）附近打鸟、放风筝；未断开电源而移动家用电器；打扫卫生时，用水冲洗或用湿布擦拭带电电器或线路等。

（四）安全用电措施

安全用电的有效措施是："安全用电、以防为主"。在选用用电设备时，须优先考虑带有防范措施的用电设备。常见的防范措施有以下几种：

1. 隔离

隔离就是采取某种方法，使人体不能直接接触用电设备的带电部分，甚至不接触用电设备本身。例如采用隔离变压器，使电气线路和设备的带电部分处于悬浮状态，这样即使人站在地面上接触线路，也不易触电。

2. 绝缘

绝缘就是采取某种措施将带电导体部分包封在绝缘材料里面，这样就不会产生不允许的触电电流通过人体。采取双重绝缘的线路或设备更为安全，这样即使工作绝缘损坏后，还有一层加强绝缘，不易造成触电。

3. 防护接地

防护接地就是将用电设备不带电的金属外壳，用导线和接地体与大地连接起来，使其保持与大地等电位，这样即使用电设备内部绝缘损坏，其漏电流通过接地系统流入大地，人体接触后也不会发生触电危险。

4. 防护切断

防护切断就是在用电设备线路上安装剩余电流断路器，当用电设备的不带电金属外壳出现大于安全值的漏电流时，立即切断电源起到保护作用。如电流型的剩余电流断路器具有较高的灵敏度和可靠性，得到了广泛的应用。

5. 屏护措施

屏护措施是指采用屏护装置将带电体与外界隔绝开来。如电器的绝缘外壳、变压器的栅栏等都属于屏护措施。

6. 间距措施

为防止人体或车辆触及或过分接近带电体，在带电体的周围应留有一定的安全距离。安全间距的大小与电压的高低、设备的类型、安装的方式等因素有关。

7. 安全标志

在有触电危险处，必须设有明显的安全标志，以引起足够的警惕，防止触电事故的发生。

8. 使用防护用品

在对用电线路或设备操作时，应穿戴好个人的防护用品，同时还要使用绝缘用具操作。在接线时，先接负载，再接电源；拆线时，先断开电源，再拆负载。

9. 安全电压

安全电压就是对用电设备使用低电压，即36V及其以下的电压。由于使用低电压，即使有漏电发生，产生的电流在安全范围内，流过人体也不足以引起危险。但这种方法只适用于使用低电压的用电设备，如机床上的照明灯等。

（五）安全用电常识

在日常生活、学习和工作中，应自觉遵守安全用电规定。常见的安全用电常识如下：

1）不准私接、乱拉电线。

2）不准用铜丝作熔丝。

3）不准在插座上接过多或功率过大的用电设备。

4）不准采用“一地一线”制。

5）不准使用绝缘层已损坏的电器。

6）对电气设备一定要做良好的接地保护。

7）不准直接拉拔电线。

8）未切断电源，不准对电气线路进行打扫。

## 二、安全急救

触电急救的基本原则是动作迅速、救护得法，切不可惊慌失措。国外一些统计资料指出，触电后1min开始救治者，90%有良好效果；触电后12min开始救治者，救活的可能性就很小了。这说明抢救时间是个重要因素。因此，争分夺秒、及时抢救是至关重要的。平时要进行触电急救常识的宣传教育，对与电气设备有关的人员还应进行必要的触电急救培训。即当发现有人触电时，必须迅速地使触电者脱离电源，然后根据触电者的具体情况，进行相应的现场救护。

（一）使触电者脱离电源的方法

使触电者脱离电源的几种方法见表1-2。

（二）对触电者进行判断的几种方法

当使触电者摆脱电源后，首先观察一下是否存在呼吸，摸一摸颈部或腹股沟处的大动脉有没有搏动，看一看瞳孔是否放大，一般可按下述情况处理：

**表 1-2　使触电者脱离电源的几种方法**

| 示意图 | 说明 | 示意图 | 说明 |
|---|---|---|---|
| 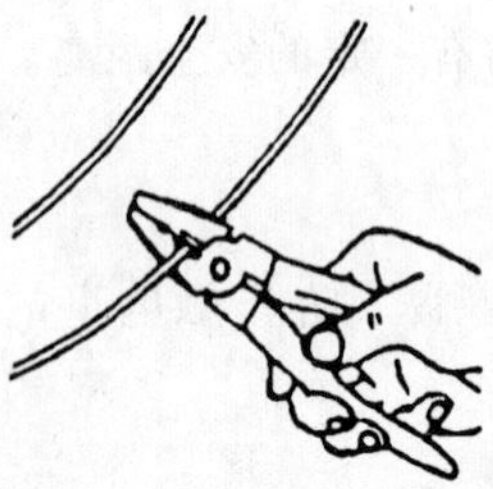 | 切断电源回路 | 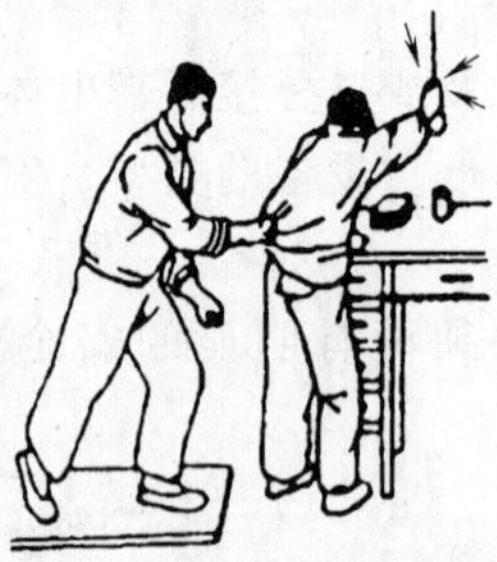 | 用手拉触电者的干燥衣服，同时注意操作者自己的安全（如脚要踩在干燥的木板上） |
| 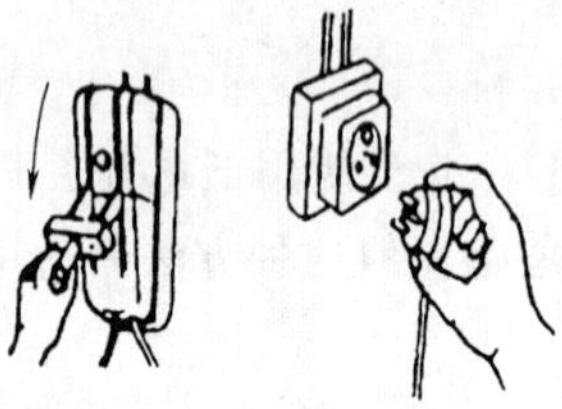 | 迅速断开刀开关或拔去电源插头 |  | 用绝缘棒拨开触电者身上的电线 |

1）病人神态清醒，但有乏力、头昏、心慌、出冷汗、恶心、呕吐等此类症状，应使病人就地安静休息，症状严重的，小心护送至医院检查治疗。

2）病人心跳尚存，但神志昏迷，应将病人移至通风干燥的地方，使触电者仰天平卧，松开衣服和腰带，保持周围空气流通，注意保暖，做好人工呼吸和心脏按压的准备工作，并立即通知医疗部门或用担架送病人去医院抢救。

3）如果病人处于“假死”状态，应立即对症施行人工呼吸或者心脏按压法或者两种方法同时使用进行抢救，并速请医生诊治或送往医院，应特别注意急救要尽早进行，不能等待医生的到来，在送往医院的途中，也不能停止急救工作。

（三）实施现场救护的几种方法

1. 口对口（鼻）人工呼吸

对失去知觉，有心跳无呼吸的触电者，应采用“口对口人工呼吸法”进行抢救。口对口人工呼吸是人工呼吸法中最有效的一种，在施行前，应迅速将触电者身上妨碍呼吸的衣领、上衣、裙带等解开，并清除触电者口腔内脱落的义齿、血块、呕吐物等，使呼吸道畅通，然后使触电者仰卧，头部充分后仰，使鼻也朝上。口对口人工呼吸操作示意图如图 1-1 所示。

具体操作步骤如下：

1）一手捏紧触电者鼻孔，另一手将其下颌拉向前下方（或托住其颈后），救护人深吸一口气后紧贴触电者的口向内吹气，同时观察胸部是否隆起，以确保吹气有效，为时约 2s。

2）吹气完毕，立即离开触电者的口，并放松捏紧的鼻子，让他自动呼气，注意胸部的复原情况，为时约 3s。

按照上述步骤连续不断地进行操作，直到触电者开始呼吸为止。触电者如系儿童，只可

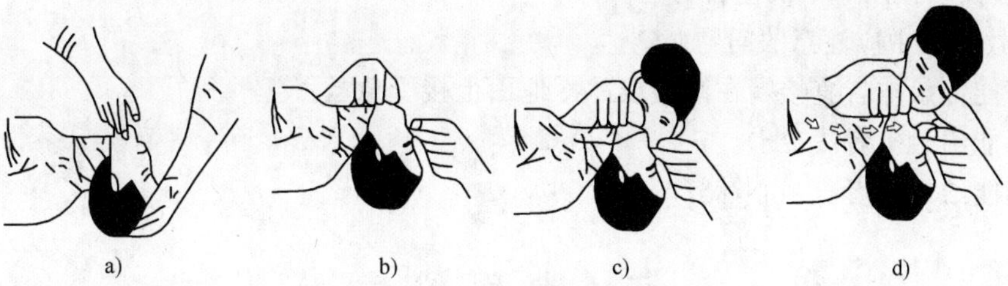

图 1-1 口对口人工呼吸操作示意图

a）清除口腔杂物 b）舌根抬起气道通 c）深呼吸后紧贴嘴吹气 d）放松嘴鼻换气

小口吹气（或不捏紧鼻子，任其自然漏气，以免肺泡破裂；如发现触电者胃部充气膨胀，可一面用手轻轻加压于其上腹部，一面继续吹气和换气。

对于牙关紧闭而不能张口或口腔有严重损伤的触电者，可改为口对鼻人工呼吸。操作顺序不变，操作方法上把捏闭鼻孔改为把病人的口部紧闭，也可以用力将病人口部张开，以利于气体排出。口对鼻人工呼吸法还可用于抢救婴幼儿，因婴幼儿口鼻开口均较小，位置又很靠近，抢救者务使患儿的口及鼻孔均开放，用自己的口包住婴幼儿的口及鼻作吹气，吹气量以胸廓有上抬为准。

2. 胸外心脏按压法

对有呼吸而无心跳者，应采用“胸外心脏按压法”进行抢救。胸外心脏按压法是触电者心脏停止跳动后的急救方法，其目的是强迫心脏恢复自主跳动，使用胸外心脏按压法时，应该使触电者平躺在比较坚实、平整、稳固的地方，保持呼吸道畅通（具体要求同口对口人工呼吸法），抢救者跪跨在病人腰部。胸外心脏按压法操作示意图如图 1-2 所示。

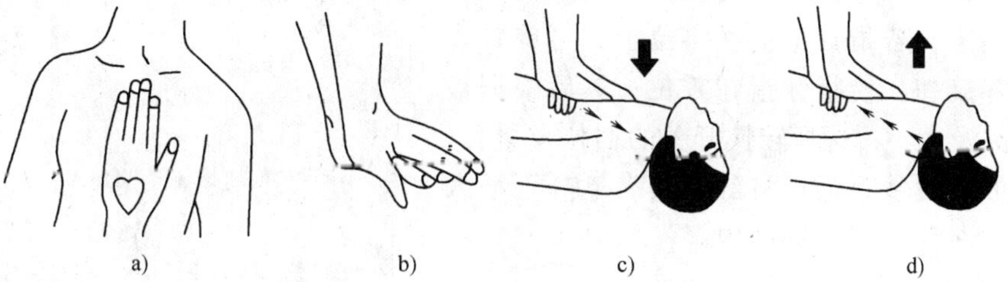

图 1-2 胸外心脏按压法操作示意图

a）找准位置 b）按压姿势 c）向下按压 d）突然松手

具体操作步骤如下：

一只手用中指指尖对准病人颈部凹凸的下缘，手掌按在胸部，另一只手压在该手的手背上，掌根用力向下压，使胸骨下段与相连的肋骨下陷 3～4cm，压迫心脏使心脏内血液搏击。按压后突然放松，掌根不必离开胸膛，依靠胸廓弹性，使胸骨复位，此时，心脏舒张，大静脉的血液回到心脏。

按照上述步骤，连续有节奏地进行，每秒钟一次，一直到触电者的嘴唇及身上皮肤的颜色转为红润，摸到动脉搏动为止。

进行胸外心脏按压时，救护者的体重和肩肌适度用力，要有一定的冲击力量，而不是缓慢用力，但也不要用力过猛。如触电者是儿童，可以用一只手按压，用力轻一些，以免损伤胸骨，每分钟以按压100次左右为宜。

3. 抢救过程中应注意的问题

1）不能使触电者直接躺在潮湿或冰冷地面上接受急救。

2）不能给触电者泼冷水。

3）不能给触电者打强心针。

## 三、常用仪表

在电气线路和用电设备的安装、使用与维护过程中，电工仪表对整个电气系统的检测、监视和控制都起着极为重要的作用。本部分将着重介绍万用表、钳形电流表、绝缘电阻表（习称兆欧表）的使用及测量方法。

（一）万用表

万用表是一种用途非常广泛的电工仪表，可用来测量电压、电流、电阻、电容、晶体管等，是电工、电子、电器设备生产制造及维修中一种最常用的工具。万用表的种类很多，根据显示方式的不同，一般可分为指针式万用表和数字式万用表。指针式万用表的测量结果通过指针在表盘上显示，数字式万用表的测量结果可直接在液晶显示屏上读出。由于在机床电器维修中主要使用万用表来测量交流电压、交流电流、电阻及电路的通、断情况，因此下面重点介绍这几方面的测量方法。

1. 指针式万用表

MF-47型万用表的外形如图1-3所示。

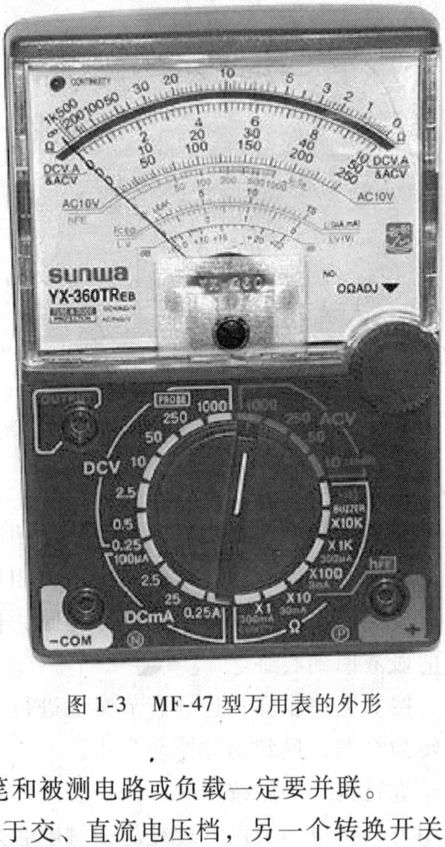

图1-3　MF-47型万用表的外形

万用表在使用前首先应熟悉表盘上各符号的意义及各个旋钮和选择开关的主要作用；其次应进行机械调零，若指针不指在零位上，可旋转表盖上的调零旋钮，使指针指在零位；然后根据被测量的种类及大小，选择转换开关的档位及量程，找出对应的刻度线；最后将红、黑表笔分别插入面板上的“+”、“-”插孔内。

（1）测量电压

1）测量交流电压。将万用表的转换开关置于交流电压档的合适量程上，测量电压时首先要选择好量程，如果用小量程去测量大电压，则会有烧表的危险；如果用大量程去测量小电压，那么指针偏转太小，无法读数。量程的选择应尽量使指针偏转到满刻度的2/3左右。测量前先估计一下被测电压的数值大小，将量程选择开关旋至相应的位置。如果事先不清楚被测电压的大小，应先选择最高量程档，待第一次读取数值后，逐渐减小到合适的量程，以减小测量误差。万用表两表笔和被测电路或负载一定要并联。

2）测量直流电压。将万用表的一个转换开关置于交、直流电压档，另一个转换开关置于直流电压的合适量程上，且“+”表笔（红表笔）接到高电位处，“-”表笔（黑表笔）接到低电位处，即让电流从“+”表笔流入，从“-”表笔流出。若表笔接反，表头指针会反方向偏转，容易撞弯指针。

（2）测量电流　指针式万用表不能用来直接测交流电流。测量直流电流时，将万用表的转换开关置于直流电流档 50μA～500mA 的合适量程上，电流的量程选择和读数方法与电压一样。测量时必须先断开电路，然后按照电流从“+”到“-”的方向，将万用表串联到被测电路中，即电流从红表笔流入，从黑表笔流出。如果不清楚被测电路极性的话，可先用最大量程触碰一下，观察指针的转向，来判断极性；如果误将万用表与负载并联，则因表头的内阻很小，会造成短路而将仪表烧毁。

（3）测量电阻　用万用表测量电阻时，首先应将转换开关转至所需电阻档位，将红、黑两表笔短接，观察指针是否指在零位，若不在，应调节“欧姆（电气）调零旋钮”，使指针刚好指在欧姆刻度线右边的零位，然后分开两表笔进行电阻测量。测量时，应使指针尽量接近刻度尺的中间，读数较准确。一般情况下，应使指针指在刻度尺的 1/3～2/3 间。若不是，需重新选择合适的量程。在电路中测量电阻时，首先必须切断电源。每次更换电阻档位时，都需重新调零。

（4）测量电路的通、断　利用万用表的电阻测量法和电压测量法都可来判断电路的通、断情况，从而找到故障原因。下面首先介绍电阻测量法。

采用电阻测量法时，首先应把红、黑表笔分别插入面板上的“+”、“-”插孔内，将转换开关转到“$R\times10$”档，先把两表笔短接，将万用表调零后，再将红、黑表笔分别接触待检查电路的某两个测试点，若此时指针接近“零”位，则说明这两点间是通的；若万用表指针指到“∞”位置，则说明这两点间是断开的。下面重点介绍万用表的分阶测量法和分段测量法，这两种方法在机床电器的检修中用的较多。

1）电阻分阶测量法。电阻分阶测量法如图 1-4 所示。按下起动按钮 SB2，若接触器 KM 不吸合，说明该电气回路有断路故障。将万用表的电阻档转到“$R\times10$”档，先把两表笔短

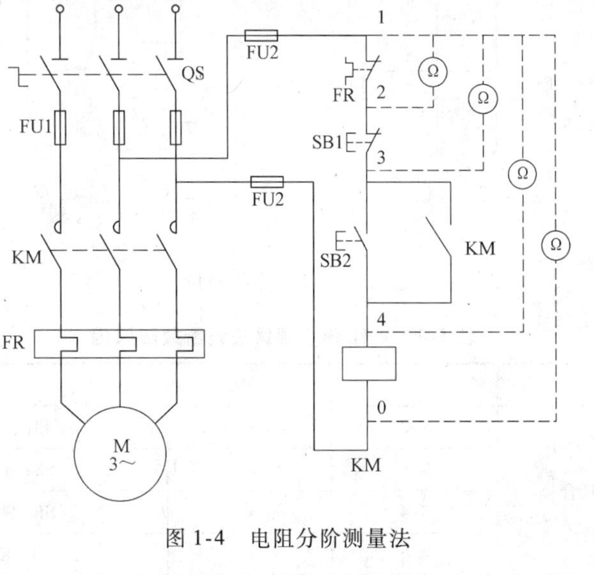


图 1-4　电阻分阶测量法

接将万用表调零，检测前应把电路电源先断开，然后按住 SB2 不放，先测量 1-0 两点间的电阻，如电阻值为无穷大，说明 1-0 之间的电路断路。然后分阶测量 1-2、1-3、1-4 各点间的电阻值。若电路正常，则该两点间的电阻值为 0；若测量到某标号间的电阻值为无穷大，则说明表笔刚跨过的触点或连接导线断路。电阻分阶测量法判断故障原因见表 1-3。

**表 1-3 电阻分阶测量法判断故障原因**

| 故障现象 | 测量点 | 电阻值 | 故障点 |
|---|---|---|---|
| 按下 SB2 时 KM 不吸合 | 1-2 | ∞ | FR 常闭触点接触不良 |
| | 1-3 | ∞ | SB1 常闭触点接触不良 |
| | 1-4 | ∞ | SB2 常开触点接触不良 |
| | 1-0 | ∞ | KM 线圈断路 |

2）电阻分段测量法。电阻分段测量法如图 1-5 所示。按下起动按钮 SB2，若接触器 KM 不吸合，说明该电气回路有断路故障。将万用表的电阻档转到“$R\times10$”档，先把两表笔短接，将万用表调零，检测前应把电路电源先断开，然后按住 SB2 不放，然后依次逐段测量相邻两标号点 1-2、2-3、3-4、4-0 间的电阻。如测得某两点的电阻为无穷大，说明这两点间的触点或连接导线断路。例如当测得 2-3 两点间的电阻为无穷大时，说明停止按钮 SB1 或连接 SB1 的导线断路。电阻分段测量法判断故障原因见表 1-4。

采用电压测量法时，首先应把万用表的转换开关置于交流电压 500V 的档位上，然后按

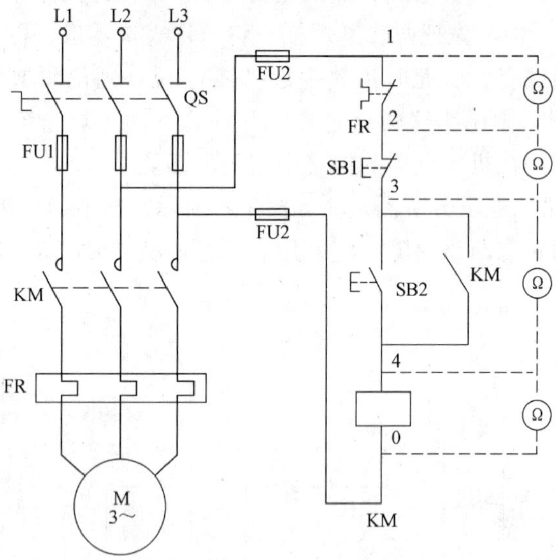


图 1-5 电阻分段测量法

**表 1-4 电阻分段测量法判断故障原因**

| 故障现象 | 测量点 | 电阻值 | 故障点 |
|---|---|---|---|
| 按下 SB2 时 KM 不吸合 | 1-2 | ∞ | FR 常闭触点接触不良 |
| | 2-3 | ∞ | SB1 常闭触点接触不良 |
| | 3-4 | ∞ | SB2 常开触点接触不良 |
| | 4-0 | ∞ | KM 线圈断路 |

如下方法进行测量。

3）电压分段测量法。电压分段测量法如图1-6所示。先用万用表测量L2-L3两点之间的电压，若为380V，则说明电源电压正常。然后一人按下起动按钮SB2，如电路正常，按下SB2后，除4-0两点间的电压为380V外，其他任何相邻两点间的电压值均为零。若接触器KM不吸合，则说明电路有断路故障。这时另一人可用万用表的红、黑两根表笔逐段测量相邻两点1-2、2-3、3-4、4-0之间的电压，根据其测量结果即可找出故障点。当测量到某相邻两点间的电压为380V时，说明这两点间有断路故障。电压分段测量法判断故障原因见表1-5。

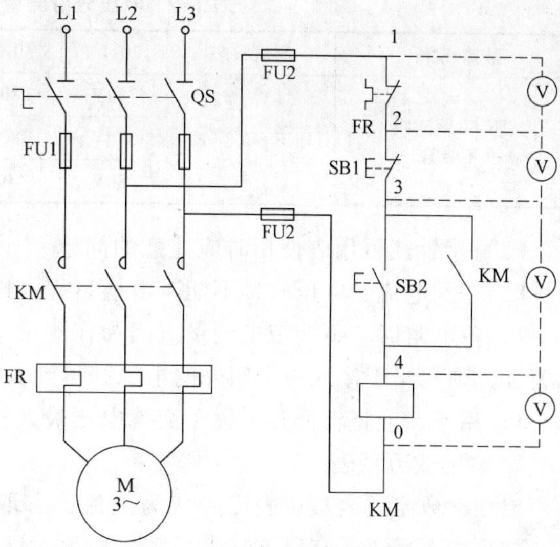


图1-6　电压分段测量法

**表1-5　电压分段测量法判断故障原因**

| 故障现象 | 测试状态 | 1-2 | 2-3 | 3-4 | 4-0 | 故障原因 |
|---|---|---|---|---|---|---|
| 按下SB2时KM线圈不吸合 | 按下SB2不放 | 380V | 0 | 0 | 0 | FR常闭触点接触不良 |
| | | 0 | 380V | 0 | 0 | SB1常闭触点接触不良 |
| | | 0 | 0 | 380V | 0 | SB2常开触点接触不良 |
| | | 0 | 0 | 0 | 380V | KM线圈断路 |

4）电压分阶测量法。电压分阶测量法如图1-7所示。检查时，首先用万用表测量1、0两点间的电压，若电路正常应为380V。然后按住起动按钮SB2不放，同时将黑表笔接到0号线上，红表笔按2、3、4标号依次测量，分别测量0-2、0-3、0-4各阶之间的电压，电路正常情况下，各阶的电压值均为380V，如测到0-2间的电压为380V，测到0-3之间无电压，则说明停止按钮SB1的常闭触点（2-3）断路。电压分阶测量法判断故障原因见表1-6。

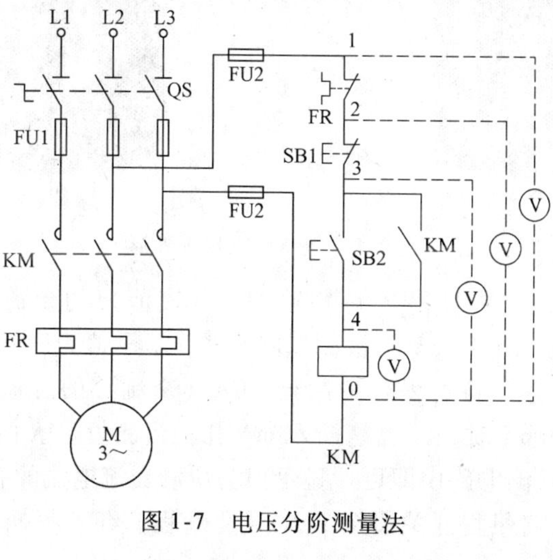


图1-7　电压分阶测量法

表 1-6　电压分阶测量法判断故障原因

| 故障现象 | 测试状态 | 0-1 | 0-2 | 0-3 | 0-4 | 故障原因 |
|---|---|---|---|---|---|---|
| 按下 SB2KM 线圈不吸合 | 按下 SB2 不放 | 380V | 380V | 380V | 0 | SB2 常开触点接触不良 |
| | | 380V | 380V | 0 | 0 | SB1 常闭触点接触不良 |
| | | 380V | 0 | 0 | 0 | FR 常闭触点接触不良 |

（5）指针式万用表使用时应注意的问题

1）在测电流、电压时，不能带电换量程，以免烧坏开关。

2）测电阻时，不能带电测量。因为在测量电阻时，万用表由内部电池供电，如果再带电测量，则相当于接入一个额外的电源，可能会损坏表头。

3）用毕，应将转换开关置于交流电压最大档位或空档上。

2. 数字式万用表

现在，数字式测量仪表已经成为主流，有取代模拟式仪表的趋势。与指针式万用表相比，数字式万用表具有以下特点：数字显示，读取直观、准确，无读数误差；灵敏度高；测量速度快；测试功能更多；保护电路更齐全；抗干扰能力强；便于携带，使用更简单。常用的数字式万用表外形如图 1-8 所示。下面以 DT9205A 型数字式万用表为例，简单介绍其使用方法和注意事项。

使用前，应认真阅读有关的使用说明书，熟悉电源开关、量程开关、插孔、特殊插口的作用，然后将电源开关置于 ON 位置，若电压不足，需更换 9V 电池。

图 1-8　数字式万用表外形

（1）交流电压的测量　将量程开关拨至 ACV（交流）的合适量程，红表笔插入 V/Ω 孔，黑表笔插入 COM 孔，并将表笔与被测电路并联，显示值为所测交流电压的有效值。

（2）交流电流的测量　将量程开关拨至 ACA（交流）的合适量程，黑表笔插入 COM 孔，当测量最大值为 200mA 时，红表笔插入 mA 孔；当测量最大值为 20A 时，红表笔插入 A 孔，并将表笔串联在被测电路中即可。显示值为所测交流电流的有效值。

（3）电阻的测量　将量程开关拨至 Ω 的合适量程，红表笔插入 V/Ω 孔，黑表笔插入

COM 孔，并将表笔分别接在待测电阻的两端。在电路中测量电阻时，一定要切断电源。

（4）测量电路的通、断　数字万用表专门设置了一个“蜂鸣”档来测量电路的通、断，使用前将转换开关置于该档，黑表笔插入 COM 孔，红表笔插入 V/Ω 孔，并将表笔分别接触待测电路的两个测试点，若万用表发出蜂鸣声，表明这两点之间是接通的；若不发声，表明这两点之间是断开的。

（5）数字式万用表使用时应注意的问题

1）如果无法预先估计被测电压或电流的大小，则应先拨至最高量程档测量一次，再视情况逐渐把量程减小到合适位置。测量完毕，应将量程开关拨到最高电压档，并关闭电源。

2）满量程时，仪表仅在最高位显示数字“1”，其他位均消失，这时应选择更高的量程。

3）测量电压时，应将数字式万用表与被测电路并联。测量电流时应与被测电路串联。

4）更换电池或熔断管时，应确定测试表笔已从电路中断开，以避免电击。

5）禁止在测量高电压（220V 以上）或大电流（0.5A 以上）时更换量程，以防止产生电弧，烧毁开关触点。

6）当显示“BATT”、“LOW BAT”等字符或测量数值有较大偏差时，表示电池电压低，需更换电池。

（二）钳形电流表

钳形电流表简称钳表，是一种在不断开电路的情况下，就能测量交流电流的专用仪表，其工作部分主要由一只电磁式电流表和穿心式电流互感器组成。穿心式电流互感器的铁心制成活动开口，且成钳形，故名钳形电流表，使用非常方便、灵活，但测量精度较低。

1. 分类

钳形电流表按功能可分为普通钳形电流表和带万用表功能的钳形电流表。普通钳形电流表只能用来测电流，不能测其他物理量，带万用表功能的钳形电流表是在普通钳形电流表的基础上增加了万用表的功能，其功能及使用方法与万用表基本相同；钳形电流表按显示部分的不同可分为指针式钳形电流表和数字式钳形电流表，两者的工作原理基本相同，不同的是数字式钳形电流表采用液晶显示屏来显示测量结果，因其具有记忆功能，所以能先测量后读数，且不存在读数误差。

2. 结构与原理

指针式钳形电流表结构和数字式钳形电流表外形分别如图 1-9、图 1-10 所示。

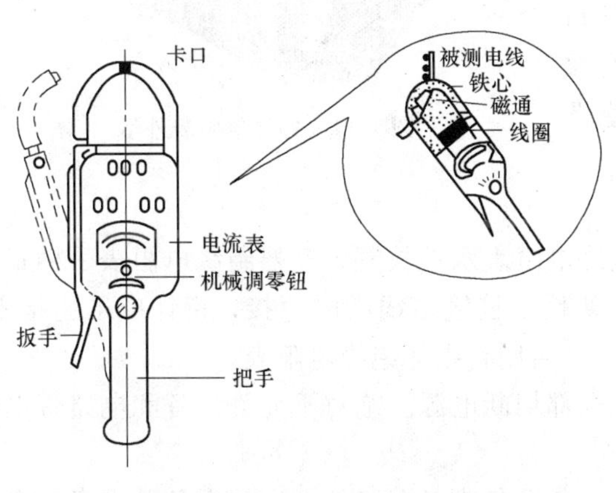


图 1-9　指针式钳形电流表结构

图 1-10　数字式钳形电流表外形

钳形电流表是由电流互感器和电流表组合而成的。电流互感器的铁心在捏紧扳手时可以张开，被测电流所通过的导线可以不必切断就可穿过铁心张开的缺口，当放开扳手后铁心闭合。穿过铁心的被测电路导线就成为电流互感器的一次绕组，其中通过电流便在二次绕组中感应出电流，从而使二次绕组相连接的电流表有指示，即测出了被测电路的电流。

3. 使用步骤

（1）机械调零　使用前，先检查钳形电流表的指针是否指在零位。若发现没指向零位，可用小螺钉旋具轻轻旋动机械调零旋钮，使指针回到零位。

（2）检查钳口　测量前，要检查钳口的开合情况以及钳口面上有无污物。要求钳口可动部分开合自如，两边钳口结合面接触紧密；若钳口面上有污物，可用溶剂洗净并擦干，若有锈斑，应轻轻擦去。

（3）选择量程　测量时，应将量程选择旋钮置于合适位置，以便在测量时指针偏转后能超过中间刻度，减少测量的误差。若事先不知道被测电流的大小，可先将量程选择旋钮置于最高档，再根据指针偏转情况选择合适的量程。

（4）测量数值　紧握钳形电流表的把手和扳手，按动扳手打开钳口，将被测电路的一根载流导线置于钳口内中心位置，再松开扳手使两钳口表面紧紧贴合，将表拿平，然后读数，即为所测电流值。若被测电流太小，可将被测载流导线在铁心上多绕几圈，测得的指示值除以圈数即为实测电流值。

（5）高量程档存放　测量完毕，将被测电线小心退出。将量程选择旋钮置于最高量程档，以免下次使用时不慎损伤仪表。

（三）绝缘电阻表

1. 绝缘电阻表的选用

绝缘电阻表是用来测量电气设备绝缘电阻的仪表，它的外形如图 1-11 所示，绝缘电阻表的常用规格有 250V、500V、1000V、2500V 和 5000V 等档级。选用绝缘电阻表主要考虑它的输出电压以及测量范围。一般高电压电气设备和电路的检测需要使用电压高的绝缘电阻表，而低压设备和电路的检测使用电压低一些的绝缘电阻表就足够了。通常 500V 以下的电器设备和线路选用 500 ~ 1000V 的绝缘电阻表，而绝缘子、母线、刀开关等应选用 2500V 以上的绝缘电阻表。

图 1-11　绝缘电阻表外形

2. 绝缘电阻表的使用方法

1）检查绝缘电阻表能否正常工作。将绝缘电阻表水平放置，空摇绝缘电阻表手柄指针应该指到∞处，再慢慢摇动手柄，使 L 和 E 两接线桩输出线瞬时短接，指针应迅速指零。注意在摇动手柄时不得让 L 和 E 短接时间过长，否则将损坏绝缘电阻表。

2）检查被测电器设备和电路，看是否已全部切断电源。绝对不允许设备和电路带电时用绝缘电阻表去测量。

3）测量前，应对设备和电路进行放电，以免设备或者电路的电容放电危及人身安全和损坏绝缘电阻表，这样还可以减少测量误差，同时注意应将被测试点擦拭干净。

3. 正确使用

1）绝缘电阻表必须放置于平稳牢固的地方，以免在摇动时因抖动和倾斜产生测量误差。

2）接线必须正确无误。绝缘电阻表有三个接线桩，“E”（接地）、“L”（线路）、“G”（保护环或屏蔽端子）。保护环的作用是消除表壳表面“L”与“E”接线桩间的漏电和被测绝缘物表面的漏电影响。当测量电器设备对地绝缘电阻时，“L”用单根导线接设备的待测部位，“E”用单根导线接设备外壳；当测电气设备内两绕组之间的绝缘电阻时，将“L”和“E”分别接绕组的接线端；当测量电缆的绝缘电阻时，为消除因表面漏电产生的误差，“L”接线芯，“E”接外壳，“G”接线芯与外壳之间的绝缘层。“L”、“E”、“G”与被测物的连线必须用单根线，绝缘良好，不得绞合，表面不得与被测物体接触。

3）摇动手柄转速要均匀，一般规定为120r/min，允许有±20%变化，最多不应超过25%。通常都要摇动1min后，待指针稳定下来再读数。测完后先拆去接线，再停止摇动。若测量中发现指针指零，应立即停止摇动手柄。

4）测量完毕，应对设备充分放电，否则容易引起触电事故。

5）禁止在雷电时或者附近有高压导体的设备上测量绝缘电阻。只有在设备既不带电又不可能受其他电源感应而带电的情况下才可以测量。

6）绝缘电阻表未停止转动之前，切勿用手去触及设备的测量部分或者绝缘电阻表的接线桩。拆线时也不可直接去触及引线的裸露部分。

7）绝缘电阻表应定期校验。校验方法是直接测量有确定值的标准电阻，检查其测量误差是否在允许范围之内。

## 习题部分

1-1　常见的触电方式有哪些？

1-2　指针式万用表使用完毕后，应将转换开关置于何档？

1-3　若触电人失去知觉，有呼吸但心脏停止跳动，应采用哪种方式进行急救？

1-4　怎样用数字式万用表判断电路的通断情况？

1-5　怎样用钳形电流表测电流？

1-6　若要检测机床上电气设备的绝缘电阻，需选用什么样的绝缘电阻表？

1-7　在机床电气维修检测中，使用万用表来判断电路通断的方法有哪几种？

1-8　什么是安全电压？通常用于什么场合？

1-9　使触电者脱离电源通常有哪些方法？

1-10　若有一数字式万用表在“$R\times100$”档测电阻，此时读数为50，则所测实际电阻值为多少？

# 第二章　低压电器

不论是日常生活，还是工农业生产，都离不开电能，离不开提供电能的电路，当然也离不开对电路实行控制、保护、测量的仪器，这类仪器可以出现在高压电路中，也可以出现在低压电路中。能出现在机床上的主要是低压电器，所谓低压电器，就是应用在交流 1200V 以下，直流 1500V 以下电路中的仪器。

## 一、学习目标

1）认识低压开关，特别是机床电路中常用的开关。

2）理解低压开关的分类方法、结构、作用、型号、含义及选择标准。

3）常用熔断器的种类、结构、作用、型号、含义、选择标准及使用方法。

4）交流接触器的种类、结构及构件的作用、工作原理、型号、含义、选择标准及使用方法。

5）继电器的种类、结构、作用、型号、含义、选择标准及使用方法。

6）认识各种主令电器，特别是机床电路中常用的主令电器。

7）主令电器的种类、结构、型号、符号、选择标准及使用方法。

## 二、学习任务

1）学习刀开关、组合开关、低压断路器。

2）学习 RL1 系列螺旋式熔断器、RT 系列塑壳熔断器。

3）学习 JT1 系列交流接触器、CJX2 系列交流接触器。

4）学习热继电器、时间继电器、中间继电器、速度继电器。

5）学习 LA18、LA19 系列按钮以及 LX2、LX19A 系列行程开关。

## 三、教学内容

（一）低压开关

1. 刀开关

刀开关的分类方法很多，根据刀片数可分为单刀、双刀、三刀开关。根据是否封闭，可分为开启式、封闭式开关。在机床电路中，能用到的刀开关如图 2-1d、e 所示。它们主要用在车间总电源配电柜上。

（1）刀开关的结构及作用　刀开关主要由刀座、刀夹和刀片组成，刀座上一般具有熔断体接线柱，有的熔断体与刀片合二为一，如图 2-1c、e 所示。封闭式的开关还有封闭外壳。有些刀开关的刀夹上装有夹紧弹簧，有些刀开关的刀片上装有速合、速断弹簧，还有些

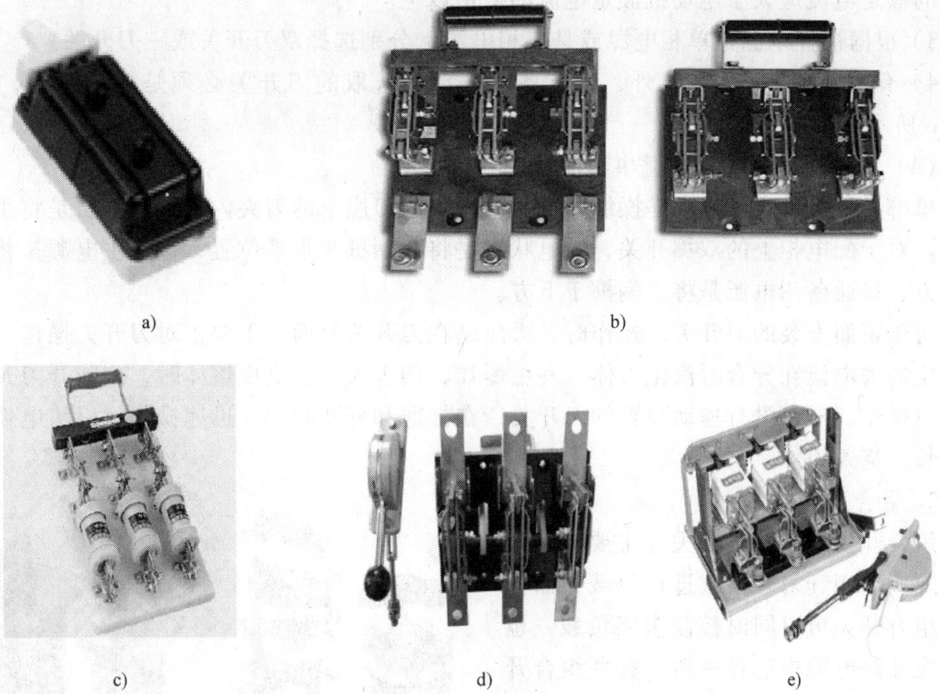

图 2-1　刀开关实物图

a）HK2 系列刀开关　b）HD13BX 系列刀开关　c）HRTO 系列刀开关

d）HD13 系列刀开关　e）HR3 系列刀开关

刀开关装有灭弧装置。

常用刀开关一般都是负荷开关，作用是接通和分断负荷电路。

（2）刀开关的型号及符号

刀开关的型号如下：

HK 1-□
- □——额定电流
- 1——设计序号
- HK——开启式负荷开关

HH 4-□/□
- □（/后）——极数
- □（-后）——额定电流
- 4——设计序号
- HH——封闭式负荷开关

刀开关的符号如图 2-2 所示。

（3）刀开关的选择

1）刀开关的额定电压应高于被控电路的实际电压，防止电路电压过高，损坏刀开关的绝缘，对于照明电路、电阻炉电路等，刀开关的额定电压应选择 380V 或 500V 以上。对于感性电路，根据电路的感性程度，应选择更高的额定电压。

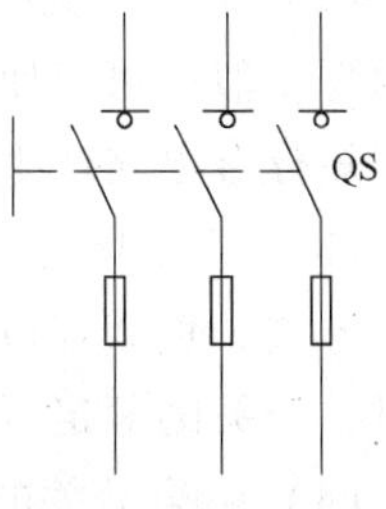


图 2-2　刀开关的符号

2）刀开关的额定电流应大于被控电路的实际电流，防止电流过大烧坏刀片、刀夹、接线柱。对于照明电路、电阻炉电路，刀开关的额定电流应略大于电路的实际电流。对于电动机电路，刀开关的额定电流应大于电动机额定电流的三倍以上。

3）根据被控电源是单相电源或是三相电源，分别选择双刀开关或三刀开关。

4）有些场所除了主电源外，还有备用电源，选取的刀开关必须是双掷开关，如图 2-1b、e 所示。

（4）刀开关的使用及注意事项

单掷刀开关的合闸方法是操纵手柄将刀片推入刀座上的刀夹内。拉闸方法是将手柄拉向下方。对于配电柜上的双掷开关，断电状态是将手柄掷于水平位置，接通主电源是将手柄掷于上方，接通备用电源是将手柄掷于下方。

对于正面安装的刀开关，操作时，人应站在刀开关侧面，不要正对刀开关操作，防止意外产生的大电流在分合时汽化刀体，发生爆炸，伤害人体。更换熔体时，应断开刀开关，不要带电操作。对于没有速动装置的刀开关，在接通和分断时，应迅速操作，以防电弧持续时间太长，烧毁刀体。

2. 组合开关

组合开关又称转换开关，主要对主电路起隔离作用和对轻负载进行负载通断控制，组合开关可以同时控制多路负载，也可以在几路电源中选择一路。有些组合开关还具有特殊的功能。例如倒顺开关可以实现对电动机的正反转控制。星三角起动器可以进行电动机的减压起动。组合开关实物图如图 2-3 所示。下面是组合开关 HZ10-10/3 的简介。

a)　　b)

图 2-3　组合开关实物图

a）HZ10 系列组合开关　b）HZ5 系列组合开关

（1）组合开关的型号及符号

组合开关的型号如下：

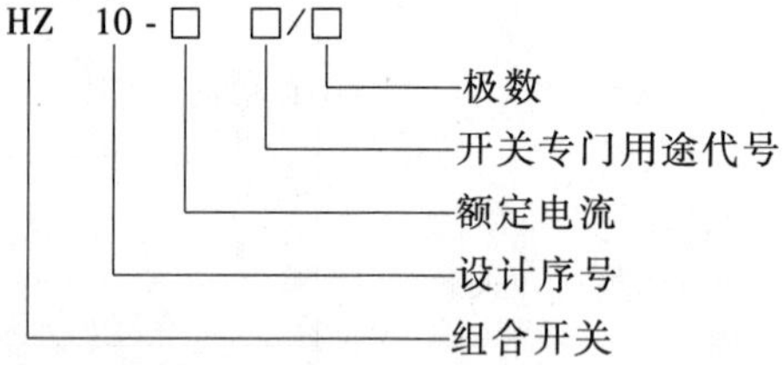


组合开关的符号如图 2-4 所示。

（2）组合开关的工作原理　组合开关的工作原理与刀开关的工作原理相似，可以使几组触点同时动作，加有速断、速合弹簧，可以缩短分合电路产生的电弧燃烧时间，延长使用寿命。

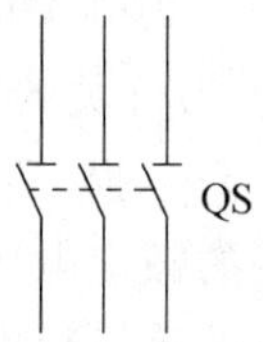


图 2-4　组合开关的符号

（3）组合开关的选用　根据电源种类、电压等级、所需极数、接线方式、负载容量进行选择，当直接用作小容量电动机的通断控制时，开关的额定电流一般取电动机额定电流的 1.5～2.5 倍。

（4）组合开关的使用及注意事项　一般情况下，组合开关的手柄处于水平状态表示断开，处于竖直状态表示接通。

组合开关通断能力较低，不能用来分断故障电流。用于控制电动机正反转时，要在电动机完全停止后才能反向起动，以防冲击电流过大烧坏触点，且每小时的接通次数不超过 15 ~20 次。

3. 低压断路器

机床电路中，很少采用刀开关，取而代之的是具有自动断电功能的低压断路器。低压断路器又叫自动空气断路器，简称为断路器，其实物图如图 2-5 所示。断路器的种类很多，如剩余电流断路器，短路、过载断路器，过电压、欠电压断路器。下面以 DZ47LE-63 型断路器为例介绍低压断路器。

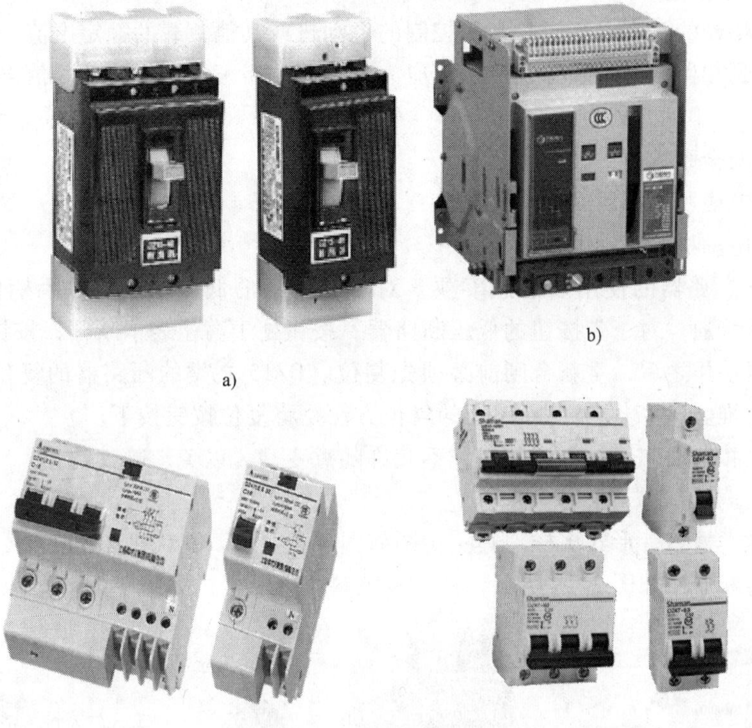

a) b) c) d)

图 2-5 低压断路器实物图

a）DZ15 系列断路器 b）DW 系列断路器 c）DZ47LE 系列断路器 d）DZ47 系列断路器

（1）低压断路器的型号及符号 低压断路器的型号如下：

DZ 47 LE - 63

- 63 —— 额定电流
- LE —— 剩余电流动作
- 47 —— 设计序号
- DZ —— 断路器

低压断路器的符号如图 2-6 所示。

（2）低压断路器的工作原理 DZ47LE-63 型断路器的工作原理为：将剩余电流动作断路器手柄扳向接通，通过机械机构带动动触头向静触头运动并与静触头可靠接触、接通电路。当电路发生过载故障时，过载电流使热双金属元件弯曲并推动杠杆使得机械锁定机构复位，动触头迅速离开静触头，从而实现分断线路的功能；当线路发生短路故障时，短路电流使瞬时脱扣器动作，铁心顶杆推动杠杆使得锁定机构复位，实现分断功能；当线路发生剩余电流或触电故障时，零序互感器输出的信号触发晶闸管导通，使剩余电流脱扣器铁心动作，推杆推动断路器脱扣，使剩余电流动作断路器在极短时间内切断电源，从而实现剩余电流保护功能。

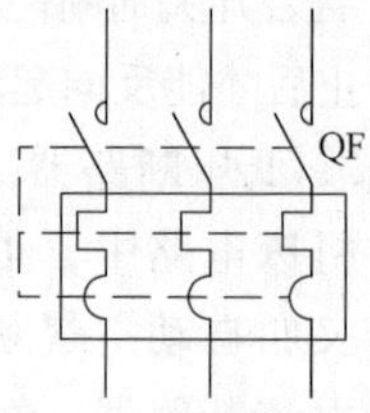

图 2-6　低压断路器的符号

（3）低压断路器的选择

1）低压断路器的额定电压以及其主触头的额定电流，应不小于电路的正常工作电压和工作电流。

2）热脱扣器的整定电流应与其所控制的电动机或其他负载的额定电流一致。

3）电磁脱扣器的瞬时脱扣整定电流应大于负载电路正常工作时的峰值电流，即

$$I_z \geqslant KI_s$$

式中　$K$——安全系数；

$I_z$——电磁脱扣器瞬间时动作电流；

$I_s$——电动机的起动电流。

（4）低压断路器的使用及注意事项　对于带手柄的低压断路器，手柄向下表示断开，手柄向上表示接通。对于带按钮的低压断路器，按钮处于高位表示断开，按钮处于低位表示接通。断路器动作之后，重新合闸前必须先复位。DZ15 之类的断路器的复位方法是将手柄下扳到位再上推。DZ47 之类的断路器的复位方法是将复位按钮按下。

注意各脱扣器动作值一经调整好，不允许随意变动，以免影响其动作。

（二）低压熔断器

熔断器种类繁多，形式多样，其实物图如图 2-7 所示。现代机床电路上，使用较多的有螺旋式瓷座熔断器，如图 2-7a 所示，塑壳有填料式熔断器，如图 2-7b、c、e、f 所示。

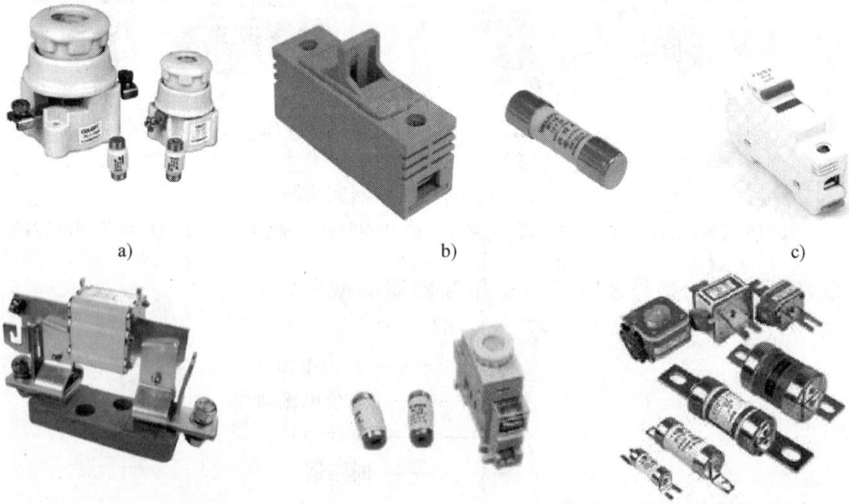

图 2-7　低压熔断器的实物图

a）RL1 系列熔断器　b）RY14 系列熔断器　c）RT18 系列熔断器

d）RT0 系列熔断器　e）R18b 系列熔断器　f）RT12 系列熔断器

1. 熔断器的结构及作用

不论哪种熔断器都主要由两部分组成，即由熔断器座、熔体组成。由于熔体熔断时，都处于大电流状态，一般会产生电弧，为了延长熔断器使用寿命，各类熔断器几乎都采用了各种形式的灭弧装置。

低压熔断器是低压电路中最简单、可靠的短路保护装置，主要作用是短路保护或严重过载保护。

2. 低压熔断器的型号及符号

低压熔断器的型号很多，但在机床中使用最多的是 RL1、RT18 系列熔断器，其型号如下：

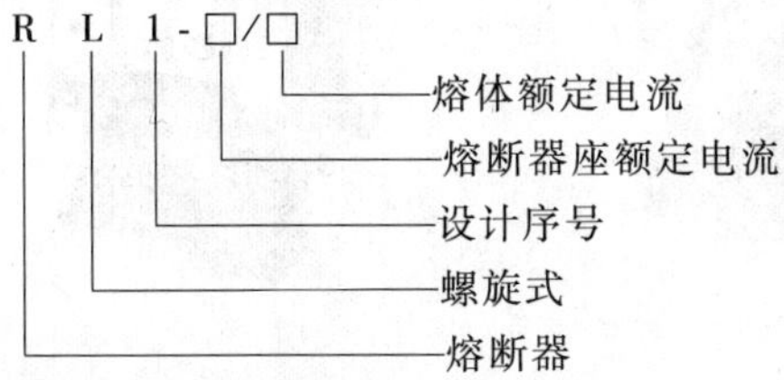


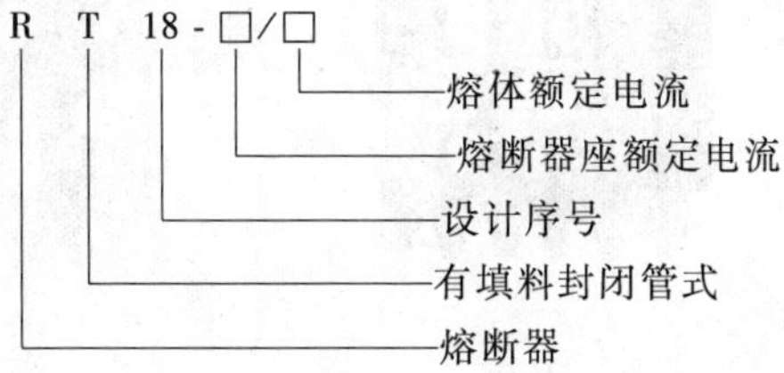


熔断器的符号如图 2-8 所示。

3. 熔断器的工作原理

当电路出现短路故障或负载大幅增加时，通过熔体的电流很大，熔体发热，温度升高，温度达到熔体的熔点时，熔体熔断，切断电路。为了保护电源，防止故障的进一步扩大，RL1、RT0、RT18 系列的熔断器熔体都装在熔断管内，熔断管内装满了石英砂。熔体熔断时，石英砂可迅速熄灭电弧，有效保护熔断器座，延长熔断器座的使用寿命。

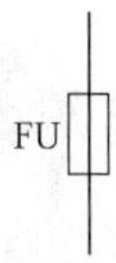


图 2-8 熔断器的符号

4. 熔断器的选择

熔断器的额定电压应高于电路的额定电压，熔断器座的额定电流应大于熔断管的额定电流，熔断管的额定电流选择标准见表 2-1。

**表 2-1 熔断管的额定电流选择标准**

| 负载类型 | 额定电流选择标准 |
|---|---|
| 电阻性负载 | 大于或等于负载额定电流的 1.1 倍 |
| 单台电动机 | 大于或等于电动机额定电流的 1.5～2.5 倍 |
| 多台电动机 | 大于或等于容量最大的一台电动机额定电流的 1.5～2.5 倍，并加上其他电动机额定电流的总和 |

5. 熔断器的使用及注意事项

RL1 系列的熔断器使用时，将合适的圆柱形熔断管放入瓷帽内，然后与瓷帽一起旋入瓷套内。RT18 系列的熔断器使用时，将合适的熔断管插入扳口内，然后将扳口向上推入。RT0 系列的熔断器使用时，熔体熔断后会有指示信号弹出，部分 RL1 系列熔断器的熔体熔断后也有信号指示，不论是否有信号标示，熔断了的熔体必须更换。更换熔体时，一定要先查明大电流产生的原因。排除故障后，再更换同规格的熔断管。不能盲目地增加熔断管的额定电流，以防进一步扩大故障范围。

（三）交流接触器

交流接触器是低压电路中，实现自动控制的主要设备。它操作方便、动作迅速、便于实现远距离控制，但它只能接通、分断负载电流。不具备过载、短路、漏电保护功能，必须与热继电器、剩余电流断路器、熔断器等保护装置配合使用。

低压交流接触器形式多样，品种繁多，其实物及结构图如图 2-9 所示。

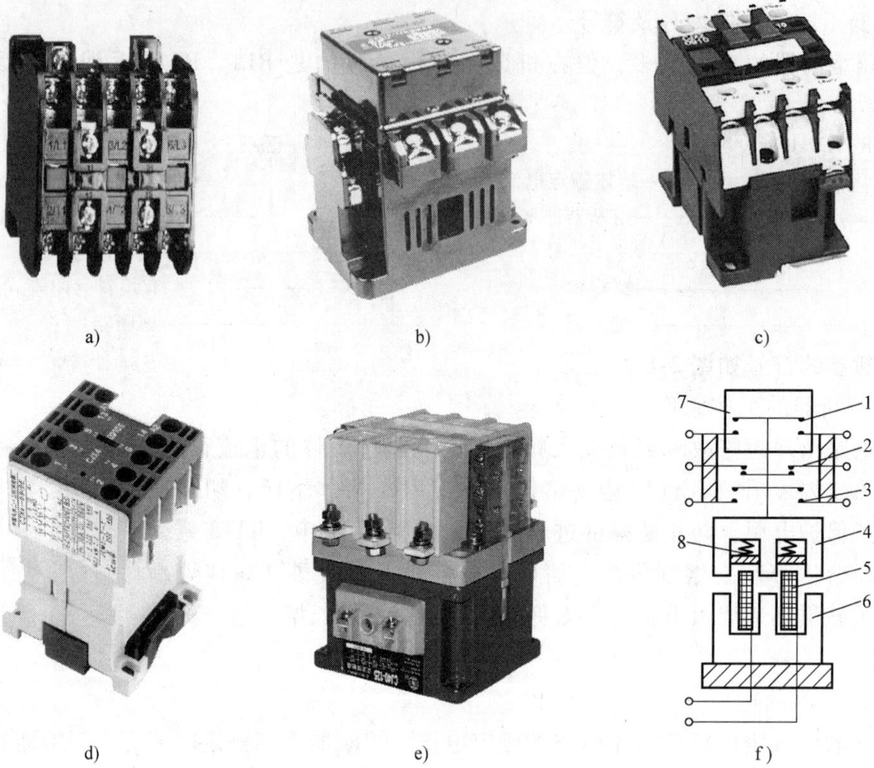


图 2-9　交流接触器的实物及结构图

a）CJT1 系列交流接触器　b）CDC10 系列交流接触器　c）CJX2 系列交流接触器
d）CJX4 系列交流接触器　e）CJ40 系列交流接触器　f）CJ40 系列交流接触器的结构
1—主触点　2—常闭辅助触点　3—常开辅助触点　4—动铁心
5—线圈　6—静铁心　7—灭弧罩　8—复位弹簧

1. 交流接触器的结构

交流接触器是一种电磁式自动切换器，适用于机床主电路的通断控制。它的控制对象是电动机、电热设备等，可频繁操作。

交流接触器由电磁机构、触点系统、灭弧装置、附属部件组成，其主要结构如图 2-9f 所示。

电磁机构由线圈、静铁心和动铁心组成。

触点系统由主触点和辅助触点两部分组成。

有些交流接触器还设有辅助触点的扩展装置，如图 2-9c 所示。

2. 交流接触器的型号及符号

交流接触器的型号如下：

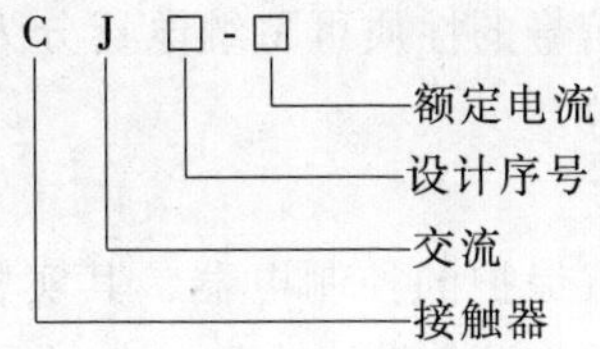


交流接触器的符号见表 2-2。

**表 2-2　交流接触器的符号**

| 线圈 | 三相主触点 | 常开(动合)辅助触点 | 常闭(动断)辅助触点 |
|---|---|---|---|
| 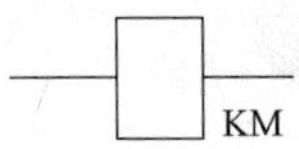 | 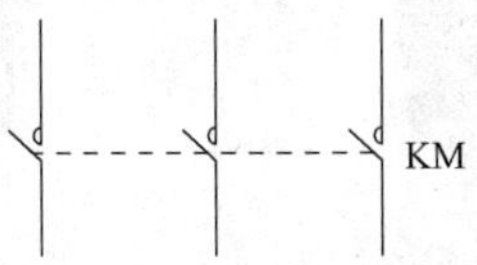 | 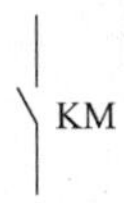 | 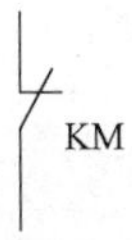 |

3. 交流接触器的工作原理

交流接触器的线圈得到额定电压后，线圈中立即形成额定电流。该电流产生磁场，使静铁心、动铁心磁化吸合。动铁心被吸合时，会带动与之相连接的触点动作。即主触点闭合，常开辅助触点（又称动合辅助触点）闭合，常闭辅助触点（又称动断辅助触点）断开。

主触点在分断、闭合时会产生电弧，过大的电弧会烧蚀触点，破坏绝缘。小容量接触器，常采用电动力吹弧、灭弧罩火弧，对于大容量接触器，常采用纵缝灭弧装置或栅片火弧装置。

交流接触器的线圈失电后，电磁场消失，动铁心在复位弹簧作用下复位，各触点跟随复位。

4. 交流接触器的选择（见表 2-3）

**表 2-3　交流接触器的选择**

| 内　容 | 选　择 |
|---|---|
| 主触点额定电流 | 1)对于电阻性负载,应等于额定电流<br>2)对于电动机,应大于或稍大于额定电流 |
| 主触点额定电压 | 主触点额定电压应大于或等于电源电压 |
| 线圈额定电压 | 交流接触器线圈的额定电压有 36V、110V、127V、220V、380V 等,所选电压应等于控制电路(二次回路)电源的额定电压 |
| 触点数量及类型 | 交流接触器常闭辅助触点与常开辅助触点的数量应不少于电路所需数量 |
| 交流接触器的外形和尺寸 | 应满足安装环境条件 |

5. 交流接触器的使用及注意事项

使用时应分清线圈接线柱和触点接线柱，触点接线柱又分为主触点接线柱和辅助触点接线柱。辅助触点又分为常开辅助触点（标注 NO）、常闭辅助触点（标注 NC）。主触点 L 端接电源，T 端接负载。

（四）继电器

继电器是一种根据输入信号（电信号、热信号、光信号）的变化，通过控制小电流的通断实现自动控制、保护电气传动装置的电器。

继电器主要由感测机构、中间机构和执行机构三部分组成。

继电器的种类很多，按输入信号的性质可将继电器分为热继电器、时间继电器、中间继电器、速度继电器、压力继电器等。

1. 热继电器

热继电器是对电动机实行过载保护的控制电器，其实物图如图 2-10 所示。当电动机过载时，热继电器配合交流接触器动作可切断主电路。

a)　　b)　　c)

图 2-10　热继电器的实物图

a）JR36 系列热继电器　b）JRS2 系列热继电器　c）JR28 系列热继电器

（1）热继电器的结构及作用　热继电器的结构如图 2-11 所示。

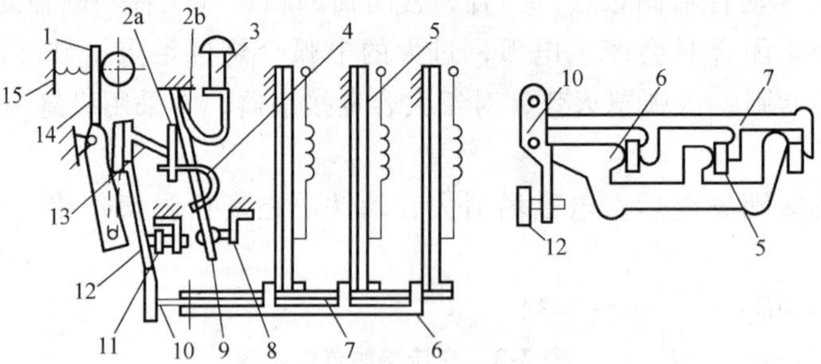


a)　　b)

图 2-11　热继电器的结构

a）热继电器的一般结构　b）差动式断相保护结构

1—电流调节凸轮　2—片簧（2a，2b）　3—手动复位按钮　4—弓簧片　5—主双金属片

6—外导板　7—内导板　8—常闭静触点　9—动触点　10—杠杆　11—常开静触点（复位调节螺钉）

12—补偿双金属片　13—推杆　14—支撑件　15—支撑件复位弹簧

热继电器各组成部件的特点见表 2-4。

表 2-4　热继电器各组成部件的特点

| 组成部件 | 说　明 |
| --- | --- |
| 热元件 | 热继电器的主要组成部分由主双金属片和绕在外面的电阻丝组成。主双金属片是由两种热膨胀系数不同的金属片复合而成的。电阻丝一般用康铜或镍合金等材料制成 |
| 动作机构 | 利用杠杆传递及弓簧式瞬跳机构来保证触点动作的迅速、可靠 |
| 触点系统 | 为单断点弓簧跳跃式动作，一般有一对常开触点、一对常闭触点，其中常闭触点串联在控制电路中，常开触点很少用 |

（续）

| 组成部件 | 说　明 |
| --- | --- |
| 电流整定装置 | 通过旋钮和电流调节凸轮调节推杆间隙，改变推杆移动距离，从而调节整定电流值 |
| 温度补偿元件 | 为双金属片，其受热弯曲的方向与主双金属片一致，它能保证热继电器的动作特性在 -30～40℃的环境温度范围内基本不受周围介质温度的影响 |
| 复位机构 | 有手动和自动两种形式，可根据使用要求通过复位调节螺钉来自由调整选择。一般自动复位时间不大于5min，手动复位时间不大于2min |

（2）热继电器的型号及符号　热继电器的型号如下：

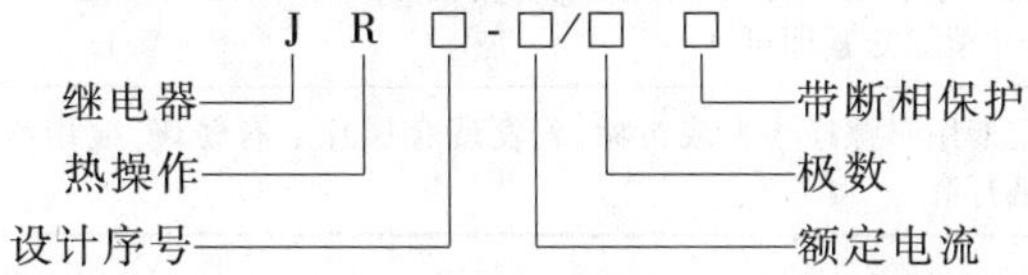


热继电器的符号见表2-5。

**表2-5　热继电器的符号**

| 发热元件 | 动作元件（常闭、常开触点） |
| --- | --- |
| 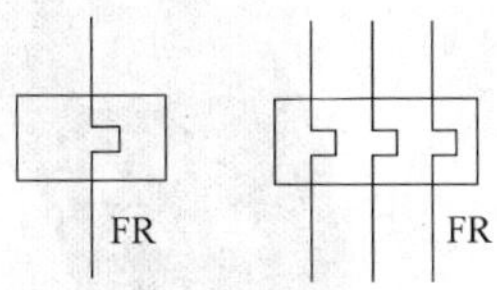  | 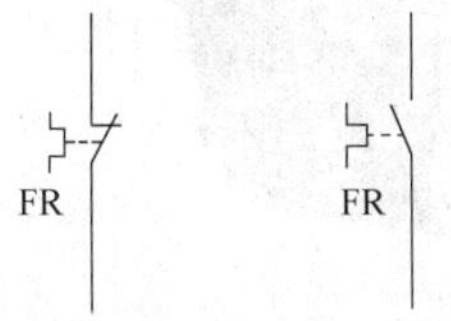  |

（3）热继电器的工作原理　由于热继电器的发热元件串联在主电路中，当电动机过载时，电流过大，发热元件产生的热量增多，温度升高，使与之相接触的双金属片产生形变。当形变达到临界点时，弓簧片反转动作，使常开触点闭合，常闭触点断开。

由于发热元件温度升高需要一定的时间，所以它只能作电动机长时间过载保护，不能作短时过载和短路保护。

有的继电器还装有断相保护装置，当电源断相时，也能使操纵机构动作，配合交流接触器切断主电路，保护电动机。

（4）热继电器的选用

1）热继电器的额定电流应略大于被保护电动机的额定电流。

2）被保护电动机作星形联结时，可选用不带断相保护的热继电器。

3）被保护电动机作三角形联结时，可选用带断相保护的电动机。

4）被保护电动机的负载状况不稳定、有较大冲击性时，热继电器的额定电流可为被保护电动机额定电流的1.1～1.5倍。

5）根据热继电器的安装环境，选用结构合适的热继电器。

（5）热继电器的使用及注意事项　热继电器的使用及注意事项见表2-6。

2. 时间继电器

时间继电器从得到信号到动作执行，有一定的时间间隔，该时间间隔可调，它是实现顺序控制的重要仪器。

时间继电器种类很多，主要有空气阻尼式和电子式，其实物图如图2-12所示。下面以

JS7-A 系列空气阻尼式时间继电器为例加以介绍。

表 2-6 热继电器的使用及注意事项

| 项目 | 要 求 |
| --- | --- |
| 接线 | 热继电器额定电流分别为 10A、20A 和 60A 时，连接导线应分别为截面积是 $2.5mm^2$、$4mm^2$ 的单股铜芯塑料线和截面积是 $16mm^2$ 的多铜芯橡皮线。热继电器的发热元件要串联在主电路中，并将电源从高些的接线端子上引入，从低些的接线端子上引出（简称高进低出）；其常闭触点一般串联在控制电路中 |
| 定期通电校验 | 发生短路后，应检查热元件是否发生永久变形，如已变形，则需通电校验。因热元件变形可导致动作不准确，只能调整其可调部分，严禁弯折热元件 |
| 确定复位方式 | 热继电器出厂时均调整为手动复位方式，如需自动复位，将复位螺钉顺时针方向旋转 3 ~ 4 圈，并稍加拧紧即可 |
| 保养 | 定期用布擦净尘埃或污垢，若发现金属片上有锈斑，应用清洁布蘸汽油轻轻擦除，严禁用砂纸打磨 |

a)

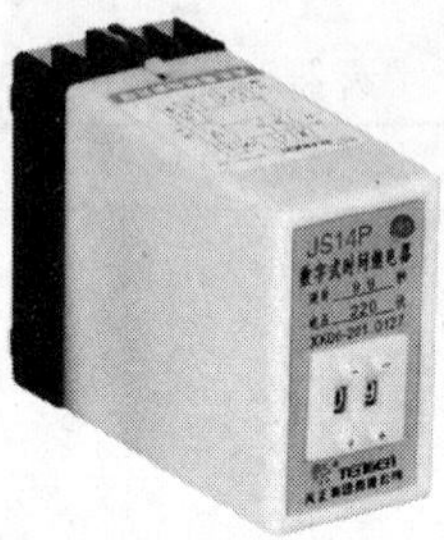


b)

c)

图 2-12 时间继电器的实物图

a）JS7 系列时间继电器 b）JS14P 系列时间继电器 c）JS20 系列时间继电器

（1）时间继电器的结构和作用 时间继电器的结构如图 2-13 所示。时间继电器各组成部件的特点见表 2-7。

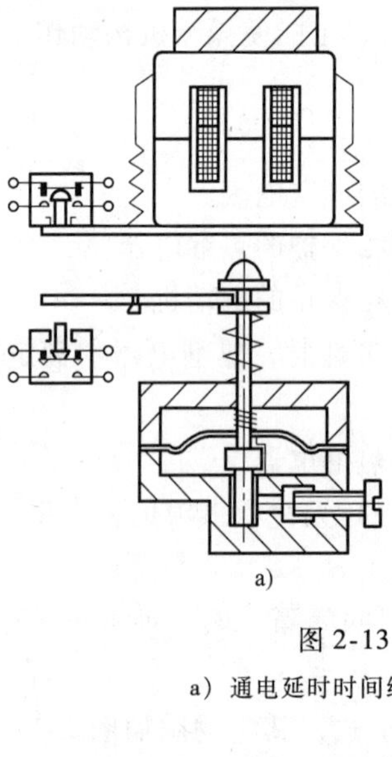

a)

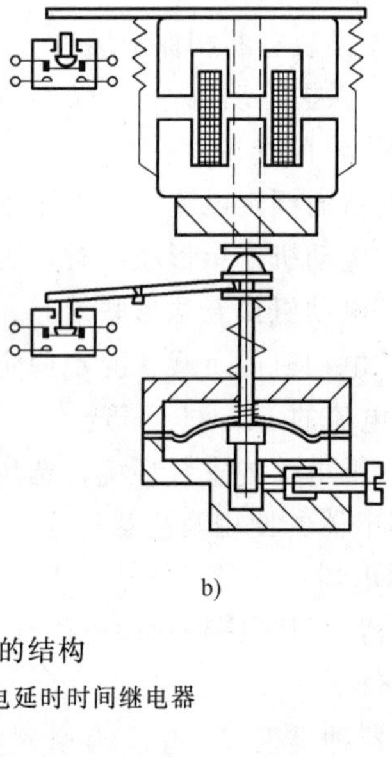

b)

图 2-13 时间继电器的结构

a）通电延时时间继电器 b）断电延时时间继电器

**表 2-7　时间继电器各组成部件的特点**

| 组成部件 | 说　明 |
| --- | --- |
| 电磁系统 | 由线圈、铁心和衔铁等组成，提供电磁力 |
| 触点系统 | 包括两对瞬时触点（一常开、一常闭）和两对延时触点（一常开、一常闭），瞬时触点和延时触点分别是两个微动开关的触点 |
| 空气室 | 为一个空腔，由橡皮膜、活塞等组成。橡皮膜可随空气的增减而移动，顶部的调节螺钉可调节延时时间 |
| 传动机构 | 由推杆、活塞杆、杠杆及各种类型的弹簧等组成 |
| 基座 | 用金属板制成，用以固定电磁机构和气室 |

（2）时间继电器的型号及符号　时间继电器的型号如下：

J S 7-□ A

- J——继电器
- S——时间
- 7——设计序号
- □——基本规格代号
  - 1　表示通电延时，无瞬时触点
  - 2　表示通电延时，有瞬时触点
  - 3　表示断电延时，无瞬时触点
  - 4　表示断电延时，有瞬时触点
- A——结构设计改进系列

时间继电器的符号见表 2-8。

**表 2-8　时间继电器的符号**

| 型号 | 瞬时触点 | 线圈 | 延时常开触点 | 延时常闭触点 |
| --- | --- | --- | --- | --- |
| JS7-1A | 无 | 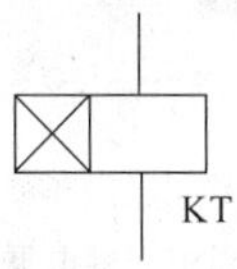 | 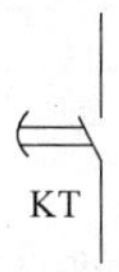 |  |
| JS7-2A | 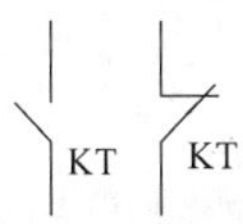 | | | |
| JS7-3A | 无 | 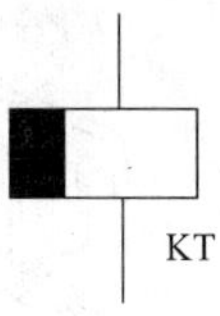 |  | 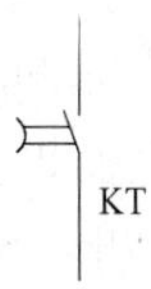 |
| JS7-4A | 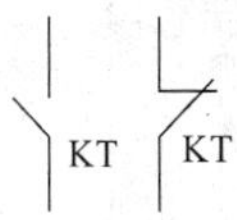 | | | |

（3）时间继电器的工作原理

1）通电延时型：

线圈通电→动、静铁心吸合 —
- →瞬时常闭触点瞬时断开，瞬时常开触点瞬时闭合
- →延时后，延时常闭触点延时断开，延时常开触点延时闭合

线圈断电→动、静铁心在反作用弹簧作用下分离→各对触点均瞬时复位

2）断电延时型：将通电延时型的电磁机构翻转 180°安装即成为断电延时型。线圈通电时，时间继电器的各对触点均瞬时动作；线圈断电时，瞬时触点瞬时动作，延时触点延时动作。

（4）时间继电器的选择

1）根据电路条件选择通电延时或断电延时。

2）根据控制对象选择有无瞬时触点。

3）根据控制电路的电压选择线圈的额定电压。

4）当延迟时间不长、控制精度不高时，选择空气阻尼式；当延迟时间长、控制精度要求较高时，选择电子式。

（5）时间继电器的使用注意事项　空气阻尼式时间继电器可以通过调节螺钉调整延时时间。顺时针旋动可以减小延时时间，逆时针旋动可以增大延时时间。

电子式时间继电器有的通过旋钮调整延时时间，有的通过数字调整延时时间。

不论哪种时间继电器，在电路中都要求短时动作。在设计电路时应注意使时间继电器动作完成后，立即断电。使用前必须设定延时时间，并试车校验。

3. 中间继电器

中间继电器是用来增加控制电路中的信号数量或将信号放大的继电器，中间继电器的品种很多，按安装方式不同，可分为螺钉安装和滑轨安装，其实物图如图 2-14 所示。

a)　　b)　　c)

图 2-14　中间继电器的实物图

a）JZ7 系列中间继电器　b）JZC47 系列中间继电器　c）MY2J 系列中间继电器

（1）中间继电器的结构及作用　中间继电器的结构与交流接触器的结构很相似，其结构如图 2-15 所示。常开、常闭触点都很多，但是没有主辅之分。额定电流大多为5A，有时也可以用来控制电流较小的主电路。

（2）中间继电器的型号及含义　中间继电器的型号及含义如下：

```
      J  Z  □-□  □
继电器─┘  │  │  │  └─常闭触点数量
中间──────┘  │  └────常开触点数量
设计序号─────┘
```

（3）中间继电器的符号　中间继电器的符号见表 2-9。

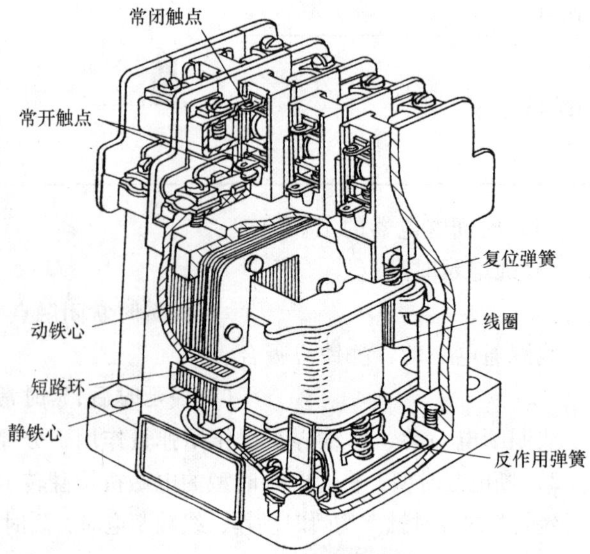


图 2-15　中间继电器的结构

表 2-9 中间继电器的符号

| 线 圈 | 常开触点 | 常闭触点 |
| --- | --- | --- |
| 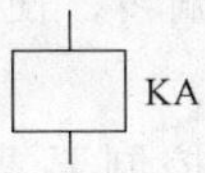  | 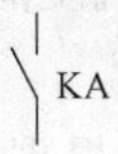  |   |

中间继电器的工作原理、选择、使用方法与交流接触器基本相同。

4. 速度继电器

速度继电器有电磁感应式速度继电器和离心式速度继电器。电磁感应式速度继电器由于故障率低、寿命长、使用可靠而得到了广泛应用。

（1）速度继电器的结构及作用 速度继电器由定子、转子和触点系统三部分组成。其中定子是一个笼形空心圆环，由硅钢片叠压而成，并嵌有笼形导条；转子是一个圆柱形永久磁铁；触点系统包括正向运转时动作和反向运转时动作的触点各一组，每组又各有一对常闭触点和一对常开触点。速度继电器的结构如图 2-16 所示。

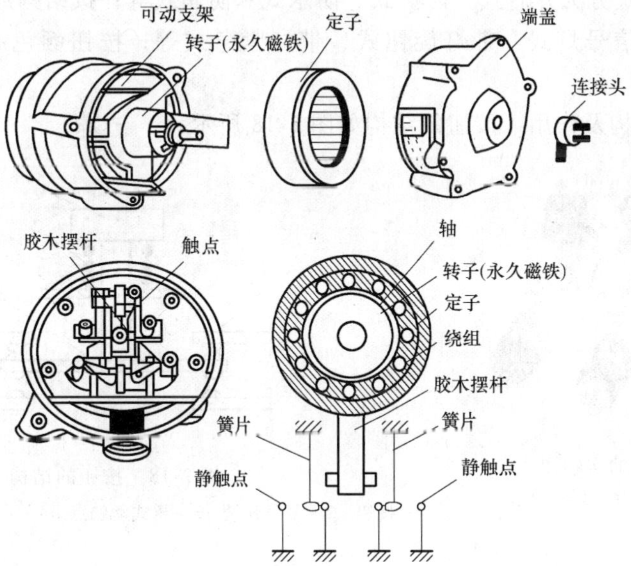


图 2-16 速度继电器的结构

使用时，外面的连接头与电动机轴相连，定子空套在转子外围。当电动机起动旋转时，转子随着转动，永久磁铁的静止磁场就成了旋转磁场。定子内的笼形导条因切割磁场而产生感应电动势，形成感应电流，并在磁场作用下产生电磁转矩，使定子随转子旋转方向转动，与定子相连的胶木摆杆也随之偏转。当定子偏转到一定角度时，在胶木摆杆的作用下使常闭触点打开而常开触点闭合。推动触点的同时也压缩了相应的反作用弹簧，其反作用力阻止定子继续偏转。当电动机转速下降时，继电器转子转速也随之下降，定子导体中的感应电动势、感应电流、电磁转矩均减小。当继电器转子转速下降到一定值时，电磁转矩小于反作用弹簧的反作用转矩时，定子返回原位，继电器触点恢复到原来状态。调节螺钉的松紧，可调节的动作转速为 140r/min，触点的复位转速为 100r/min。

当电动机正向运转时，定子偏转使正向常开触点闭合，常闭触点断开，同时接通与断开与它们相连的电路；当正向旋转速度接近零时，定子复位，使常开触点断开，常闭触点闭合，同时与其相连的电路也改变状态；当电动机反向运转时，定子向反向偏转，使反向动作触点动作，情况与正向时相同。

（2）速度继电器的选择　速度继电器主要根据电动机的额定转速和控制要求来选择。常用的速度继电器有 JY1 和 JFZ0 系列。JY1 系列可在 700 ~ 3600r/min 范围内可靠地工作；JFZ0-1 型适用于在 300 ~ 1000r/min 范围内工作；JFZ0-2 型适用于在 1000 ~ 3600r/min 范围内工作。它们都具有两对常开、常闭触点，触点额定电压为 380V，额定电流为 2A。

（五）主令电器

主令电器是用来对控制电路（二次回路）发出操作指令的开关电器。

主令电器的种类很多，如按钮、行程开关、万能转换开关、主令控制器。在机床电路中使用最多的主令电器是按钮和行程开关。下面将重点学习按钮和行程开关。

1. 按钮

控制电路中，按钮是一种结构简单、应用广泛的主令电器，其实物图如图 2-17 所示。控制按钮按保护形式分为开启式、防护式、防水式和防腐式等；按结构形式分为嵌压式、紧急式、钥匙式、带信号灯式、带灯旋钮式、带灯紧急式等；按钮颜色有红、黑、绿、黄、白、蓝等。

（1）按钮的结构及作用　按钮的结构如图 2-18 所示。

图 2-17　按钮的实物图

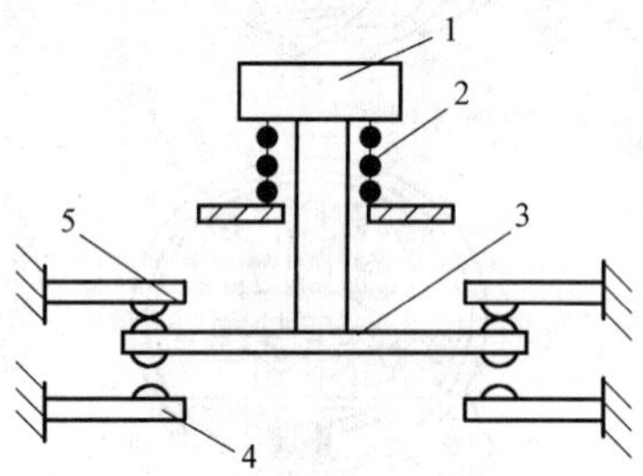


图 2-18　按钮的结构

1—按钮　2—复位弹簧　3—桥式动触点　4—常开触点　5—常闭触点

控制按钮一般由按钮、复位弹簧、触点和外壳等部分组成。每个按钮中的触点形式和数量可根据需要装配成一对常开一对常闭到 6 对常开 6 对常闭等形式。一般按钮松开后可自动复位，有些按钮设计为按两次复位。旋钮的结构与按钮相同，也有自动复位和不能自动复位之分。按钮的作用是发出机械的起动和停止等命令。

（2）按钮的型号及符号　按钮的型号如下：

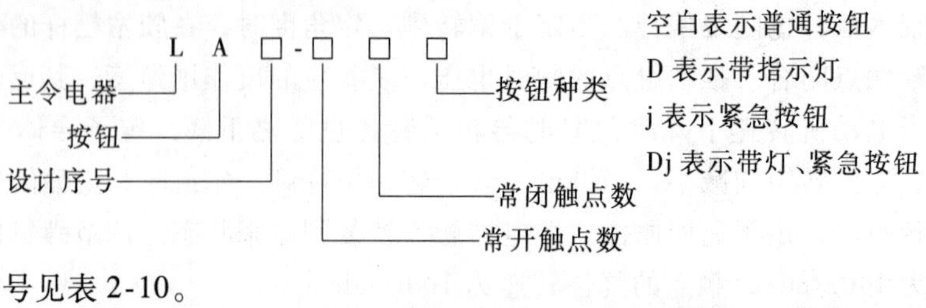


按钮的符号见表 2-10。

表 2-10　按钮的符号

| 名　称 | 常开按钮 | 常闭按钮 | 复合按钮 |
| --- | --- | --- | --- |
| 符号 | 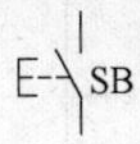 | 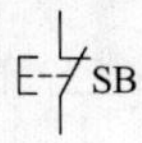 | 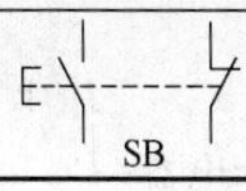 |

（3）按钮的工作原理　下面以复合按钮为例介绍一下按钮的工作原理：

按下按钮，上面一对常闭触点先分断，下面一对常开触点随后闭合。

松开按钮，在复位弹簧作用下，下面一对常开触点立即复位断开，上面一对常闭触点随后复位闭合。

（4）按钮的选择

1）根据工作环境，适当选用开启式、防护式、防水式。

2）根据操作方便，适当选用按钮式、旋钮式、紧急式。

3）根据用途，适当选用颜色：红色表示紧急停止运行；绿色表示起动；黄色表示不正常时操作以防工作进一步扩大；蓝色表示强制干预；白、灰、黑没有特殊含义。

4）根据电路需要，选择合适的触点数目。

（5）按钮的使用及注意事项　按钮的使用很简单，但一定要注意分清常开、常闭触点，分清每个触点对应的两个接线柱。另外按钮的额定电压不高，额定电流不大，不能作负荷开关使用。有些按钮或旋钮不能自动复位，应正确选择复位方式。

2. 行程开关

行程开关又叫限位开关，行程开关包括无机械触点的接近开关和有机械接触的行程开关，其实物图如图 2-19 所示。行程开关有时也叫位置开关。有机械接触的行程开关按其结构又可分为直动式、滚动式和微动式三种。机床上以有机械接触的行程开关居多，下面以有机械接触的行程开关为例加以介绍。

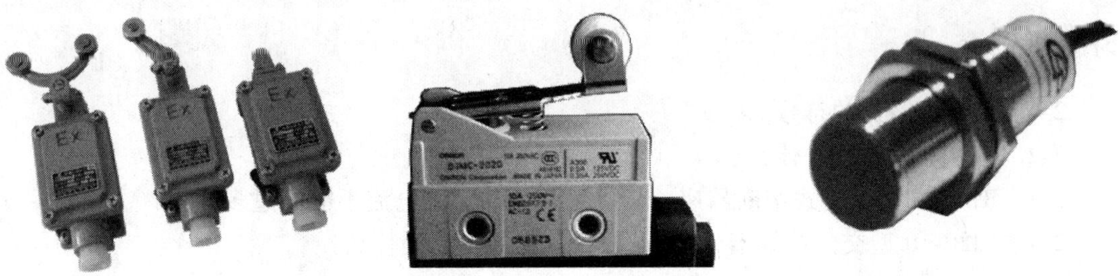

a)　　b)　　c)

图 2-19　行程开关的实物图

a）LX2-11 系列行程开关　b）D4MC-2020 系列微动开关　c）LPM-18N5C 接近开关

（1）行程开关的结构与作用　行程开关的结构与按钮基本相同，只是按钮的操作主体是人，而行程开关的操作主体是机械。行程开关的作用是根据机械发出的指令，控制该机械自身的运动方向和行程范围。行程开关的结构如图 2-20 所示。

（2）行程开关的型号及符号　行程开关的型号如下：

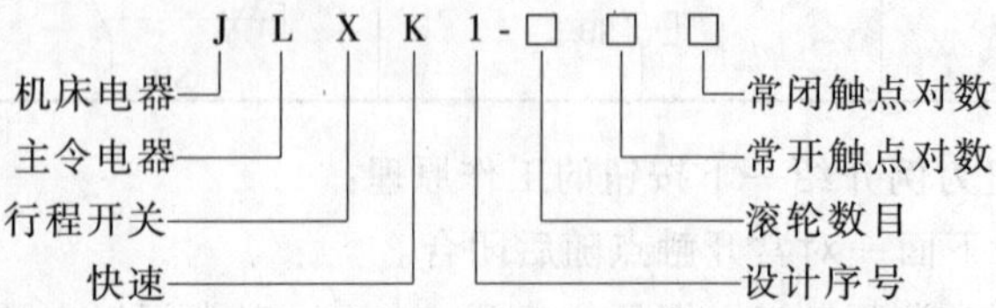


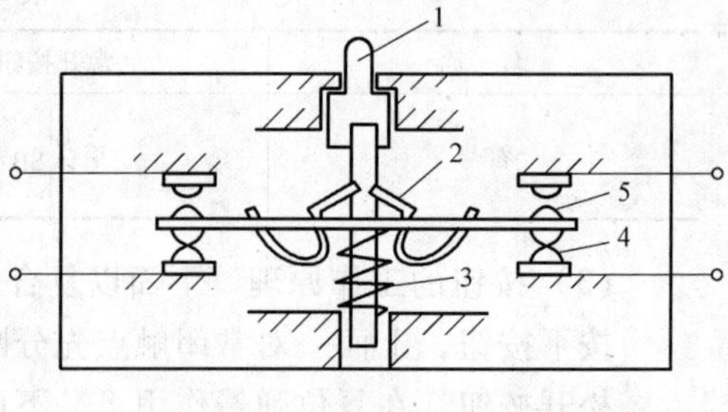


图 2-20　行程开关的结构
1—操纵杆　2—弓形弹簧　3—复位弹簧
4—静触点　5—动触点

行程开关的符号见表 2-11。

**表 2-11　行程开关的符号**

| 名　称 | 常开触点 | 常闭触点 | 复合触点 |
| --- | --- | --- | --- |
| 符号 | 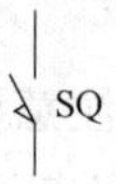 | 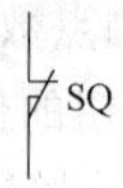 | 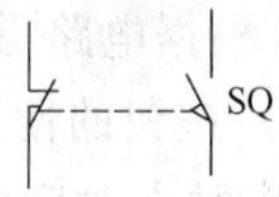 |

(3) 工作原理　直动式和单滚轮式行程开关与按钮的工作原理完全相同，双滚轮式不能自动复位，滚轮偏向一边相当于按下按钮，滚轮偏向另一边相当于松开按钮。

(4) 行程开关的选择

1) 根据机械位置和机械功能要求，合理选择不同结构的行程开关。

2) 根据电路需要，选择不同的触点类型和触点数目。

(5) 行程开关的使用及注意事项　行程开关的使用与按钮一样简单，也一定要注意分清常开、常闭触点，分清每对触点对应的两个接线柱。

## 习题部分

2-1　画出断路器的符号。

2-2　熔断器的作用是什么？

2-3　RL1-16 型螺旋式熔断器座，配接熔断管的额定电流不能超过多少安？

2-4　CJ20-10 型交流接触器，文字符号中 20 的含义是什么？

2-5　简述交流接触器的工作原理。

2-6　热继电器的发热元件应如何接入电路？

2-7　简述热继电器的工作原理。

2-8　热继电器的电流一般应如何整定？

2-9　JS7-4A 型时间继电器，文字符号中 4 的含义是什么？

2-10　画出时间继电器断电延时闭合的触点符号。

2-11　什么叫主令电器？

2-12　双滚轮行程开关能否自动复位？

# 第三章　三相异步电动机正反转控制电路

## 一、学 习 目 标

1）学会分析三相异步电动机正反转电路的原理图，掌握三相异步电动机正反转的原理和方法。

2）理解接触器和按钮双重互锁正反转控制电路的原理。

3）学习接触器和按钮双重互锁正反转控制电路的连接与调试。

4）通过对按钮互锁的正反转控制电路和接触-继电器控制电动机正反转互锁电路的安装接线，掌握根据原理图接成实际操作电路的方法。

## 二、学 习 任 务

本项目的任务是安装与调试三相异步电动机正反转控制电路。电路要求如下：

1）起停控制：按下正向起动按钮，电动机正向运转；按下反向起动按钮，电动机反向运转。按下停止按钮，电动机停止运转。

2）保护措施：系统具有必要的短路保护和过载保护措施。

## 三、环 境 设 备

本任务所需的工具、仪表及器材如下：

（一）工具

电工通用工具一套：电工钳、剥线钳、尖嘴钳、验电器、活扳手、螺钉旋具（一字形和十字形）等。

（二）仪表

万用表一只。

（三）器材

所需器材见表 3-1。

**表 3-1　所需器材**

| 代　号 | 名　　称 | 型号/规格 | 数 量 |
|---|---|---|---|
|  | 三刀双掷开关 | 3 * 15A | 1 个 |
| FU2 | 熔断器 | RL1-15 | 2 个 |
| FU1 | 3P 熔断器 | RT18-32 | 1 个 |
| SB1、SB2、SB3 | 按钮 | LA19-11 | 3 个 |

（续）

| 代　号 | 名　　称 | 型号/规格 | 数 量 |
|---|---|---|---|
| FR | 热继电器 | JR36-20 | 1 个 |
| KM1、KM2 | 交流接触器 | CJ20-10 | 2 个 |
| M | 三相交流异步电动机 | 60W | 1 台 |
| HL1、HL2 | 指示灯 | AD11-25/40 | 2 个 |
| | 端子排、导线 | | 适量 |

## 四、教学内容

（一）点动、连续控制电路

1. 电动机点动控制电路

在生产实际中，有的生产机械需要点动控制，还有的生产机械在进行调整工作时采用点动控制。图 3-1 所示为点动控制电路的基本形式，闭合 QS 后，按下按钮 SB，接触器 KM 线圈通电，KM 主触点闭合，电动机运转。松开按钮 SB，KM 线圈失电，主触点断开，电动机停止运转。

2. 电动机连续控制电路

如图 3-2 所示，它是常用的一种由接触器控制电动机单方向起动运转的电路。由刀开关 QS、熔断器 FU1、交流接触器 KM 的主触点、热继电器 FR 的热元件与电动机 M 构成主电路。由起动按钮 SB2、停止按钮 SB1、接触器 KM 的动合辅助触点、KM 线圈、热继电器 FR 的动断触点、熔断器 FU2 构成控制电路。

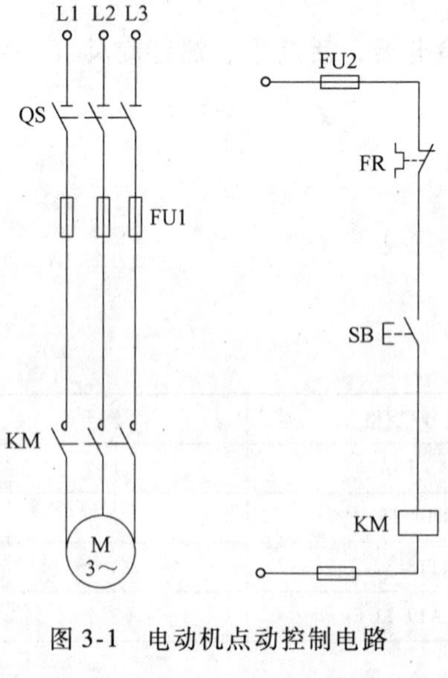


图 3-1　电动机点动控制电路

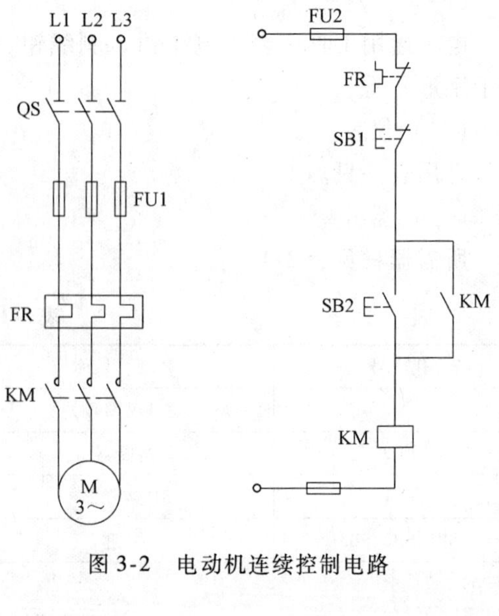


图 3-2　电动机连续控制电路

起动时，合上 QS，引入三相电源。按下起动按钮 SB2，接触器 KM 线圈通电，接触器主触点闭合，电动机接通电源起动运转。同时与 SB2 并联的 KM 动合触点闭合，使接触器的线圈可以通过两条路径得电。这样，当松开 SB2 时，按钮 SB2 还原断开，但接触器 KM 的线圈仍可通过 KM 辅助触点继续通电，从而保证了电动机的连续运行。这种依靠接触器自身的辅助触点而使其线圈保持通电的现象称为自锁（或自保）。这一对起自锁作用的辅助触点，则称为自锁触点。

要使电动机 M 停止运转，只要按下停止按钮 SB1，将控制电路断开即可。这时接触器 KM 断电释放，KM 的动合主触点将三相电源切断，电动机停止运转。当手松开按钮后，虽然 SB1 的动断触点在复位弹簧的作用下复位闭合，但接触器线圈已不再能依靠自锁触点通电了，因为原来闭合的自锁触点已随着接触器的断电而断开。

（二）正反转控制电路

在生产应用中，经常遇到要求电动机具有正反转的功能。例如，电梯上下运行，行车的上下提升和左右运行，数控机床的进刀退刀等均需要对电动机进行正反转控制。图 3-3 所示是卷扬机的上下运行控制，对于带动卷扬机工作的三相异步电动机来说就是实现正反转控制。控制方法就是将主电路中的三相电源任意对调两相（改变三相电源的顺序），电动机就会改变转向。

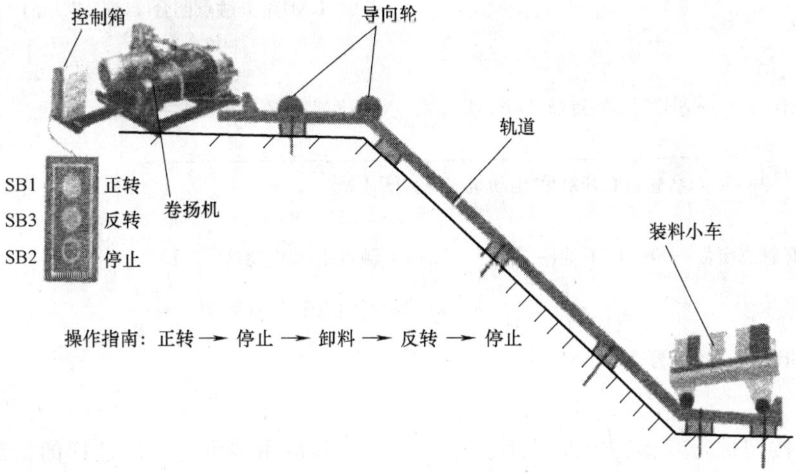


图 3-3　卷扬机的上下运行控制

1. 按钮互锁的正反转控制电路

按钮互锁的正反转控制电路如图 3-4 所示，控制电路中采用了复合按钮 SB1 和 SB2，它们有两组触点：一组为常开，一组为常闭。在该电路中将常闭触点接入对方线圈回路中。这样只要按下按钮，就自然切断了对方线圈回路。这种利用某一回路的触点，去控制对方的线圈回路，进行状态保持或功能限制，称为互锁。

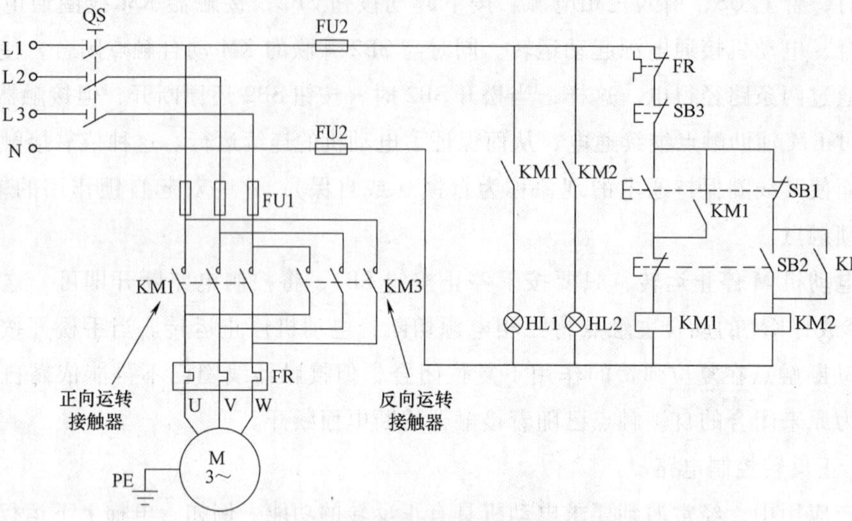


图 3-4　按钮互锁的正反转控制电路

动作原理如下：

1)合上电源开关QS → 按下SB1 → KM1线圈得电 → SB1常闭触点断开对KM2互锁；KM1主触点闭合(电动机正转)；KM1常开触点闭合(自锁，HL1亮)

2)按下SB2 → SB2常闭触点断开对KM1互锁 → KM1线圈失电 → KM1各触点断开复位(电动机失电，HL1灭)

SB2常开触点闭合 → KM2线圈得电 → KM2主触点闭合(电动机反转)；KM2常开触点闭合(自锁，HL2亮)

3)按下SB3 → 系统停车。

但只有按钮进行互锁，电路是不可靠的。在实际应用中可能出现这样的情况：由于负载短路或大电流的长期作用，接触器的主触点被强烈的电弧“烧焊”在一起；或者是接触器的机构因失灵、老化等原因，使衔铁总是卡住在吸合的状态，这都可能使主触点不能断开。这时如果操作相反旋转方向的按钮，使另一接触器也得电吸合，就会使主电路短路，造成重大事故。所以，这种控制电路的安全性较低，实际中不宜采用。

2. 接触器互锁电动机正反转控制电路

图 3-5 所示为接触器互锁电动机正反转控制电路，图中 KM1 为正转接触器，KM2 为反转接触器。在控制电路中，KM1 的常闭触点和 KM2 的常闭触点分别接在电动机的正转和反转控制电路中。其工作原理为：当按下 SB1 时，正转接触器 KM1 得电动作，主触点闭合，三相电源按正相序输入电动机，使电动机正转；而正转接触器 KM1 的常闭触点动作，断开

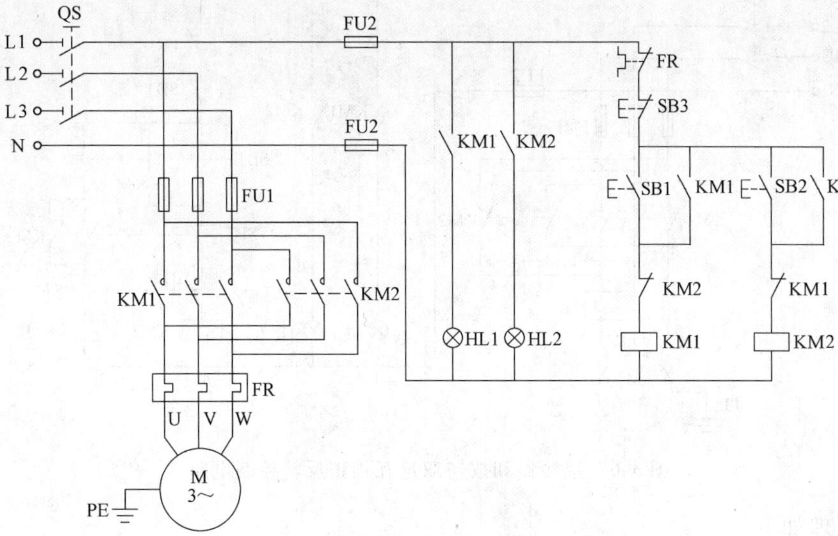


图 3-5　接触器互锁电动机正反转控制电路

了反转控制线圈控制的回路，按下停止按钮，电动机停止运转；当按下 SB2 时，反转接触器 KM2 得电动作，其主触点闭合，三相电源按反相序输入电动机，使电动机反转；反转接触器 KM2 的常闭触点得电动作，断开正转控制线圈的回路，从而实现了互锁。

动作原理如下：

1)合上电源开关QS → 按下SB1 → KM1线圈得电 → KM1常闭触点断开对KM2互锁
　　KM1主触点闭合(电动机正转)
　　→ KM1常开触点闭合(自锁，IIL1亮)

2) 按下SB2 → KM1线圈失电 → 主触点断开 → 电动机失电
　　→ 各个辅助触点复位 →

按下SB2 → KM2线圈得电 → KM2常闭触点断开对KM1互锁
　　KM2主触点闭合(电动机反转)
　　→ KM2常开触点闭合(自锁，HL2亮)

3) 按下SB3 → 系统停车。

3. 接触器和按钮双重互锁正反转控制电路

图 3-6 所示为接触器和按钮双重互锁正反转控制电路，也称为防止相间短路的正反转控制电路。该电路结合了接触器互锁（电气互锁）和按钮互锁（机械互锁）的优点，是一种比较完善的、既能实现正反转直接起动的要求又具有较高安全可靠性的电路。这种电路操作方便、安全可靠、应用广泛。

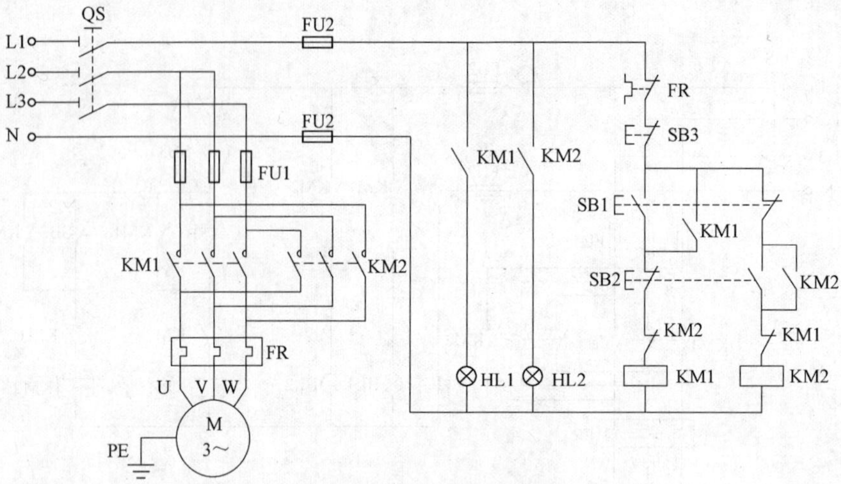


图 3-6　接触器和按钮双重互锁正反转控制电路

动作原理如下：

1) 合上电源开关QS → 按下SB1 → KM1线圈得电 → SB1常闭触点断开对KM2互锁；KM1主触点闭合（电动机正转）；KM1常开触点闭合（自锁，HL1亮）

2) 按下SB2 → SB2常闭触点断开对KM1互锁 → KM1线圈失电 → KM1各触点断开复位(电动机失电,电动机惯性运转，指示灯 HL1灭)

SB2常开触点闭合 → KM2线圈得电 → KM2常闭触点断开对KM1互锁；KM2主触点闭合(电动机反转)；KM2常开触点闭合(自锁，HL2亮)

3）按下 SB3→系统停车。

## 五、技 能 训 练

（一）配齐电器元件

按表 3-1 所示配齐元器件，并检验元器件的质量是否合格。

在电动机正反转控制电路中，用到的主令电器有控制按钮、接触器、热继电器、空气断路器等。

1. 按钮

（1）按钮的安装　将按钮固定在接线板上，然后将按钮的两端螺母松开，将电线接于两点上，在装接电线时，注意按钮的常开与常闭触点的位置。

（2）按钮的调试

1）首先进行内外部分和机械部分的检验。测试按钮是否有卡死的现象，按钮接线端是否有滑丝等现象，如发现应立即更换。

2）按钮常开、常闭触点的检验。测试按钮常开、常闭触点时，用万用表拨到电阻档测电阻，观察电阻阻值。

（3）按钮的维护

1）由于按钮触点接触面间距较小，如有油污容易发生短路事故，故使用时应经常保持触点间的洁净。

2）按钮用于高温场合时，易使塑料变形老化，导致按钮松动，引起接线螺钉松动，从而引起接线螺钉间触碰短路，可使其在安装时多加一个紧固圈，两个并联使用，也可以在接线螺钉处加套绝缘管来防止此类故障的发生。

3）带指示灯的按钮由于灯泡长期发热，时间长易使塑料灯罩变形造成更换灯泡困难，故不宜使用在通电时间较长处；如欲使用，可适当降低灯泡电压，延长使用寿命。

（4）按钮的常见故障分析与排除方法　按钮的常见故障分析与排除方法见表3-2。

**表3-2　按钮的常见故障分析与排除方法**

| 故障现象 | 故障原因 | 处理方法 |
| --- | --- | --- |
| 触点接触不良 | 1)触点烧坏<br>2)触点表面有尘垢<br>3)触点弹簧失效 | 1)修整触点或更换触点<br>2)清洁触点表面<br>3)重绕弹簧或更换弹簧 |
| 触点间短路 | 1)塑料受热变形,导致接线螺钉相碰短路<br>2)杂物或油污在触点间形成通路 | 1)更换按钮,并查明发热原因<br>2)清洁按钮内部及触点 |

2. 接触器

（1）接触器的安装

1）接触器安装前先检查线圈的额定电压等技术数据是否与实际相符；然后将贴在极面上的防锈油脂或粘结在极面上的油垢用汽油擦净，以免多次使用后被油垢黏住，造成接触器断电时不能及时断开。

2）接触器安装时除特殊订货外，一般应垂直安装，其倾斜角不得超过5°，否则会影响接触器的动作特性；安装有散热孔的接触器，应将散热孔放在上下位置，以利于散热而降低线圈的温度。

3）接触器安装与接线时，注意不要把零件失落在接触器内，以免引起卡阻而烧毁线圈；同时应将螺钉拧紧，以防止振动脱落。

（2）接触器的调试

1）首先进行内外部分和机械部分的检验。检查焊接处的良好程度、螺钉的紧固情况、各部件的完整情况、弹簧有无变形。触点须有银质接触面，表面应光洁、无焦斑及灰尘，弹簧铜片应有弹性。用手推动衔铁看可动部分是否灵活，触点接触是否紧密，接触器线圈规格及所附电阻值应符合原理设计和铭牌。若有损坏部分应修理或更换。

2）吸合电压和释放电压应符合规定。吸合电压和释放电压测量：交流接触器在冷状态下的吸合电压值为额定电压的85%；释放电压约为额定电压的30%～40%。

3）接触器的主触点接通时，三相应同时接触，其先后间隔时间不得超过0.5ms。

(3) 接触器的维护

1) 通过的负载电流是否在接触器额定值范围之内。

2) 接触器的分合信号指示是否与电路状态有关。

3) 运行声音是否正常，有无因接触不良而发生放电声的现象。

4) 电磁线圈有无过热现象，电磁铁的短路环有无异常。

5) 传动部分有无损伤。

6) 辅助触点有无烧损情况。

7) 灭弧罩有无松动和损伤情况。

(4) 接触器的常见故障分析与排除方法　接触器的常见故障分析与排除方法见表3-3。

表3-3　接触器的常见故障分析与排除方法

| 故障现象 | 产生故障的原因 | 排除办法 |
|---|---|---|
| 吸力不足 | 1)电源电压过低或波动过低<br>2)线圈额定电压高于控制电压<br>3)其可动部分卡阻、铁心歪斜等<br>4)反作用弹簧压力过大 | 1)调整电源电压<br>2)更换线圈，使其符合要求<br>3)调整可动部分<br>4)调整反作用弹簧 |
| 线圈过热或烧毁 | 1)线圈匝路间短路<br>2)衔铁与铁心间隙过大<br>3)操作频率过高<br>4)电源电压过低或过高 | 1)更换线圈<br>2)修理或更换铁心<br>3)按条件使用接触器<br>4)调整电源电压 |
| 衔铁振动或出现噪声 | 1)短路环损坏或脱落<br>2)铁心歪斜或端面有锈蚀、油污或灰尘等<br>3)可动部分卡阻<br>4)电源电压偏低 | 1)更换铁心或短路环<br>2)调整或清理铁心端面<br>3)调整可动部分<br>4)提高电源电压 |
| 触点不能复位 | 1)触点熔焊在一起<br>2)铁心剩磁太大<br>3)铁心端面有油污<br>4)可动部分卡阻 | 1)修理或更换触点<br>2)消除剩磁或更换铁心<br>3)清理铁心端面<br>4)消除机械卡阻现象 |
| 触点过热 | 1)触点接触压力不足<br>2)触点表面接触不良<br>3)触点表面被电弧灼伤烧毁<br>4)负载电流过大 | 1)调整触点压力<br>2)调整触点使其接触良好<br>3)修理触点或更换<br>4)更换负载或接触器 |

3. 热继电器

(1) 热继电器的安装　热继电器的安装见表3-4。

1) 热继电器安装接线时，应清除触点表面污垢，以避免电路不通或因接触电阻太高而影响热继电器的动作特性。

2) 电动机起动时间过长或操作次数过于频繁，将会使热继电器误动作或烧毁，故这种情况下一般不用热继电器作过载保护；如仍用热继电器，则应在热元件两端并联一副接触器或继电器的动断触点，待电动机起动完毕后，使动断触点断开，热继电器投入工作。

3) 热继电器周围介质的温度，原则上应和电动机周围的介质温度相同。否则，势必要破坏已调整好的配合情况。当热继电器与其他电器安装在一起时，应将它安装在其他电器的下方，以免其动作特性受到其他电器发热的影响。

4) 热继电器出线端的连接导线不宜太粗，也不宜太细。如连接导线过细，轴向导热性差，热继电器可能提前动作；反之，连接导线太粗，轴向导热快，热继电器可能滞后动作。

表 3-4　热继电器的安装

| 项目 | | 要求 |
| --- | --- | --- |
| 安装 | 按说明书规定的方式安装。安装方式有独立安装、标准导轨安装、插接安装 | 安装处的环境温度应与电动机所处的环境温度基本相同。与其他电器安装在一起时，应注意将热继电器安装在其他电器的下方，以免其动作特性受到影响 |
| | 清除尘污 | 安装时要清除触点表面尘污，以免因接触电阻过大或电路不通而影响动作性能 |
| | 接线 | 热继电器额定电流分别为10A、20A和60A时，连接导线应分别为截面积是2.5$mm^2$、4$mm^2$的单股铜芯塑料线和截面积为16$mm^2$的多铜芯橡皮线<br>热继电器的发热元件要串联在主电路中，并将电源从高些的接线端子上引入，从低些的接线端子上引出（简称高进低出）；其常闭触点一般串联在控制电路中 |

（2）热继电器的调试

1）首先进行内外部分和机械部分的检验。热继电器的动作机构应正常可靠，可用手扳动数次进行观察。要求复位按钮灵活、调整部件无松动，对于可调整的热继电器应检查其刻度是否对准需要的分度值。

2）整定电流应符合规定。预试时，先通以2～3倍或更高倍数的电流，使其脱扣数次，预热校验设备，再将其冷却至室温，然后才能测试。先将热继电器通入整定电流，热继电器应长期不动作，接着通入最低倍数的动作电流，热继电器应在规定时间内动作。动作后直至冷却。如此反复校验三次，各次均符合要求者为合格。

（3）热继电器的维护

1）通过的负载电流是否在热继电器额定值范围之内。

2）热继电器的分合信号指示是否与电路状态有关。

3）传动部分有无损伤。

（4）热继电器的常见故障分析与排除方法　热继电器的常见故障分析与排除方法见表3-5。

表 3-5　热继电器的常见故障分析与排除方法

| 故障现象 | 故障原因 | 处理方法 |
| --- | --- | --- |
| 热元件烧毁 | 1）负载侧短路，电流过大<br>2）操作频率过高 | 1）排除故障，更换热继电器<br>2）更换合适参数的热继电器 |
| 热继电器不动作 | 1）热继电器额定电流选用不当<br>2）电流整定值偏大<br>3）动作触点接触不良<br>4）热元件烧断或脱焊<br>5）动作机构卡阻<br>6）导板脱出 | 1）按保护容量合理选择<br>2）合理调整整定值<br>3）消除触点接触不良因素<br>4）更换热继电器<br>5）消除卡阻因素<br>6）重新放入导板并进行调试 |
| 热继电器动作不稳定，时快时慢 | 1）热继电器内部某些部件松动<br>2）在检修中弯折了双金属片<br>3）通电电流波动太大，或接线螺钉松动 | 1）将松动部件紧固<br>2）用两倍电流预试几次或将双金属片拆下来进行热处理以去除内应力<br>3）检查电源电压或拧紧接线螺钉 |

（续）

| 故障现象 | 故障原因 | 处理方法 |
|---|---|---|
| 热继电器动作太快 | 1）电流整定值偏小<br>2）电动机起动时间过长<br>3）连接导线太细<br>4）操作频率过高<br>5）使用场合有强烈冲击和振动<br>6）可逆转换频繁<br>7）安装热继电器处与电动机所处环境温差太大 | 1）合理调整整定值<br>2）按起动时间要求选择热继电器或在起动过程中将热继电器短接<br>3）选择标准导线<br>4）更换合适的型号<br>5）选用带防振动冲击的热继电器或采取防振动措施<br>6）改用其他保护方式<br>7）按两地温差情况配置适当的热继电器 |
| 主电路不通 | 1）热元件烧毁<br>2）接线螺钉松动或脱落 | 1）更换热继电器或热元件<br>2）紧固接线螺钉 |
| 控制电路不通 | 1）触点烧坏或动触片弹性消失<br>2）可调整式旋钮转到不合适位置<br>3）热继电器动作后未复位 | 1）更换触点或动触片<br>2）调整旋钮或螺钉<br>3）按动复位按钮 |

4. 低压断路器

（1）低压断路器的安装

1）断路器在安装前应将脱扣器的电磁铁工作面的油脂抹净，以免影响电磁机构的动作值。

2）断路器与熔断器配合使用时，熔断器应尽可能装于断路器之前，以保证使用安全。

3）电磁脱扣器的整定值一经调好后就不允许随意更改，使用久后应经常检查其弹簧是否生锈卡住，以免影响其动作。

4）断路器在分断短路电流后，应在切除上一级电源的情况下，及时检查触点。若发现有严重的电灼痕迹，可用干布擦去；若发现触点烧毛，可用砂纸或锉刀小心修整，但主触点一般不允许用锉刀修整。

5）应定期清除断路器上的积尘和检查各种脱扣器的动作值，操作机构在使用一段时间后（1~2年），在传动机构部分应加润滑油（小容量塑料壳式断路器不需要）。

6）灭弧室在分断短路电流或在较长时间使用后，应清除灭弧室内壁和栅片上的金属颗粒和黑烟灰，如灭弧室已破损，则不能再使用。

（2）低压断路器的调试

1）首先进行内外部分和机械部分的检验。测试前应检查断路器是否有破损的地方和测试按钮是否有效。

2）低压断路器具有发生短路、过载、电压过低（欠电压）等故障时自动切断电路的功能。可以借助一些工具进行相关的测试。

（3）低压断路器的维护

1）定期运行测试低压断路器，观察分合信号指示是否与电路状态有关。

2）低压断路器的运行电流不能超过额定电流。

3）低压断路器的运行电压不能超过额定电压。

（4）低压断路器的常见故障分析与排除方法。低压断路器的常见故障分析与排除方法见表3-6。

表 3-6　低压断路器的常见故障分析与排除方法

| 故障现象 | 故障原因 | 处理方法 |
| --- | --- | --- |
| 不能闭合 | 1)欠电压脱扣器无电压或线圈损坏<br>2)储能弹簧变形<br>3)反作用弹簧力过大<br>4)机构不能复位再扣 | 1)检查施加电压或更换线圈<br>2)更换储能弹簧<br>3)重新调整<br>4)调整再扣接触面至规定值 |
| 电流达到整定值,断路器不动作 | 1)热脱扣器双金属片损坏<br>2)电磁脱扣器的衔铁与铁心距离太大或电磁线圈损坏<br>3)主触点熔粘 | 1)更换双金属片<br>2)调整衔铁与铁心距离或更换电磁线圈<br>3)检查原因并更换主触点 |
| 起动电动机时断路器立即分断 | 1)电磁脱扣器瞬动整定值过小<br>2)电磁脱扣器某些零件损坏 | 1)调高整定值至规定值<br>2)更换脱扣器 |
| 断路器闭合后,经一定时间自行分断 | 热脱扣器整定值过小 | 调高整定值至规定值 |
| 断路器温升过高 | 1)触点压力过小<br>2)触点表面过分磨损或接触不良<br>3)两个导电零件连接螺钉松动 | 1)调整触点压力或更换弹簧<br>2)更换触点或修整接触面<br>3)重新拧紧螺钉 |

5. 熔断器

(1) 熔断器的安装

1) 正确选用熔断器，有分支电路时，分支电路的熔体额定电流应比前一级的小 2 ~ 3 级；对于不同性质的负载，如照明电路、电动机电路的控制电路和主电路等，应尽量分别保护，装设单独的熔断器。

2) 安装螺旋式熔断器时必须注意将电源线接在磁底座下接线处，以保证安全。

3) 磁插式熔断器，安装时熔丝应顺着螺钉旋紧的方向绕过去，同时应注意不要划伤熔丝，也不要把熔丝绷紧，以免减小熔丝的截面积或插断熔丝。

4) 更换熔体时应切断电源，并换上相同额定电流的熔体，不能随意加大熔体。

(2) 熔断器的调试

1) 检查熔断器各部件的完整。将万用表拨到电阻档，将表笔接于熔断器两端，观察电阻值。

2) 熔丝是否符合电流的整定值。

(3) 熔断器的维护

1) 定期检测熔断器是否正常工作在额定电压内。

2) 定期检测熔体长期通过但不会熔断的工作电流。

(4) 熔断器的常见故障分析与排除方法　熔断器的常见故障分析与排除方法见表 3-7。

表 3-7　熔断器的常见故障分析与排除方法

| 故障现象 | 故障原因 | 维修 |
| --- | --- | --- |
| 不通电 | 熔体熔断 | 查出电路故障后更换熔断管 |
|  | 熔断器座油污 | 擦拭干净 |
|  | 熔断器上、下座氧化 | 砂纸打磨 |

（续）

| 故障现象 | 故障原因 | 维修 |
|---|---|---|
| 经常熔断熔体 | 熔体额定电流偏小 | 更换额定电流大的熔体 |
| | 接线柱接触不良 | 打磨或更换 |
| | 熔断器座接触不良 | 打磨或更换 |

（二）连接线路

双重互锁正反转控制电路如图3-7所示。

1. 主电路的连接

主电路的反转接触器KM2的负载方，第1、3相应倒相，否则不能实现电动机正反转。正反转接触器主触点对应的接线桩可架空连接（俗称飞线）。

根据电动机的额定电流选配连接主电路的导线。从QS处开始接线，先连接QS与熔断器FU1、FU2之间的导线，接着连接熔断器FU1与接触器KM1与KM2之间的导线，再连接接触器KM1、KM2与热继电器FR之间的导线，最后连接交流接触器KM与端子排之间的导线U、V、W，通过端子排的U、V、W连接电动机。

2. 控制电路的连接

控制电路的正反转互锁接线必须正确。

在固定好的元器件之间测量所需的长度，截取适当长度的导线。去除导线两端的绝缘层，套上线号管后，将导线直接接入接线端子。

3. 装接地线

控制电路连接完成后，电路中所有电器的金属外壳必须装接地线。

4. 整定热继电器的动作电流

按电动机的额定电流，整定热继电器的动作电流。

（三）检查线路

线路连接完毕，应进行检查，防止接错、漏接或线路故障。

1）对照原理图，从电源端开始逐段核对端子接线，排除错接、漏接现象。

2）首先检查有无绝缘层压入接线端子，再检查裸露的导线线芯是否超过规定，最后检查所有导线与接线端子的接触情况。用手摇动、拉拔接线端子上的导线，排除松脱现象。

3）用万用表“$R\times10$”档检查线路通断。取控制电路的两只熔断器为测量点，先检查有无短路。然后按下起动按钮，万用表指示的电阻值为接触器电磁线圈的直流电阻，表示控制电路在按下起动按钮时接通；然后按下接触器的动触点，万用表指示的电阻值为接触器电磁线圈的直流电阻，表示控制电路能自锁；按下起动按钮，万用表指针偏转时再按下停止按钮，万用表指针回到“∞”位置，表示停止按钮能断开控制电路。

4）卸掉FU2在L2相的熔体，切断控制电路与主电路之间的电流通路；断开正反转接触器之间的连线，切断它们之间的电流通路（检测完毕恢复其接线）。检测时，先检测与FR相通的支路。

① 第一测试点FU1、FU2。若线圈KM1支路与FR相通，则

a. 按SB2，万用表有指示，说明反转支路接通。

b. 按住（不要放手）KM1铁心，万用表有指示，说明正转支路自锁良好，再按KM2铁

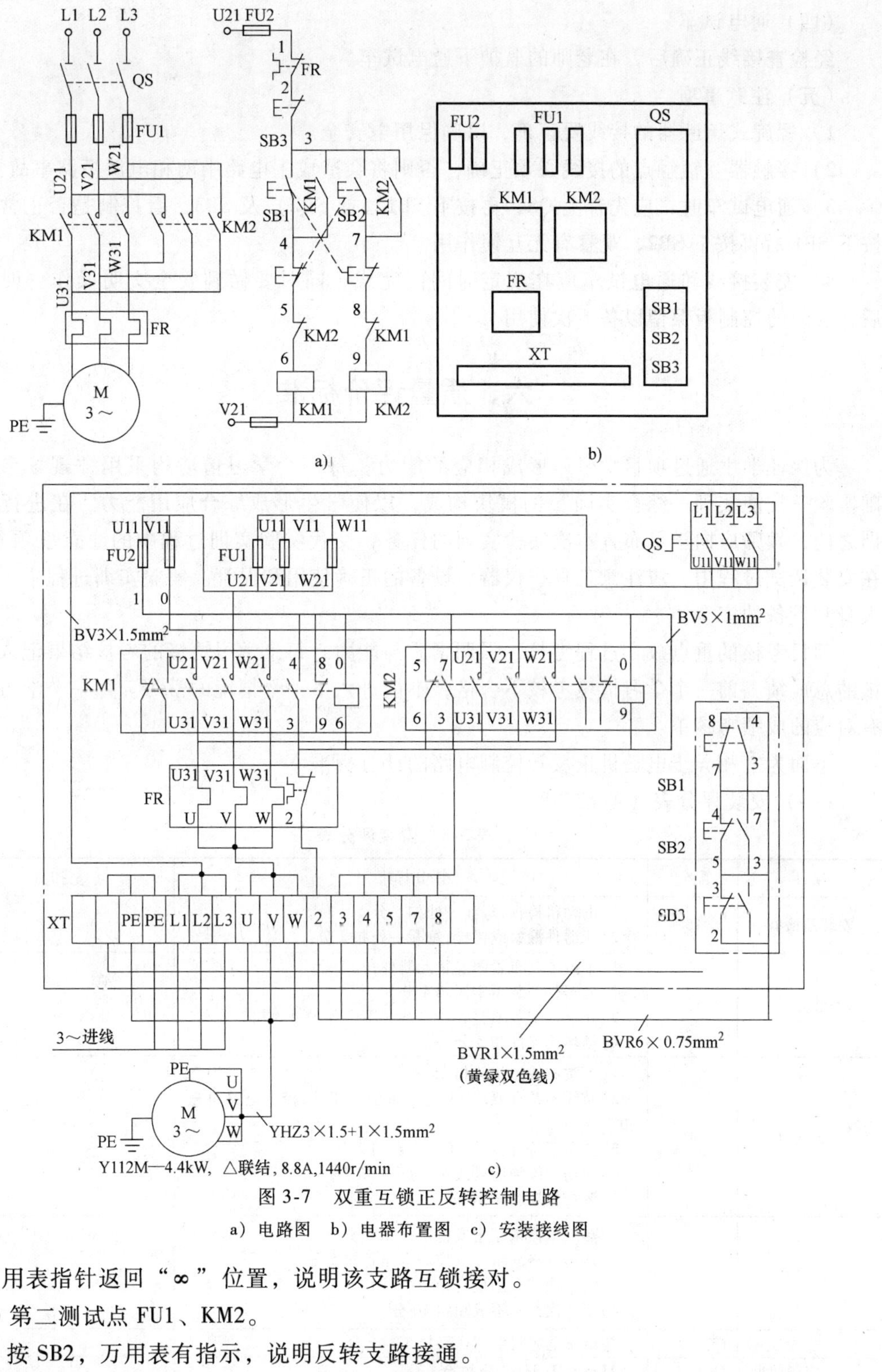

图 3-7　双重互锁正反转控制电路

a）电路图　b）电器布置图　c）安装接线图

心，万用表指针返回“∞”位置，说明该支路互锁接对。

② 第二测试点 FU1、KM2。

a. 按 SB2，万用表有指示，说明反转支路接通。

b. 按住（不要放手）KM2 铁心，万用表有指示，说明反转支路自锁良好；再按 KM1 铁心，万用表指针返回“∞”位置，说明该支路互锁接对。

（四）通电试车

经检查接线正确后，在老师的监护下通电试车。

（五）注意事项

1）螺旋式熔断器的接线要正确，以确保用电安全。

2）接触器互锁触点的接线必须正确，否则将会造成主电路中两相电源短路事故。

3）通电试车时，应先合上 QS，再按下 SB1（或 SB2）及 SB3，看控制是否正常，并在按下 SB1 后再按下 SB2，观察有无互锁作用。

4）安装接线和通电试车应在规定时间内完成，同时要做到安全文明操作。训练结束后，安装的控制板保留以备下次使用。

## 六、质量评价标准

为保证学生通过项目学习后形成相应的能力，每一个学习情境均采用“现场参观—基础实验—技能实训—综合实训”的模块构成，以使学生形成综合应用能力。在进行实验实训之前，教师应向学员布置本次实验实训的任务，交代实验实训过程中的注意事项及要点。在安装调试过程中，应注意工具、仪器、设备的正确使用和保管。实验实训过程中，应注意人身和设备的安全。

项目考核的重点放在过程考核，强调素质与能力。每个学习情境的考核结果记入项目考核的总成绩，前一个学习情境考核不合格，不能进入下一个情境的学习。每一个学习情境均有对应的成绩考核单。

下面为三相异步电动机正反转控制电路的评分标准。

（一）安装评分表（见表 3-8）

表 3-8　安装评分表

<table>
<tr><th>项目</th><th>配分</th><th colspan="2">评分标准</th><th>扣分</th></tr>
<tr><td>安装前检查</td><td>15</td><td colspan="2">1)电动机检查,每漏一处扣 5 分<br>2)元器件漏检或错检,每漏一处扣 2 分</td><td></td></tr>
<tr><td>安装元件</td><td>15</td><td colspan="2">1)不按电气布置图安装元器件扣 15 分<br>2)元器件安装不牢固扣 4 分<br>3)元器件安装不整齐、不匀称、不合理的每项扣 3 分<br>4)损坏元器件扣 5 分</td><td></td></tr>
<tr><td>布线</td><td>30</td><td colspan="2">1)不按布线图接线扣 25 分<br>2)布线不符合要求,主电路每根扣 4 分;控制电路每根扣 2 分<br>3)接点不符合要求,每个接点扣 2 分<br>4)损伤导线绝缘或线芯,每根扣 5 分<br>5)漏接接地线扣 10 分</td><td></td></tr>
<tr><td>通电试车</td><td>40</td><td colspan="2">1)热继电器未整定或整定错扣 5 分<br>2)熔体规格配错,主、控制电路各扣 5 分<br>3)第一次试车不成功扣 20 分<br>4)第二次试车不成功扣 40 分</td><td></td></tr>
<tr><td colspan="2">安全文明生产</td><td colspan="2">违反安全文明生产规程扣 5 ~ 40 分</td><td></td></tr>
<tr><td colspan="2">定额时间 3.5h</td><td colspan="2">每超时 2min,总分扣除 1 分</td><td></td></tr>
<tr><td colspan="2">备注</td><td>各项扣分不得超过该项配分</td><td>成绩</td><td></td></tr>
<tr><td>开始时间</td><td colspan="2">　　　　　　结束时间</td><td>实际时间</td><td></td></tr>
</table>

### （二）检修评分表（见表 3-9）

表 3-9　检修评分表

| 项目 | 配分 | 评分标准 | | 扣分 |
|---|---|---|---|---|
| 故障分析 | 30 | 1）故障分析、排除故障思路不正确，每个扣 5～10 分<br>2）标错电路故障范围，每个扣 10～15 分 | | |
| 排除故障 | 70 | 1）停电不验电，扣 5 分<br>2）测量仪器和工具使用不正确，每次扣 5 分<br>3）排除故障的顺序不正确扣 10 分<br>4）不能查出故障，每个扣 40 分<br>5）查出故障点，但不能排除，每个扣 10 分<br>6）产生新的故障：不能排除，每个扣 40 分；能够排除，每个扣 10 分<br>7）损坏电器，每个扣 10～20 分 | | |
| 安全文明生产 | | 违反安全文明操作规程扣 5～40 分 | | |
| 定额时间 1h | | 修复故障过程中若超时，每超时 1min 扣 5 分 | | |
| 备注 | | 除定额时间外，各项内容的最高扣分不得超过该项配分 | 成绩 | |
| 开始时间 | | 结束时间 | 实际时间 | |

## 七、扩展与提高

在实际生活中，应用到三相异步电动机正反转的实例有很多，如电梯的上下行、工作台的自动往返、升降机等，图 3-8 所示就是某施工工地上的施工升降机。

图 3-8　某施工工地上的施工升降机

1. 升降机控制电路原理图（见图 3-9）

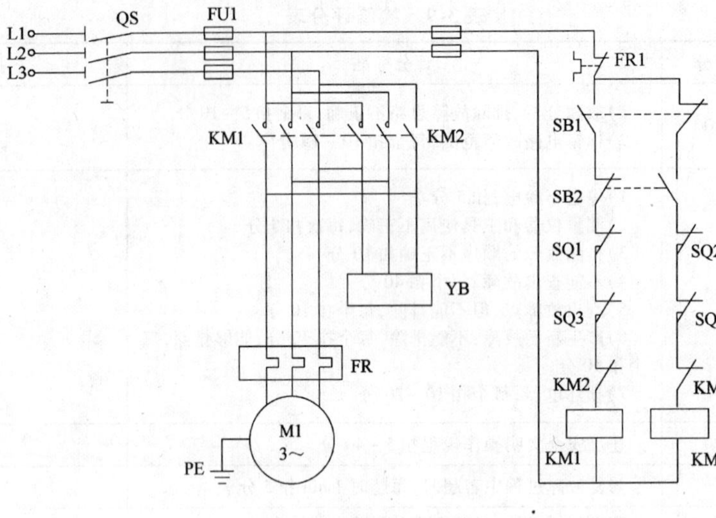


图 3-9　升降机控制电路原理图

2. 升降机的动作过程

按下 SB1（暂不释放），接通接触器 KM1 线圈控制电路，KM1 动作，接通主电路，电磁制动器松开闸瓦，电动机 M1 动作，升降机开始上升，同时 SB1 动断触点 SB1 分断，KM1 的辅助动断触点 KM1 分断，对控制升降机下降的 KM2 控制电路进行互锁。当重物被提升到指定的极限高度时，松开 SB1，KM1 断电释放，电磁制动器断电，闸瓦合拢对电动机 M1 制动，令其迅速停止。行程开关 SQ3 动作时，其动断触点 SQ3 分断 KM1 控制电路，KM1 断电释放，仍可使电动机 M1 在电磁制动器的情况下，迅速停止，避免了升降机继续上升造成事故。SQ1 是为防止 SQ3 出现问题，而安装在 SQ1 后面的一个极限位置控制的开关。欲使升降机下降，只需按下 SB2，接通接触器 KM2 控制电路，使 KM2 通电动作，松开电磁制动器，电动机反转。当升降机下降到指定极限高度时，行程开关 SQ4 动作，其动断触点 SQ4 分断 KM2 控制电路，KM2 释放仍可使电动机 M1 在电磁制动器的情况下，迅速停止，避免了升降机继续下降而造成事故，SQ2 是为防止 SQ4 出现问题，而安装在 SQ4 后面的一个极限位置控制的开关。

## 习题部分

3-1　画出正反转点动、起动的混合控制电路，并设计过载保护和短路保护。

3-2　画出点动正反转控制电路。

3-3　按下列要求设计一个用按钮和接触-继电器控制电动机 M1 和 M2 的控制电路。设计要求为：①能同时控制两台电动机一起起动和停止；②能分别控制电动机 M1 及 M2 的起动和停止。

3-4　在接触器互锁正反转控制电路中，为什么必须在控制电路中接入互锁触点？

3-5　电动机接触器互锁电路中起动正转后，按 SB2 电动机能反转吗？

3-6　去掉图 3-4 中 KM1 和 KM2 的辅助常闭触点，对电路有何影响？

3-7　试设计一个电动机长点动控制电路。

3-8　若电动机缺一相，电动机能运行吗？

3-9　若电动机能正转运行，但是不能反转，请分析是什么原因？

3-10　图 3-10 所示为自动往复循环控制电路。图中 SQ1 为正向转反向行程开关，SQ2 为反向转正向行程开关，SQ4、SQ3 为正反向极限保护用行程开关，试结合电动机正反转的工作原理分析其工作过程。

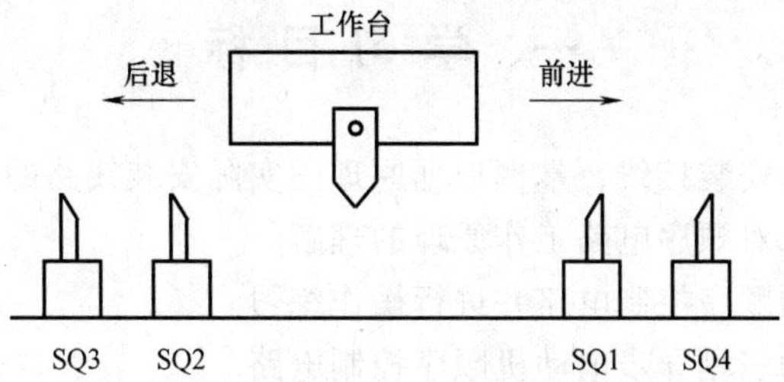


图 3-10　自动往复循环控制电路

# 第四章　电动机顺序控制电路

## 一、学习目标

1）通过电路的实际安装接线，掌握根据原理图实际安装线路的技能。

2）通过实验，加深对顺序电路工作原理的理解。

3）学习连接简单的顺序控制电路并进行操作练习。

4）学习设计简单的三相异步电动机顺序控制电路。

5）观察时间继电器在电动机控制电路中的作用，观察和熟悉时间继电器的型号、构造，熟悉其动作原理，记录铭牌数据。

## 二、学习任务

顺序控制是要求几台电动机的起动或停止按一定的先后顺序来完成的控制方式。本项目的任务是安装与调试三相异步电动机的顺序起动控制电路。系统要求如下：

1）顺序起动。比如电动机 M1、M2，只有 M1 先起动后，M2 才能起动。

2）停止控制。在保持顺序起动的前提下，电动机的停止分几台电动机同时停止和单独停止等方式。

## 三、环境设备

学习所需工具、仪表及器材如下：

（一）工具

电工通用工具一套：电工钳、剥线钳、尖嘴钳、验电器、活扳手、螺钉旋具（一字形和十字形）等。

（二）仪表

万用表一只。

（三）器材

所需器材见表 4-1。

**表 4-1　所需器材**

| 代　　号 | 名　　称 | 规格/型号 | 数　　量 |
|---|---|---|---|
| QF | 断路器 | 15A | 1 个 |
| FU1 | 熔断器 | RL1-15 | 2 个 |
| KM1、KM2 | 接触器 | CJ20-10 | 2 个 |

（续）

| 代　号 | 名　称 | 规格/型号 | 数　量 |
|---|---|---|---|
| SB1、SB3 | 起动按钮 | LA19-11 | 2个 |
| SB2、SB4 | 停止按钮 | LA19-11 | 2个 |
| FR1、FR2 | 热继电器 | JR36-20 | 2个 |
| M1、M2 | 电动机 | 1700r/min，60W | 2台 |
|  | 端子排、导线 |  | 适量 |

## 四、教学内容

在实际的生产过程中，对异步电动机的控制经常会提出很多要求，除自锁、互锁等环节外，顺序控制环节也是其中重要的一种。例如有时要求几台电动机配合工作或一台电动机有规律地完成多个动作，按照这些要求来实现控制。两台或者两台以上的电动机有先有后地起动或者停止的控制方式叫顺序控制。顺序控制是按照生产工艺预先规定的顺序，对生产过程的各个阶段自动地依次进行的控制。前一个控制动作的结束，即成为后一个控制动作的开始，不能随机的输入指令对动作进行规定。

在顺序控制中，控制指令一旦发出，控制过程就将自动地依次进行下去，而与最初的控制指令无关。例如，一台深孔钻床，在加工零件的过程中，先把各行程开关调整在合适的位置上，把时间继电器的延时时间调整为需要的数值。然后，按动它的工作起动按钮，机床便自动地按照图4-1所示的工作循环图顺序进行下去。能够实现这样的自动控制的电路，便是顺序控制电路。

这个电路实现的顺序控制过程如下：按下起动按钮QA，主轴箱从原位开始快进，压动行程开关2XK时，转为工作进给（简称工进）。压动行程开关3XK时，经过延时$t$，然后转为快退。退至原位，压动行程开关1XK时，转为第二次快进。压动行程开关3XK时，再次转为工进。压动行程开关4XK时，经过延时$t$，然后转为快退。退至原位，又压动行程开关1XK时，转为第三次快进。压动行程开关4XK时，转为工进。压动行程开关5XK时，再次转为快退。返回原位处压动1XK时，停止动作，一个工作循环即告结束。这就是一个典型的顺序控制过程，如图4-1所示。

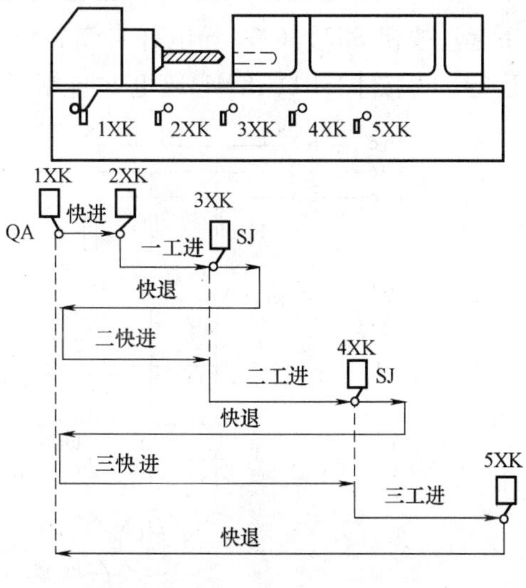


图4-1　深孔钻床工作循环图

在装有多台电动机的生产机械上，各电动机所起的作用不同，有时需要按一定的顺序起动才能保证操作过程的合理性与工作的安全性。例如，在铣床上要求主轴电动机起动后，才能起动进给电动机。又如，带有液压系统的机床，一般都要求液压泵电动机起动后，才能起动其他电动机。如何才能做到顺序控制呢？

现分别介绍用控制电路实现顺序起动的方法，如果顺序控制的先后有一定的时间要求，还可以用时间继电器来完成设计，这样顺序控制可采用的方法有：主电路实现；控制电路实现；用时间继电器完成先后控制。

(一) 用主电路实现的顺序控制

在主电路中将先运行电动机的电源开关接在后运行电动机的电源开关之前，也就是说将后运行电动机的开关进线接在先运行电动机开关的出线端，如图 4-2 所示 。

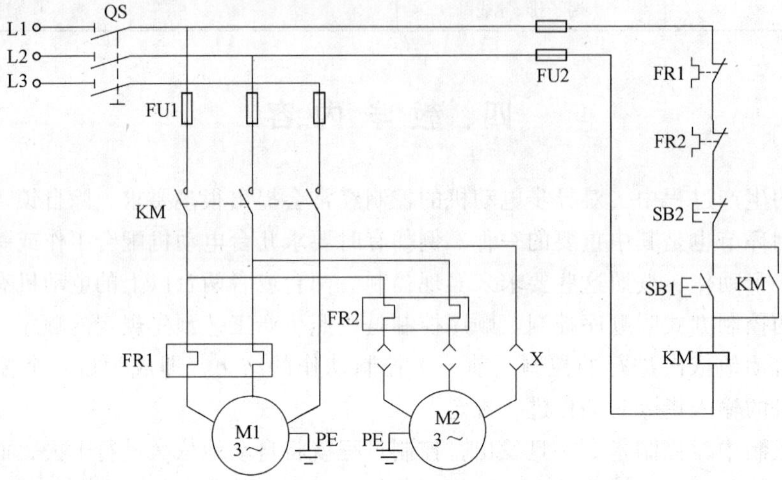


图 4-2　用主电路实现的顺序控制一

在图 4-2 的电路中，合上总开关 QS。起动：按下起动按钮 SB1，KM 通电动作并自锁，电动机 M1 先起动运行，电动机 M2 的开关 X 才有电源，插入 X，电动机 M2 才能起动运行。M7120 型平面磨床的砂轮电动机和冷却泵电动机就采用这种顺序控制电路。停止：按下 SB2，两电动机同时停止。

如图 4-3 所示，合上总开关 QS。起动：按下 SB1，KM1 通电并自锁，M1 起动运行；再按下 SB2，KM2 通电并自锁，M2 后起动运行。停止：按下 SB3，两电动机同时停止。若先按下起动按钮 SB2，KM2 通电并自锁，但主电路电源（KM1 主触点）不通，M1、M2 都不能运行；再按下 SB1，KM1 通电并自锁，M1、M2 同时起动运行。也就是说，即使操作有

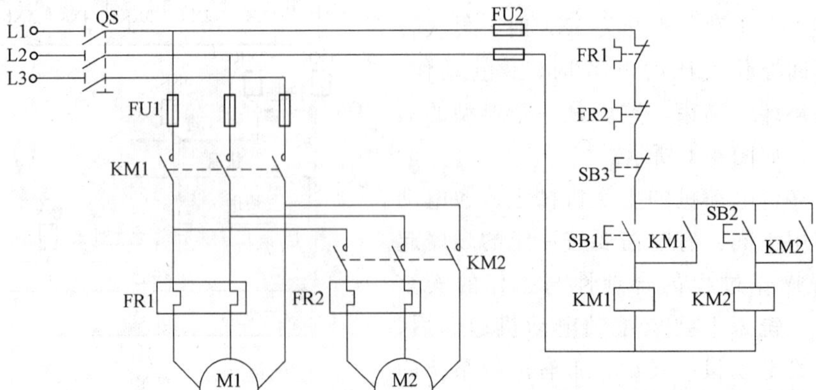


图 4-3　用主电路实现的顺序控制二

误，也不会使 M2 先运行 M1 后运行。

（二）用控制电路实现的顺序控制

1. 两电动机顺序起动控制方法一

当接触器 KM1 线圈通电后，它的辅助常开触点也将闭合，那么可以用一对辅助常开触点来控制 KM2 线圈电路，即把 KM1 的辅助常开触点串在 KM2 线圈的前面，则电动机 M1 没有运行时电动机 M2 无法起动，如图 4-4 所示。

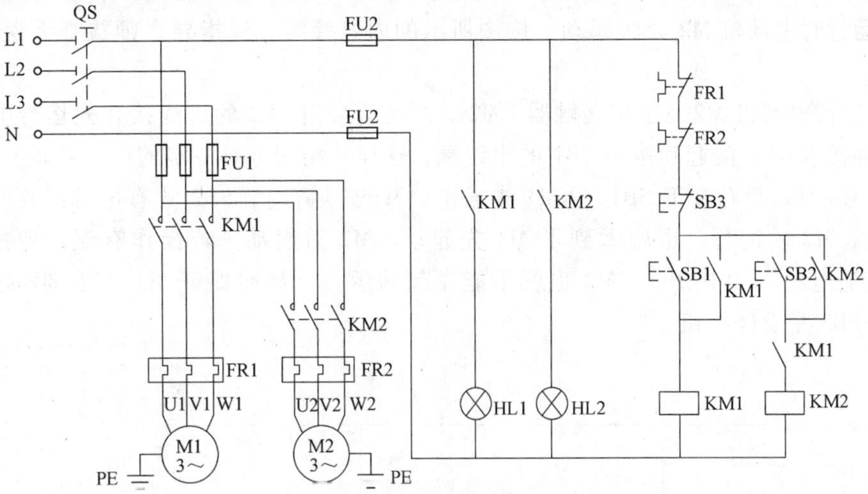


图 4-4　电动机顺序控制电路一

图 4-4 中，粗看时，接触器 KM1、KM2 控制电路是同一级的，但细看时，KM2 支路串入 KM1 的一对辅助常开触点，所以只有 KM1 通电后，该触点才能闭合，KM2 支路才可能通电，M2 才可能起动运行（运行时要按下 SB2）。把这种控制电路看起来是同级，实际还是有上下级的关系叫控制电路隐形上下级。

从电路可以得出用控制电路实现顺序控制的一种方法是：将先起动接触器（如 KM1）的一对辅助常开触点串入后起动接触器（如 KM2）线圈电路中，则 KM1、KM2 是隐形上下级关系。图中，SB3 是总停按钮。X62W 万能铣床的主轴电动机和进给电动机采用的就是这种顺序控制电路。

动作原理如下：

（1）电动机 M1 运行

合上开关QS → 按下SB1 → 线圈KM1得电 → KM1主触点闭合 → 电动机M1得电运行
　　　　　　　　　　　　　　　　　　　→ KM1常开触点闭合（自锁，HL1指示灯亮，M2电动机运行）

（2）电动机 M2 运行

在M1的动作下按下SB2 → 线圈KM2得电 → KM2主触点闭合 → 电动机M2得电运行
　　　　　　　　　　　　　　　　　　→ KM2常开触点闭合(自锁，HL2指示灯亮)

（3）电动机停止运行

按下SB3 → KM1、KM2线圈失电 → KM1和KM2主触点断开 → 电动机M1、M2停止运行

按下SB3 → KM1、KM2线圈失电 → KM1和KM2常开触点断开(HL1，HL2指示灯熄)

2. 两电动机顺序起动控制方法二

如图 4-5 所示，将电动机 M2 的控制电路接在接触器 KM1 的辅助常开触点之后，电动机 M1 没有运行时电动机 M2 无法起动。按图所示的内容接线，经指导老师检查无误后，方可进行实验。

将后运行电动机 M2（也是接触器 KM2）的起动按钮 SB2 的进线接在先运行电动机 M1（也是接触器 KM1）的起动按钮 SB1 的出线端，这样从结构上有一定的层次关系。从作用上看：合上 QS 时，只有按下 SB1（KM1 先通电，M1 先运行），SB2 才有电源，再按下 SB2，KM2 通电，M2 才运行，也就做到了 M1 先起动、M2 后起动。若操作有误，先按下 SB2，KM2 不能通电（7、9 断开），M2 也就不能先起动运行，从而保证 M1 先于 M2 起动运行。图 4-5 中 SB3 是总停按钮。

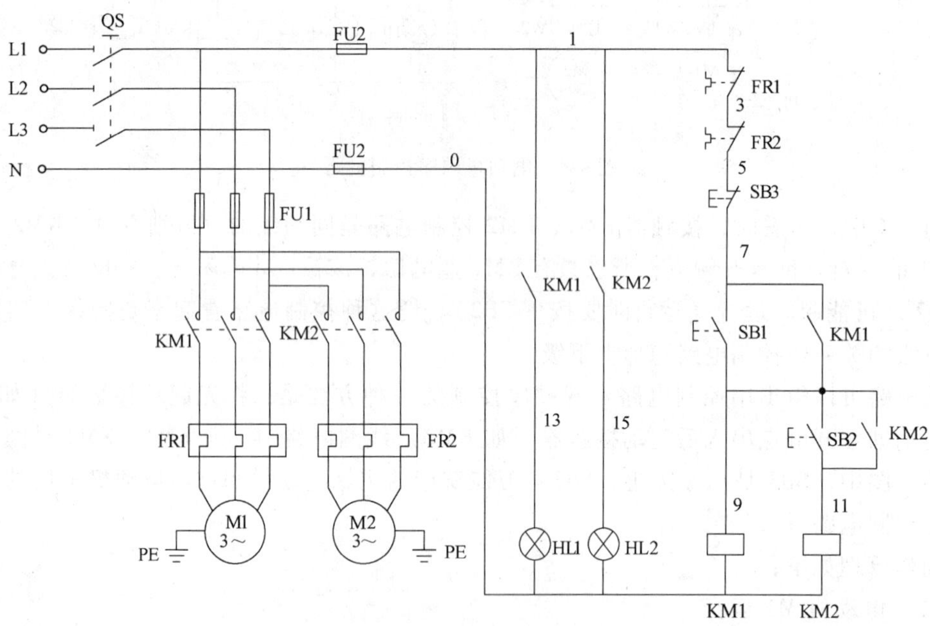


图 4-5　电动机顺序控制电路二

动作原理如下：

（1）电动机 M1 运行

合上开关QS → 按下SB1 → 线圈KM1得电 → KM1主触点闭合 → 电动机M1得电运行

合上开关QS → 按下SB1 → 线圈KM1得电 → KM1常开触点闭合(自锁 HL1指示灯亮)

（2）电动机 M2 运行

在M1的动作下按下SB2 ⟶ 线圈KM2得电
- ⟶ KM2主触点闭合 ⟶ 电动机M2得电运行
- ⟶ KM2常开触点闭合自锁，HL2亮(允许KM2线圈得电)

（3）电动机停止运行

按下SB3 ⟶ KM1、KM2线圈失电
- ⟶ KM1和KM2主触点断开 ⟶ 电动机M1、M2停止运行
- ⟶ KM1和KM2常开触点断开(HL1，HL2指示灯熄灭)

其实在实际应用中，不但对多台电动机的起动顺序有要求，而且对电动机的停止顺序也有一定的要求，下面从最简单的要求开始分析。

3. 顺序起动、同时停止

在控制电路中，干线串入的停止按钮就是同停按钮，如图 4-2 中的 SB2，图 4-3、图 4-4、图 4-5 中的 SB3。

4. 顺序起动、单停（停止时互不影响）

在图 4-2、图 4-3 中无法做到互不影响。在图 4-5 中，KM1 的停止必然影响 KM2 的运行，可以这样想：KM2 起动时必须受 KM1 的制约，但起动后自锁运行能否甩掉 KM1 的影响，KM2 线圈自己给自己供电，不再依靠 KM1，也就是说 KM2 自锁触点接在 3、6 之间，如图 4-6 所示。给 KM1 线圈支路中串入了停止按钮 SB2，给 KM2 线圈支路串入了停止按钮 SB4，SB2 只能停止 KM1，SB4 只能停止 KM2，互不影响。

在图 4-7 中，同理将 KM2 的自锁范围扩大，接在 6、8 之间，如下所示，SB2、SB4 分别负责自己的接触器 KM1、KM2 断电，互不干扰。

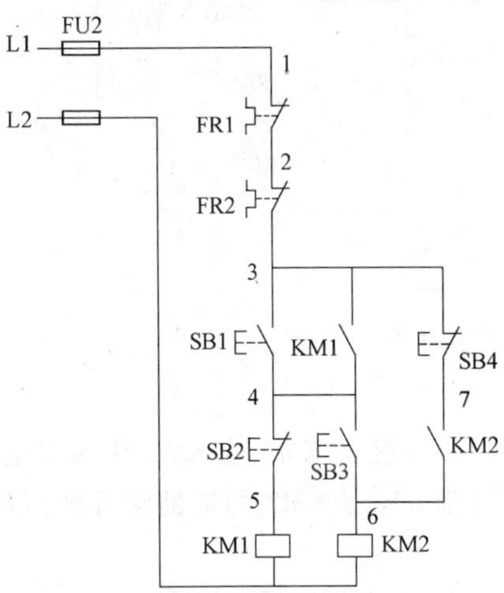


图 4-6　顺序起动、单停方法一

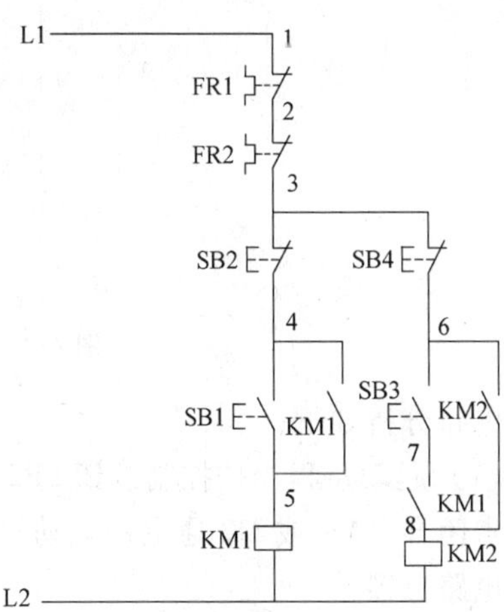


图 4-7　顺序起动、单停方法二

5. 顺序起动、顺序停止（先起动的先停止，后起动的后停止）

在图 4-6 基础上，怎样达到 KM1 先停止、KM2 后停止呢？也就是说 KM1 不停止时按下

SB4，KM2 就不能断电，那么给 SB4 并联 KM1 的一对常开触点，使得 KM2 线圈电路通过两路触点供电，只要 KM1 线圈没有断电、KM1 常开触点闭合，即使先按下 SB4 也不会使 KM2 断电，M2 也不会先停止，只有当 KM1 先断电（M1 先停止），KM1 常开触点断开，再按下 SB4 时，KM2 才能失电，M2 才能停止（M2 后停止），如图 4-8 所示。

通过以上分析可以总结出顺序停止的方法是：将先停止的接触器（如 KM1）的常开触点并联在后停止的接触器（如 KM2）的停止按钮（如 SB4）上，只有先按下 SB2 让 KM1 失电，再按下 SB4，KM2 才能失电。否则操作失误，先按下 SB4，KM2 不会断电，M2 不会先停止，从而保证了只能是 M1 先停 M2 后停。

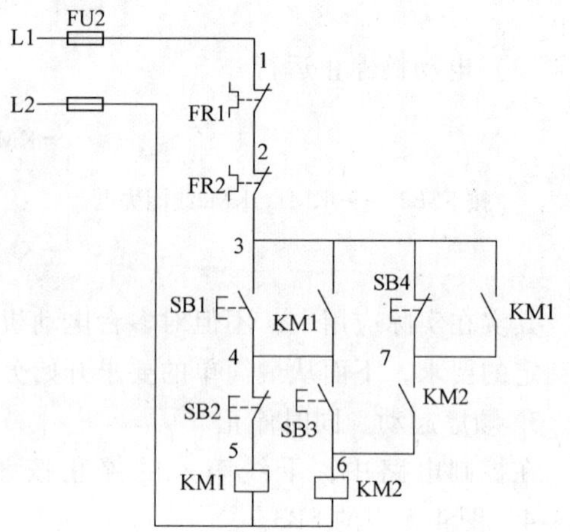


图 4-8 两电动机顺序停止控制图

6. 顺序起动、逆序停止（先起动的后停止，后起动的先停止）

在某些工作过程中，要求第二台电动机停车后，才允许第一台停车。本例电路能适应这一运行程序的要求。将先停止的接触器的常开触点并联在后停止的接触器的停止按钮上，在图 4-6 的基础上绘制顺序起动、逆序停止的控制电路如图 4-9 所示，在图 4-4 的基础上，绘制顺序起动、逆序停止的控制电路如图 4-10 所示。

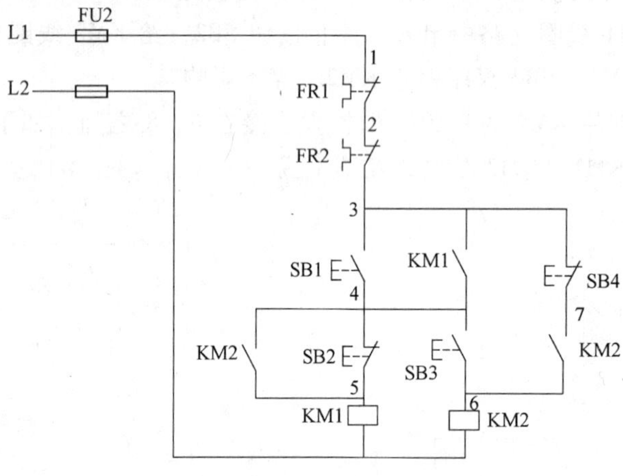


图 4-9 顺序起动、逆序停止方法一

电路分析如下：

（1）起动过程　按控制按钮 SB2 或 SB4 可以分别使接触器 KM1 或 KM2 线圈得电吸合，主触点闭合，M1 或 M2 通电，电动机运行工作。接触器 KM1、KM2 的辅助常开触点同时闭合，电路自锁。

（2）停止过程　按控制按钮 SB3，接触器 KM2 线圈失电，电动机 M2 停止运行。若先停电动机 M1 按下 SB1 按钮，由于 KM2 没有释放，KM2 辅助常开触点与 SB1 的常闭触点并联在一起并呈闭合状态，所以按钮 SB1 不起作用。只由当接触器 KM2 释放之后，KM2 的辅助常开触点断开，按钮 SB1 才起作用。

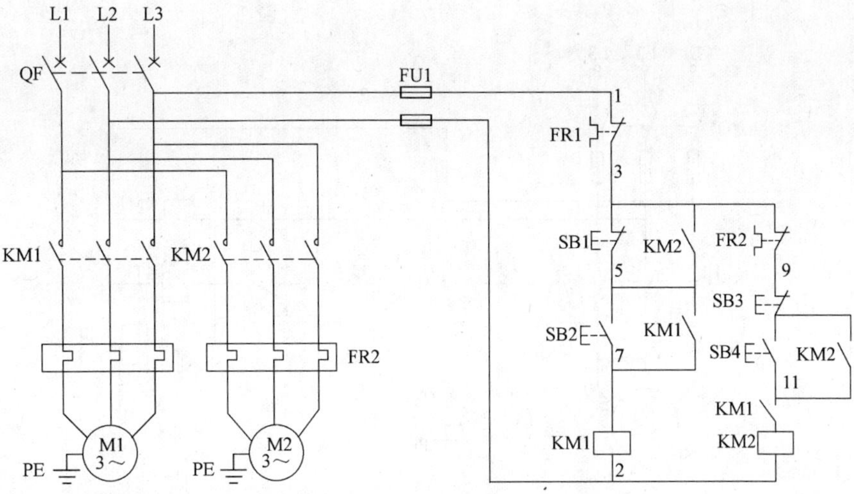


图 4-10　顺序起动、逆序停止方法二

保护方法如下：

1）电动机的过载保护由 FR1 和 FR2 分别完成。

2）FR2 保护电动机 M2，但 FR1 动作保护后，M2 也必须停止工作。

常见故障如下：

不能实现顺序停止，KM1 先停止。

分析处理如下：

并联于 SB1 两端的 KM2 常开触点接成常闭触点，会出现 KM1 先停止的现象。

工作原理如下：

按下 SB2，接触器 KM1 得电吸合并自锁，其主触点闭合，电动机 M1 起动运转。由于 KM1 的辅助常开触点作为 KM2 得电的先决条件串联在 KM2 线圈电路，所以只有在 M1 起动后 M2 才能起动，实现了按顺序起动。需要停车时，如果先按下电动机 M1 的停止按钮 SB1，由于 KM2 的辅助常开触点作为 KM1 失电的先决条件并联在 SB1 的两端，所以 M1 不能停止运转，只有在按下电动机 M2 的停止按钮 SB3 后，接触器 KM2 失电释放，M2 停止运转，这时再按下 SB1，电动机 M1 才能停止运转。

（三）用时间继电器实现的顺序控制

当 M1 起动运行一段时间后，M2 才能起动运行，这时可以考虑用时间继电器来完成顺序控制，如图 4-11 所示。在电路中有两台异步电动机，需两只交流接触器 KM1 和 KM2 控制电动机转动。当按下 SB2 按钮时，接触器 KM1 的线圈加电，其常开主触点闭合，电动机 M1 开始转动；同时时间继电器 KT 上电，经过一段时间延时，KT 的延时闭合触点闭合，接触器 KM2 的线圈得电，其常开主触点闭合，电动机 M2 开始转动。实现两台电动机顺序延时起动。停车时，只要按下 SB1 按钮，两台电动机同时停止转动。

## 五、操 作 指 导

（一）配齐电器元件

按表 4-1 所示配齐电器元件，并检验元件的质量是否合格。电器元件的安装、调试、维

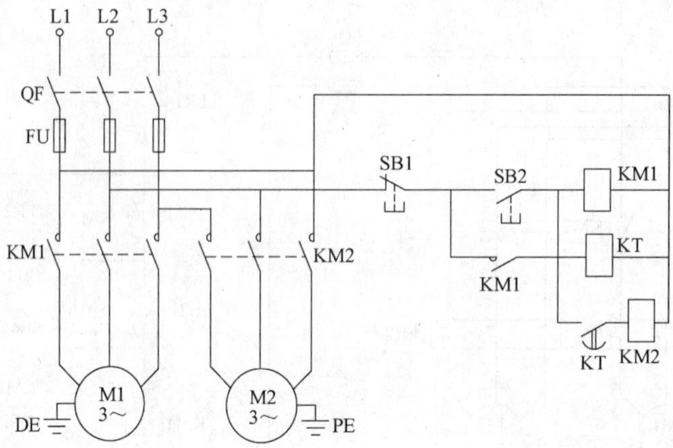


图 4-11　用时间继电器完成的顺序控制

护以及常见故障分析与排除方法在第 3 章已讲解过，这里仅简单介绍时间继电器的相关内容。

1. JS7-A 型时间继电器

(1) 时间继电器的安装

1) 安装面与垂直面的倾斜度不大于 5°。安装地点的海拔不超过 2000m。

2) 继电器安装时，电磁系统应在气室上方，并安装在无显著摇动、冲击和振动的地方。

3) 改变电磁系统在继电器上的安装方向，即可获得通电延时或断电延时。当继电器置于工作位置且电磁系统中的衔铁位于铁心之下时，此时线圈通电，则衔铁由下向上吸合，从而得到通电延时，反之，则为断电延时。

4) 主要安装在交流频率 50Hz，额定电压至 380V 的电路中，通常用在自动或半自动控制系统中，按预定的时间使被控元件动作。

(2) 时间继电器的调试　调节气阀进气孔的大小即可得到所需的不同延时时间。即用螺钉旋具旋转铭牌中心的螺母，往右旋得到的延时时间较短，反之延时时间较长。

(3) 时间继电器的维护

1) 应对时间继电器进行定期检查，除去油污和灰尘，清理触点，经常监视时间继电器的工作情况，若发现有不正常的情况，应及时查明原因，并作出处理。

2) 提倡在常规技术参数要求范围下工作，谨防在极限技术参数要求范围下操作，禁止在技术参数要求范围外工作。

3) 继电器允许用于操作频率不大于 600 次/h 和通电持续率为 40% 的反复短时工作制及连续工作制。

(4) 时间继电器的常见故障分析与排除方法　时间继电器的常见故障分析与排除方法见表 4-2。

2. 布置和安装元器件

按接线图在配电板上合理布置和安装元器件。

**表 4-2　时间继电器的常见故障分析与排除方法**

| 故障现象 | 故障原因 | 处理方法 |
| --- | --- | --- |
| 时间继电器通电后吸合不牢 | 1)线圈电源电压过低<br>2)运动部件被卡住<br>3)触点弹簧或释放弹簧压力过大<br>4)交流铁心极面不平或严重锈蚀 | 1)调整电源电压或更换额定电压合适的线圈<br>2)查明卡住处并加以调整<br>3)调整弹簧压力或更换弹簧<br>4)修整极面及去除锈蚀或更换铁心 |
| 线圈损坏或烧毁 | 1)空气中含粉尘、油污、水蒸气和腐蚀性气体,以致绝缘损坏<br>2)线圈内部断线<br>3)线圈因机械碰撞和振动而损坏<br>4)线圈在过电压或欠电压下运行而电流过大<br>5)线圈额定电压比其电源电压低<br>6)线圈匝间短路 | 1)更换线圈,必要时还要涂覆特殊绝缘漆<br>2)重绕或更换线圈<br>3)先应查明原因及作适当处理,再更换或修复线圈<br>4)检查并调整线圈电源电压<br>5)更换额定电压合适的线圈<br>6)更换线圈 |

3. 接线练习

首先用软线进行控制电路练习，再进行明配线练习。

两电动机顺序停止电路接线示意图如图 4-12 所示。

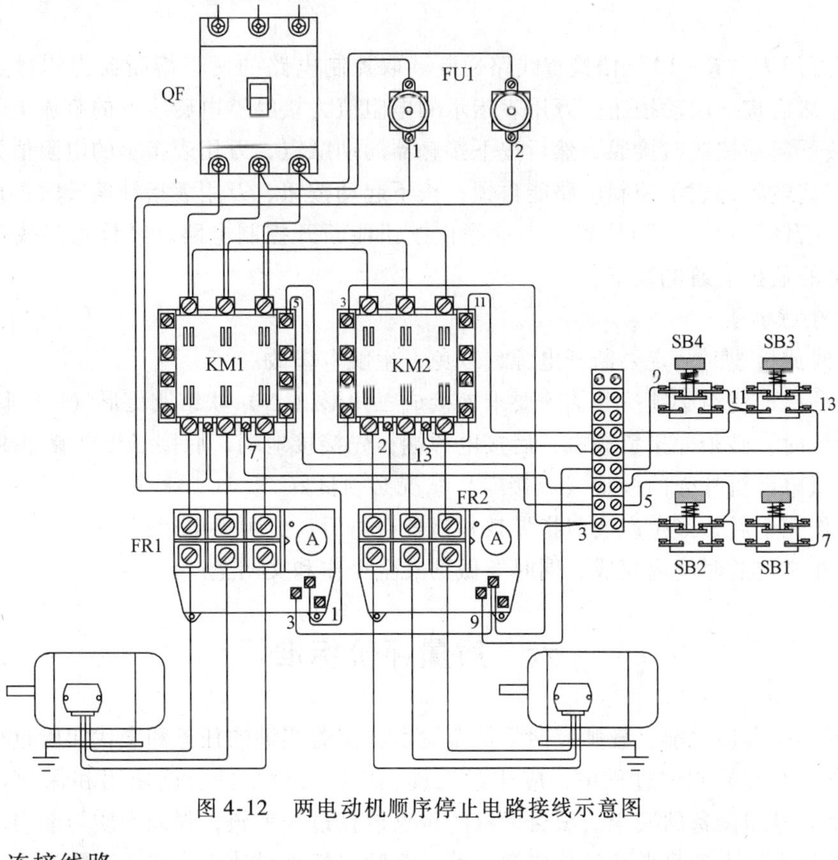


图 4-12　两电动机顺序停止电路接线示意图

（二）连接线路

1. 主电路的连接

根据电动机额定电流选配连接主电路的导线。从断路器 QF 处开始接线，先连接断路器

QF 与熔断器 FU1 之间的导线，接着连接断路器 QF 与接触器 KM1 与 KM2 之间的导线，再连接接触器 KM1、KM2 与热继电器 FR 之间的导线及热继电器 FR 与电动机 M1、M2 的 U、V、W 导线。

2. 控制电路的连接

在固定好的元器件之间测量所需的长度，截取适当长度的导线。去除导线两端的绝缘层，套上线号管后，将导线直接接入接线端子，并通过端子排将按钮与主电路连接起来。

3. 装接地线

控制电路连接完成后，电路中所有电器的金属外壳必须装接地线。

4. 整定热继电器的动作电流

按电动机的额定电流，整定热继电器的动作电流。

（三）检查线路

线路连接完毕，应进行检查，防止接错、漏接或线路故障。

1）对照原理图，从电源端开始逐段核对端子接线，排除错接、漏接现象。

2）首先检查有无绝缘层压入接线端子，再检查裸露的导线线芯是否超过规定，最后检查所有导线与接线端子的接触情况。用手摇动、拉拔接线端子上的导线，不允许有松脱。

3）用万用表“$R\times10$”档检查线路通断。取控制电路的两只熔断器为测量点，先检查有无短路。然后按下起动按钮，万用表指示的电阻值为接触器电磁线圈的直流电阻，表示控制电路在按下起动按钮时接通；然后按下接触器的动触点，万用表指示的电阻值为接触器电磁线圈的直流电阻，表示控制电路能自锁；按下起动按钮、万用表指针偏转时再按下停止按钮，万用表指针回到“∞”位置，表示停止按钮能断开控制电路。经检查接线正确后，一定要在老师的监护下通电试车。

（四）注意事项

1）接线或拆线时一定要断开电源，以免发生触电事故。

2）电动机的绕组必须按其铭牌要求连接成三角形（△）联结或星形（Y）联结。

3）接线时，必须先接负载端，后接电源端；先接接地端，后接三相电源相线。

4）测试电动机外壳的接地（或接零）状况必须良好。

5）工作完毕后，经生产实习指导教师检查合格后，方可通电运行。

6）应在规定的时间内完成，同时要做到安全操作和文明生产。

## 六、质量评价标准

在进行实验实训之前，教师应向学员布置本次实验实训的任务和交代实验过程中的注意事项及要点。在安装调试过程中，应注意工具、仪器、设备的正确使用和保管。实验过程中，应注意人身和设备的安全。项目考核的重点放在过程考核，强调素质与能力。每个学习情境的考核结果记入项目考核的总成绩，前一个学习情境考核不合格，不能进入下一个情境的学习。每一个学习情境均有对应的成绩考核单。

电动机顺序控制电路的安装调试评分表见表 4-3。

表 4-3　电动机顺序控制电路的安装调试评分表

班级：　　　　姓名：　　　　编号：

| 考核项目 | 序号 | 考核内容 | 评分要点及得分（最高为该项配分值） | 配分 | 得分 |
|---|---|---|---|---|---|
| 职业能力 | 1 | 理解原理与电路图设计 | 1)理解电动机顺序控制的原理与实现方法<br>2)认识到顺序控制的重要作用<br>3)主电路设计一处错误扣5分，控制电路一处错误扣5分<br>4)根据电路图提出主要器件清单，器件清单有误每处扣2分 | 20 | |
| | 2 | 元件安装与仪器仪表的使用 | 1)按电路图要求进行元器件安装，不合理、不整齐者每处扣1分<br>2)能在调试过程中正确使用万用表，根据所测数据判断电路是否出现故障 | 10 | |
| | 3 | 实际接线操作 | 1)接线要符合安全性、规范性、正确性、美观性，否则一处错误扣3分<br>2)主电路与控制电路电源通、断顺序正确，否则扣3分 | 20 | |
| | 4 | 实验结果 | 1)熟练调试过程，调试步骤一处错误扣3分<br>2)观察实验现象并判断正确与否 | 15 | |
| 职业素质 | 1 | 安全文明操作 | 1)损坏元器件一次，扣2分<br>2)引发安全事故，扣10分<br>3)未作相应的职业保护措施，扣2分 | 10 | |
| | 2 | 团队协作精神 | 1)分工不合理，承担任务少扣5分<br>2)小组成员不与他人合作，扣3分<br>3)不与他人交流，扣2分 | 15 | |
| | 3 | 劳动纪律 | 1)违反规章制度一次扣2分<br>2)不做清洁整理工作，扣5分<br>3)清洁整理效果差，酌情扣2~5分 | 10 | |
| | 合计 | | | 100 | |
| 备注 | 指导老师签字 | | | | |
| | 学生签字 | | | | |

## 七、拓展与提高

（一）三台电动机按时间顺序起动

三台电动机按时间顺序起动的控制电路如图 4-13 所示。

当按下起动按钮 SB2 时，交流接触器 KM1 和时间继电器 KT1 同时得电吸合，时间继电器开始计时，为下一台电动机起动作准备。接触器主触点闭合，第一台电动机得电运行，同时接触器辅助常开触点 KM1-1 闭合自锁，电动机长期运行。当达到时间继电器 KT1 的设定时间时，时间继电器的延时闭合的常开触点闭合，接触器 KM2 和时间继电器 KT2 同时得电吸合，时间继电器开始计时，为下一台电动机起动作准备。接触器主触点闭合，第二台电动机得电运行，同时接触器辅助常开触点 KM2-1 闭合自锁，电动机长期运行。同时接触器辅助常闭触点 KM2-2 断开，切断时间继电器 KT1 的电源。

当达到时间继电器 KT2 的设定时间时，时间继电器的延时闭合的常开触点闭合，接触

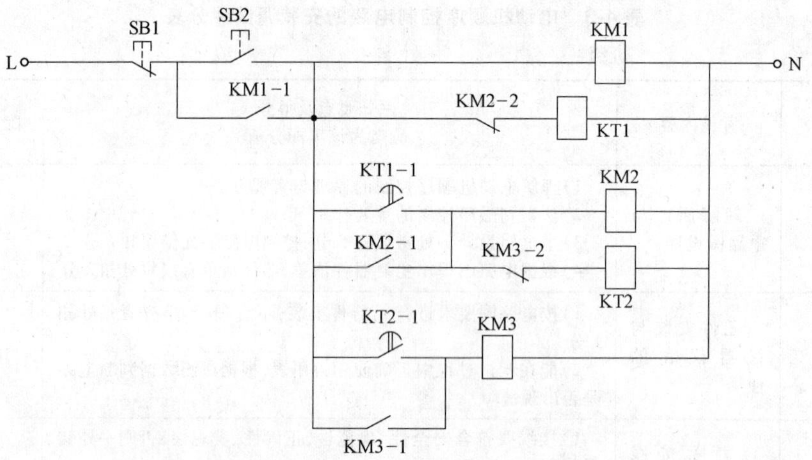


图 4-13　三台电动机按时间顺序起动的控制电路

器 KM3 得电吸合，接触器主触点闭合，第三台电动机得电运行，同时接触器辅助常开触点 KM3-1 闭合自锁，电动机长期运行。起动完成。

（二）三台电动机按时间顺序起动，按时间反序停止

三台电动机顺序起动、反序停止的控制电路如图 4-14 所示。

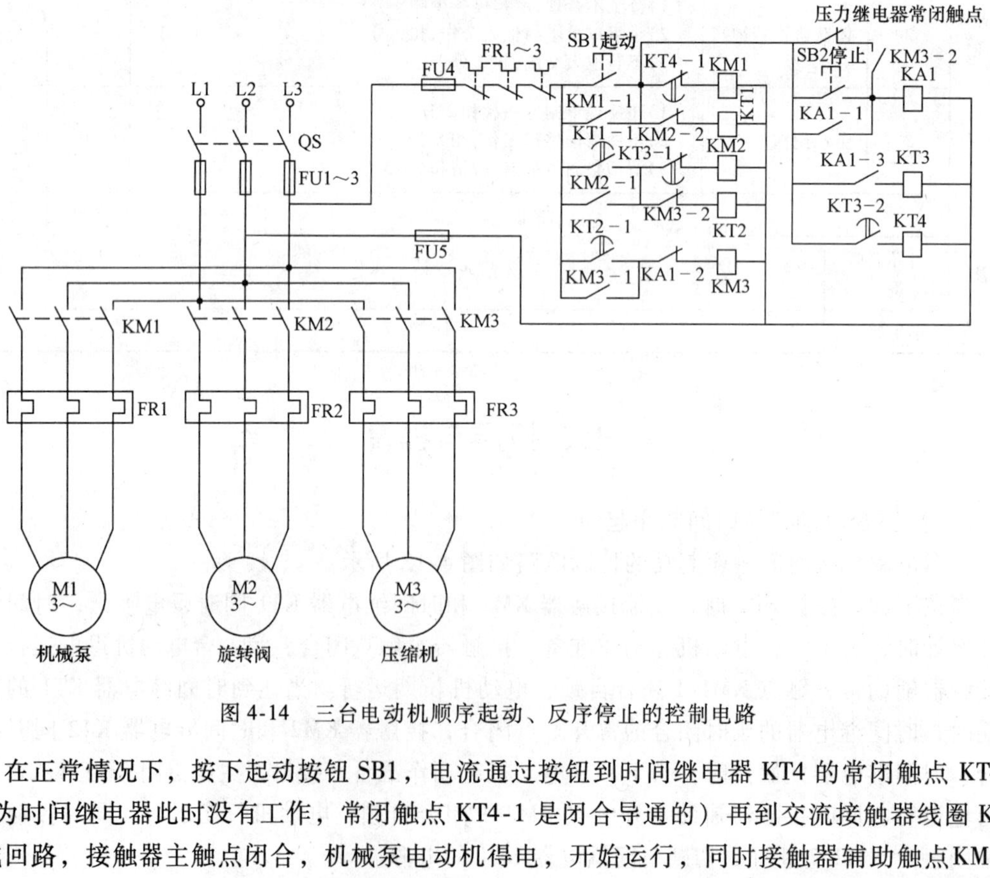


图 4-14　三台电动机顺序起动、反序停止的控制电路

在正常情况下，按下起动按钮 SB1，电流通过按钮到时间继电器 KT4 的常闭触点 KT4-1（因为时间继电器此时没有工作，常闭触点 KT4-1 是闭合导通的）再到交流接触器线圈 KM1 形成回路，接触器主触点闭合，机械泵电动机得电，开始运行，同时接触器辅助触点KM1-1 闭合，接触器长期得电保持，时间继电器 KT1 也得电，开始计时，为旋转阀的起动作准备，

当 KT1 达到设定时间后，时间继电器延时闭合的常开触点 KT1-1 闭合，接通交流接触器 KM2 线圈、时间继电器 KT2，接触器 KM2 主触点闭合，旋转阀电动机得电运行，时间继电器 KT2 开始计时，为 KM3 的起动作准备。同时交流接触器辅助触点 KM2-1、KM2-2 动作，KM2-1 闭合，KM2 长期保持，KM2-2 断开，切断时间继电器 KT1，使时间继电器停止工作；当 KT2 达到设定时间后，时间继电器延时闭合的常开触点 KT2-1 闭合接通交流接触器 KM3 线圈，接触器 KM3 主触点闭合，压缩机得电运行，同时接触器辅助触点 KM3-1 闭合，接触器长期得电保持。

当冷却水压力低于正常值时，压力继电器的常闭触点通过已经闭合的常开触点 KM3-2（KM3-2 与 KM3 是同时工作的）接通中间继电器 KA1，中间继电器 KA1 得电吸合，同时 KA1-1 闭合，KA1 长期得电保持，KA1-2 切断交流接触器 KM3，压缩机停止运行，KA1-3 闭合，时间继电器 KT3 得电开始计时，为 KM2 的停止作准备。当时间继电器 KT3 达到设定时间后，时间继电器延时断开的常闭触点 KT3-1 断开，切断接触器 KM2，旋转阀停止，同时时间继电器延时闭合的常开触点 KT3-2 闭合，接通时间继电器 KT4，时间继电器 KT4 开始计时，为停止 KM1 作准备，当时间继电器 KT4 达到设定时间后，时间继电器延时断开的常闭触点 KT4-1 断开，切断接触器 KM1，机械泵停止。

当需要正常停止时，按下按钮 SB2，SB2 直接接通中间继电器 KA1，中间继电器 KA1 得电吸合，同时 KA1-1 闭合，KA1 长期得电保持，KA1-2 切断交流接触器 KM3，压缩机停止运行，KA1-3 闭合，时间继电器 KT3 得电，开始计时，为 KM2 的停止作准备。当时间继电器 KT3 达到设定时间后，时间继电器延时断开的常闭触点 KT3-1 断开，切断接触器 KM2，旋转阀停止，同时时间继电器延时闭合的常开触点 KT3-2 闭合，接通时间继电器 KT4，时间继电器 KT4 开始计时，为停止 KM1 作准备，当时间继电器 KT4 达到设定时间后，时间继电器延时断开的常闭触点 KT4-1 断开，切断接触器 KM1，机械泵停止。

（三）三台电动机按时间顺序控制

三台电动机按时间顺序控制的电路如图 4-15 所示。

1）三台电动机起动时按 t1-t2-t3 的顺序起动，间隔 10s。

2）三台电动机停止时按 t3-t2-t1 的顺序停止，间隔 30s。

3）不可以用中间继电器。

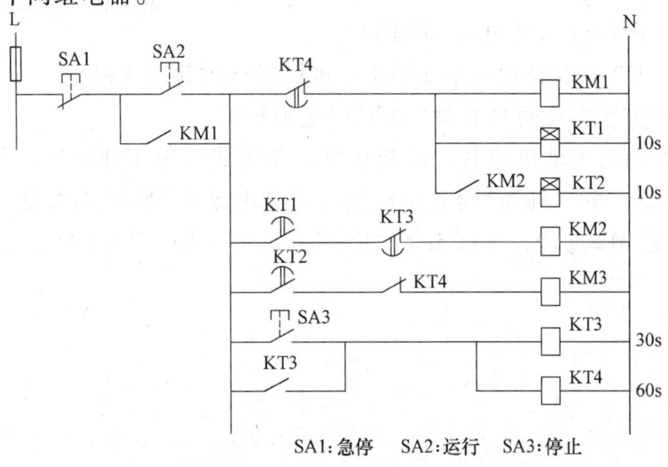


图 4-15　三台电动机按时间顺序控制的电路

## 习题部分

4-1　如图 4-16 所示，试设计一电路实现三台电动机的顺序起动控制（建议用多种方法完成）。

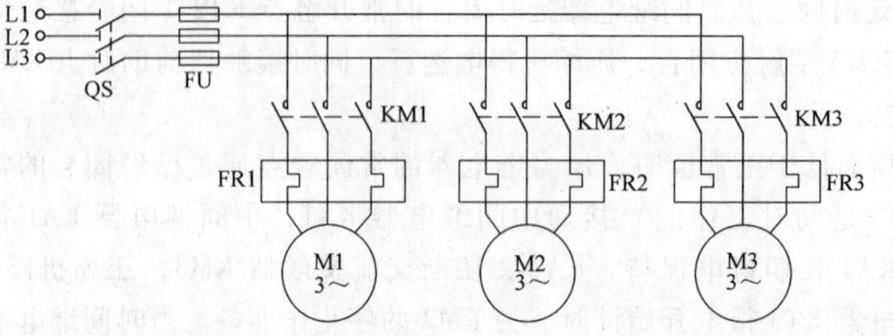


图 4-16　题 4-1 图

4-2　在控制电路中，时间继电器的线圈与交流接触器的线圈可不可以串联连接，为什么？

4-3　有两台电动机 M1、M2，接触器 KM1 控制 M1，接触器 KM2 控制 M2，主电路略，控制电路如图 4-17 所示，试分析它是否能实现两电动机的顺序起动和逆序停止控制。如果能，试分析工作原理。

4-4　三台电动机 M1、M2、M3 按一定的顺序起动，要求 M1 起动后 M2 才能起动，M2 起动后 M3 才能起动，三台电动机同时停车，画出控制电路。

4-5　有两台三相异步电动机 M1 和 M2，现在要求起动时必须先起动 M1，才可起动 M2，停止时必须先停止 M2，M1 才可停止。试设计控制电路。

4-6　试设计对一台电动机既可以点动控制又可以连续运转控制的电路。

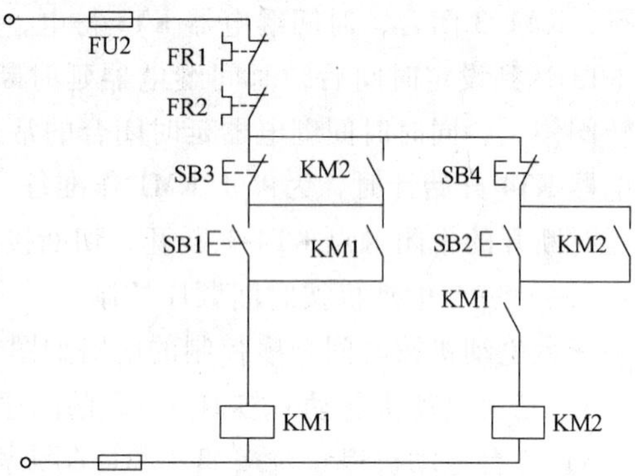


图 4-17　题 4-3 图

4-7　画出一个两台电动机 M1、M2 的控制电路。要求 M1、M2 可以分别起动或停止，也可以同时起动或停止。

4-8　试用多种方法实现两台电动机的顺序起动控制。

4-9　设计一个两台电动机的电气控制系统，并完成以下工作过程：①电动机 M1 可正反向连动，正向点动，电动机 M2 可正反向连动；②电动机 M1 正向起动（连动）后 5s M2 正向起动，过 10s 后 M2 反转，再过 5s 后 M2 停止，又过 10s 后 M1 停止。

# 第五章　电动机减压起动和电气制动电路

## 一、学习目标

1）系统了解三相交流异步电动机常用的各种减压起动方法及其工作原理。

2）系统了解三相交流异步电动机常用的电气制动方法及其工作原理。

3）重点掌握三相交流异步电动机星-三角减压起动电路的工作原理、安装接线及故障分析方法。

4）三相交流异步电动机常用的各种减压起动方法的比较及应用场合。

5）重点掌握普通机床上常用的能耗制动电路的工作原理、安装接线及故障分析方法。

## 二、学习任务

1）三相交流异步电动机减压起动的意义。

2）三相交流异步电动机串电阻（电抗器）减压起动的原理分析及特点。

3）自耦变压器减压起动的原理分析及特点。

4）星-三角减压起动（含星-三角起动器减压起动，按钮、交流接触器、时间继电器组合减压起动）的原理分析及特点。

5）延边三角形减压起动的原理分析及特点。

6）三相交流异步电动机能耗制动的原理分析及特点。

7）三相交流异步电动机反接制动的原理分析及特点。

## 三、环境设备

学习所需工具、仪表及器材如下：

（一）工具

电工通用工具一套：电工钳、剥线钳、尖嘴钳、验电器、活扳手、螺钉旋具（一字形和十字形）等。

（二）仪表

万用表一块。

（三）器材

所需器材见表5-1。

表 5-1　所需器材

| 名　称 | 型　号 | 数　量 |
| --- | --- | --- |
| 隔离开关 | HZ10-10/3 | 1 |
| 熔断器 | RT18-32 | 5 |
| 熔断管 | $\phi$10×38-6A | 5 |
| 交流接触器 | CJ20-10 | 3 |
| 热继电器 | JR20B-10/3 | 1 |
| 时间继电器(中子) | JS14P | 1 |
| 按钮 | LAY118C2H | 1 |
| 变压器 | BK-50-380V/24V | 1 |
| 整流堆 |  | 1 |
| 接线排 | 12 位 | 1 |
| 滑轨 |  | 10cm |
| 格栅线槽 |  | 1m |
| 导线 | $1mm^2$ 7 芯铜塑线,直径 0.6mm 单芯铜塑线 | 10m |
| 电动机 | 4kW,1440r/min | 1 |

## 四、教 学 内 容

（一）减压起动

电动机由静止到通电正常运行的过程叫做起动过程。在这一过程中，若三相交流异步电动机直接起动，起动电流可达到额定电流的 4～7 倍。若是小功率的电动机，起动电流虽然较大，但和供电电网的总电流相比还是比较小，所以可采取直接起动的方式；但如果电动机的功率在 10kW 以上，起动时主要会造成两大影响：第一，对供电电路造成很大冲击，电路电压降较大，使同一电路上的其他用电器不能正常工作，甚至使正在负荷运行的其他电动机卡死、烧毁；第二，如果频繁起动，会烧毁电动机自身，也可能因得到的电压不足而起动失败，所以对大功率的电动机应采用减压起动方式。

所谓减压起动，就是在起动过程中将电源电压适当降低加在电动机上的定子绕组上，待电动机起动后，再使其电压恢复到额定值正常运行。常用的减压起动方法有定子绕组串电阻（或电抗器）减压起动、自耦变压器减压起动、星-三角减压起动、延边三角形减压起动等，下面分别进行介绍。

1. 定子绕组串电阻（或电抗器）减压起动

（1）电路图　图 5-1a 所示为定子绕组串电阻减压起动的控制电路，图 5-1b 所示为定子绕组串电抗器减压起动的控制电路。串电阻（或电抗器）减压起动是当起动时在电动机定子绕组电路中串入电阻（或电抗器），利用电阻（或电抗器）的分压限流作用减小起动电流，当起动过程结束后，再将电阻（或电抗器）从电路中切除，使电动机在额定电压下正常运行。

（2）电路工作过程　这两种电路的工作原理基本一样。起动时，先合上电源开关 QF1，

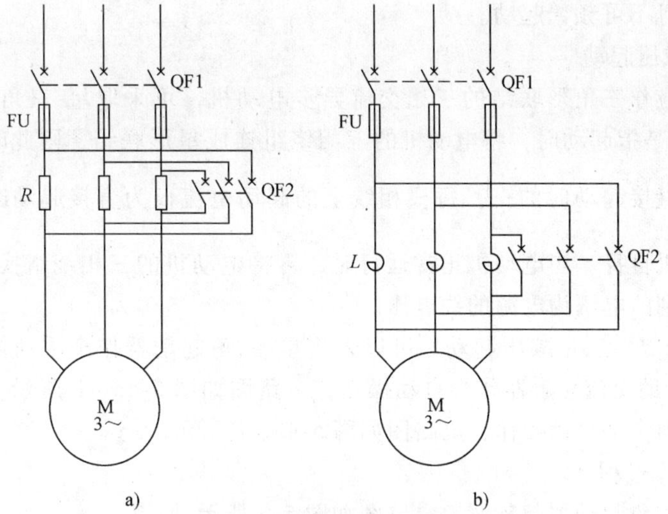


图 5-1　定子绕组串电阻（或电抗器）减压起动控制电路

a）串电阻减压起动　b）串电抗器减压起动

由于电阻（或电抗器）分担了一部分电压，电动机得到部分电压开始起动，待电动机转速接近额定转速时，再合上 QF2，此时电阻（或电抗器）被短接，电动机得到全压开始正常运行。

（3）起动特点　串电阻减压起动的电路结构简单、元器件成本低，但耗能很多，且直接减压造成起动转矩较小（起动转矩与实际电压的平方成正比），只适用于功率不太大的电动机作空载或轻载起动。

串电抗器减压起动，在保持起动电流不变的情况下，可适当提高电动机的起动电压，对增大起动转矩有一定的帮助，但电抗器的成本较高，且在合 QF2 时，刀口易产生电弧，从而降低 QF2 的使用寿命。

2. 自耦变压器减压起动

（1）电路图　自耦变压器减压起动的电路图如图 5-2 所示，自耦变压器减压起动是利用自耦变压器来降低起动时加在电动机定子绕组上的电压，进而达到减小起动电流的目的。

（2）电路工作过程　选好自耦变压器的档位 Q3，合上电源开关 Q1，将 Q2 扳到“起动”位置，这时电源电压加在自耦变压器上，而电动机定子绕组与自耦变压器的抽头连接，获得部分电压，电动机开始减压起动。待电动机的转速接近额定转速时，再将 Q2 迅速扳到“运行”位置，电动机直接得到全压开始正常运行。

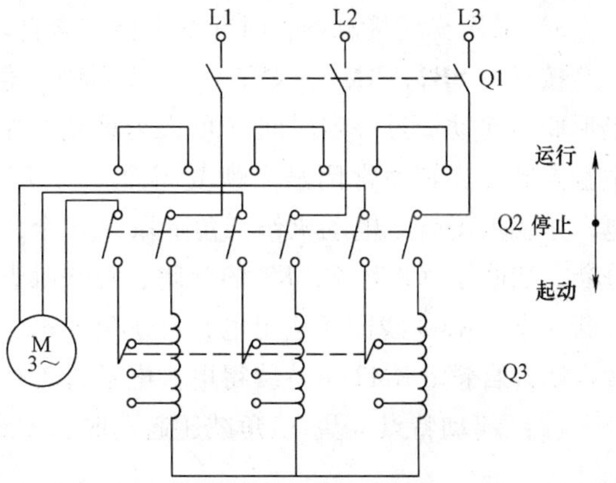


图 5-2　自耦变压器减压起动的电路图

（3）起动特点　自耦变压器的一次侧作星形联结，每相的二次侧有三个抽头，可根据实际需要选择不同的起动电压，还可以逐级加压，分级起动，起动效果好、起动效率高、能耗低，但设备复杂、体积大、价格很高，且不可频繁起动。

3. 星-三角减压起动

正常运行时应作三角形联结的三相交流异步电动机，可采取星-三角减压起动的方法。星-三角减压起动是指起动时，将电动机的三相绕组连成星形联结，则此时每相绕组上所加的起动电压仅为直接起动时的$\frac{1}{\sqrt{3}}$，每根相线上的起动电流仅为直接起动时的$\frac{1}{3}$，可有效地保护电网和电动机自身。当电动机正常运行时，再将电动机的三相绕组换接成三角形联结，此时每相绕组得到的电压为电源的线电压。

(1) 电路图　星-三角减压起动，可以采用星-三角起动器作全手动操作，电路图如图5-3所示；也可借助交流接触器作半自动操作，电路图如图5-4a、b所示；还可借助交流接触器、时间继电器作全自动操作，电路图如图5-4a、c所示。

(2) 电路工作过程

1) 采用星-三角起动器起动时，电路图如图5-3所示。

先合上电源开关Q1，再将Q2扳向“起动”位置，此时电动机作星形联结，开始起动，待电动机转速接近额定转速时，再将Q2迅速扳向“运行”位置，电动机即作三角形联结进入正常运行状态。

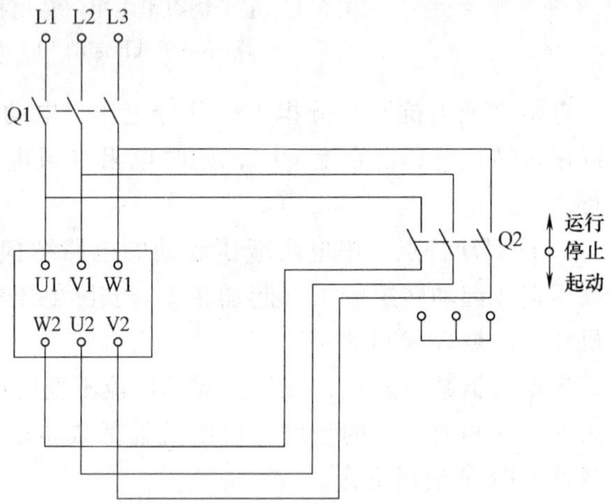

图5-3　星-三角起动器减压起动电路图

2) 采用交流接触器作半自动减压起动时，电路图如图5-4a、b所示。

按一下SB2，接触器KM1和KM3线圈同时得电，主触点同时闭合，电动机作星形联结起动，待电动机的转速接近额定转速时，再按一下SB3，KM3线圈失电先断开，紧跟着KM2线圈得电，KM2主触点闭合，电动机连成三角形联结开始全压运行，KM1、KM2都能自锁持续得电，KM2、KM3能互锁，避免同时接通造成短路。

3) 采用交流接触器、时间继电器作全自动减压起动时，电路图如图5-4a、c所示。

按一下SB2，KM1、KM3、KT线圈同时得电，KM1、KM3主触点立即闭合，电动机作星形联结起动。过一定时间（可人为设定）后，KT的常闭触点缓慢断开，KM3线圈失电，主触点断开，辅助常闭触点恢复闭合，与此同时，KT的常开触点缓慢吸合，KM2线圈得电，主触点闭合，电动机作三角形联结在全压下运行。KM2得电后，KM2的辅助常闭触点分断，切断了KT电源，KT的常闭、常开触点都立即复位，但由于KM2辅助常闭触点处于分断状态，KM3线圈无法得电，可避免KM2、KM3线圈同时闭合造成短路，KM2辅助常开触点闭合自锁，KM2可持续得电，电动机可持续运行。

(3) 起动特点　星-三角减压起动时，不论采用何种电路，其起动特性都一样，都可以有效减小起动电流。但起动转矩也只为全压起动的$\frac{1}{3}$，这种起动方式设备简单，成本很低，使用特别广泛，必须重点掌握。同时也必须注意这种起动方式只适用于正常运行时作三角形联结的电动机，且只能轻载或空载起动。

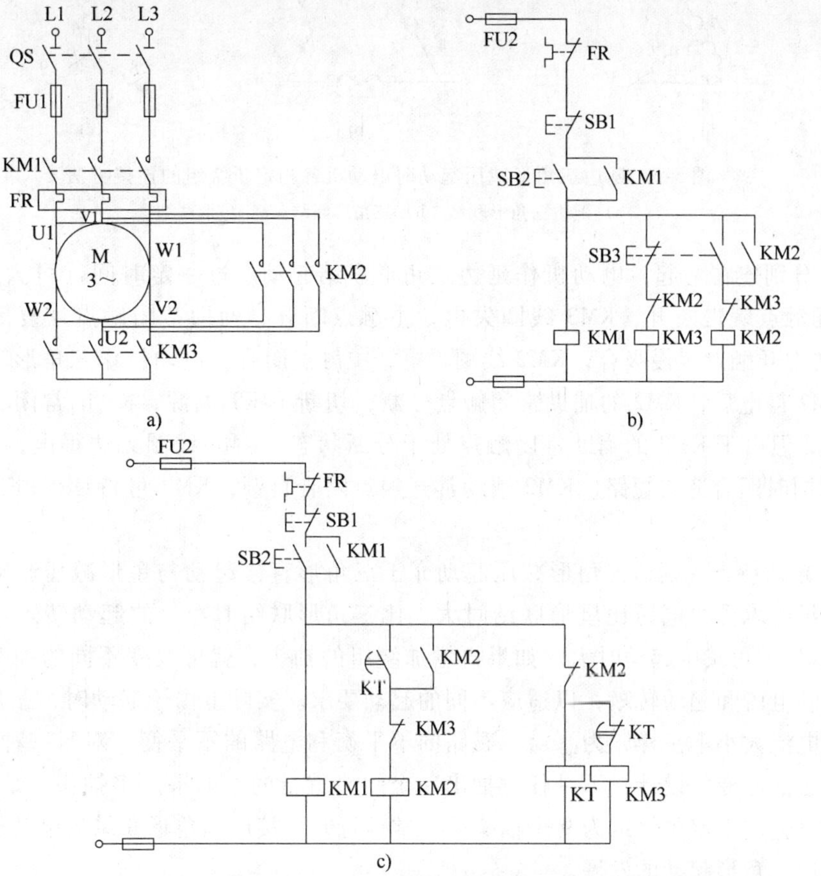


图 5-4　交流接触器减压控制电路图

a）主电路　b）半自动控制　c）全自动控制

4. 延边三角形减压起动

星-三角减压起动只能固定地将起动电流和起动转矩降为原来的$\frac{1}{3}$，不能满足对起动转矩要求较高时的情况，于是在星-三角减压起动的基础上作了改进。即正常运行时作三角形联结的三相交流异步电动机，起动时，只让一部分绕组作星形联结。这就是所谓的延边三角形减压起动。

（1）电路图　采用延边三角形减压起动时，电动机各相定子绕组的连接方法如图 5-5 所示。电动机每相绕组都有一个中间抽头，引到电动机接线盒上的抽头共有 9 个。起动时，按图 5-5a 接线，此时相当于电动机三相绕组的一部分接成三角形，另一部分接成星形，待电动机的转速接近额定转速时，再将电动机按图 5-5b 迅速换接，此时电动机接成三角形，使电动机进入全压运行。

（2）工作原理　延边三角形减压起动的控制电路如图 5-6 所示。起动时，按下起动按钮 SB2，KM1、KM3、KT 线圈同时得电，KM1、KM3 主触点立即闭合，使抽头 6 和 7、4 和

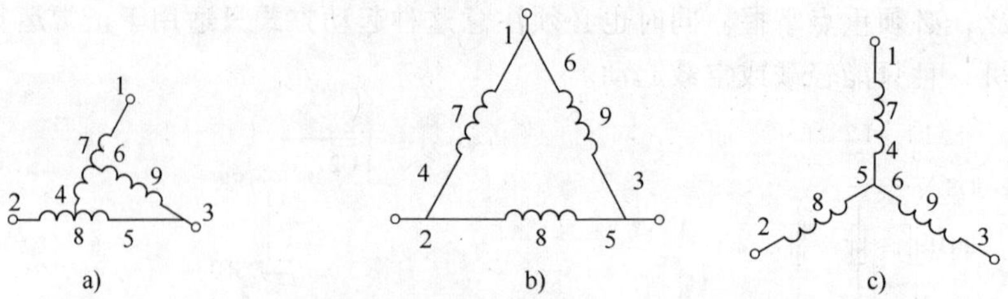

图 5-5　延边三角形减压起动时电动机各相定子绕组的连接方法
a）延边三角形联结　b）三角形联结　c）星形联结

8、5 和 9 分别连在一起，电动机作延边三角形联结起动。过一定时间（可人为设定）后，KT 的常闭触点缓慢断开，KM3 线圈失电，主触点断开，辅助常闭触点恢复闭合，与此同时，KT 的常开触点缓慢吸合，KM2 线圈得电，主触点闭合，电动机作三角形联结在全压下运行。KM2 得电后，KM2 的辅助常闭触点分断，切断了 KT 电源，KT 的常闭、常开触点都立即复位，但由于 KM2 的辅助常闭触点处于分断状态，KM3 线圈无法得电，可避免 KM2、KM3 线圈同时闭合造成短路，KM2 辅助常开触点闭合自锁，KM2 可持续得电，电动机可持续运行。

（3）起动特点　延边三角形减压起动介于三角形直接起动与星形减压起动之间，起动时每相绕组所承受的电压比星形联结时大，比三角形联结时小，故起动转矩比星形联结时大，也比星-三角减压起动时大。如果再增加绕组的抽头，就可改变不同的抽头连接，得到不同的起动电流和起动转矩，以适应不同的起动要求。实际上由于起动时，三角形部分和延边部分的电流大小不一样，为了避免磁路的不平衡和电路的不平衡，对每一种比值的抽头，其绕组接法都需专门设计，不是任意抽出一个线头就行的，如果是多抽头，结构更加复杂，这种方法只适用于定子绕组为 9 个抽头、正常运行时应接成三角形联结的电动机，因此大大限制了延边三角形起动的发展。

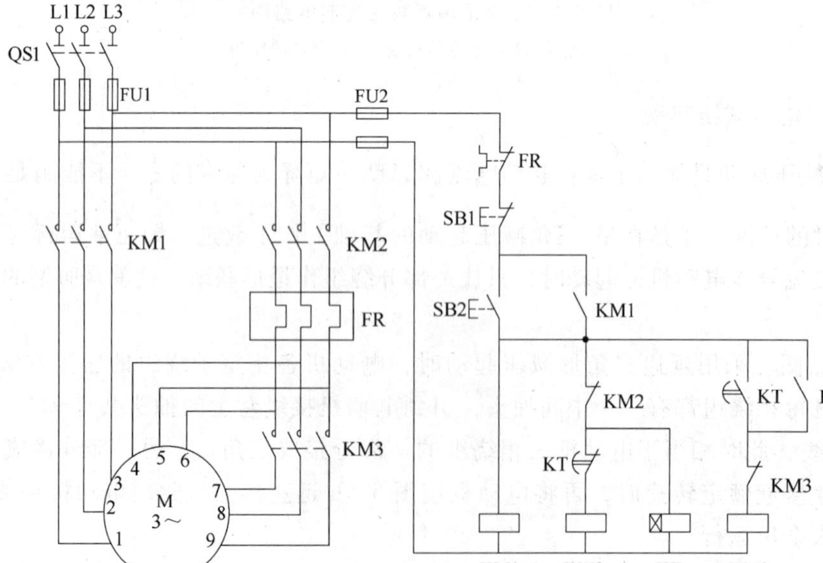


图 5-6　延边三角形减压起动的控制电路

（二）电动机的制动

在机床上，很多时候，要求电动机断电后，能迅速停转。如刨床的工作电动机、铣床的主轴电动机等，都要求有专门的制动装置使它们快速停转以克服惯性，电动机制动的方法很多。有机械制动，也有电气制动，电气制动相对来说比较稳定、可靠、故障率低。在机床上实际应用也很多。本书将重点介绍电气制动，电气制动又主要包括以下两种方法：能耗制动和反接制动。

1. 能耗制动

能耗制动是在切断电动机的三相正弦交流电源后，用一直流电源接入任意两相定子绕组中，使其在定子腔内产生一个静止的磁场。转子惯性转动过程中，转子导条切割该磁场产生感应电流，该电流在该磁场中的受力方向总与运动方向相反，如图 5-7 所示。

该力产生的转矩可使转子迅速制动，从能量转化的角度看，实质上是将转子的剩余动能消耗在转子回路的电阻上，所以称为能耗制动。

（1）电路图　能耗制动电路必须具有常规的起动、停止、过载保护功能，另外还应具有的功能就是在停止信号发出后，立即将直流电源接入，制动一定时间（要求可调）后，要求能自动切断直流电源。能耗制动电路图如图 5-8 所示。

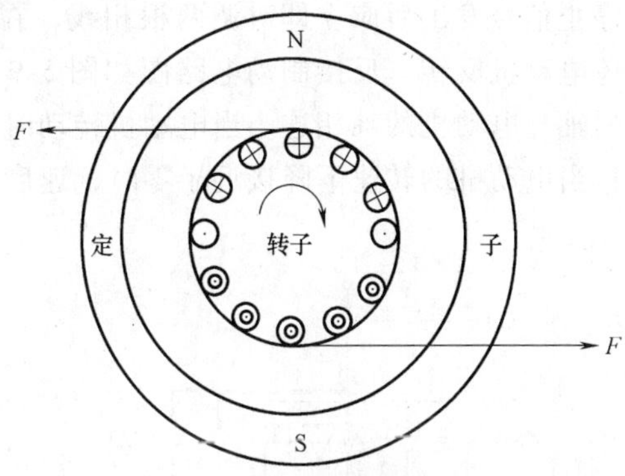


图 5-7　能耗制动原理

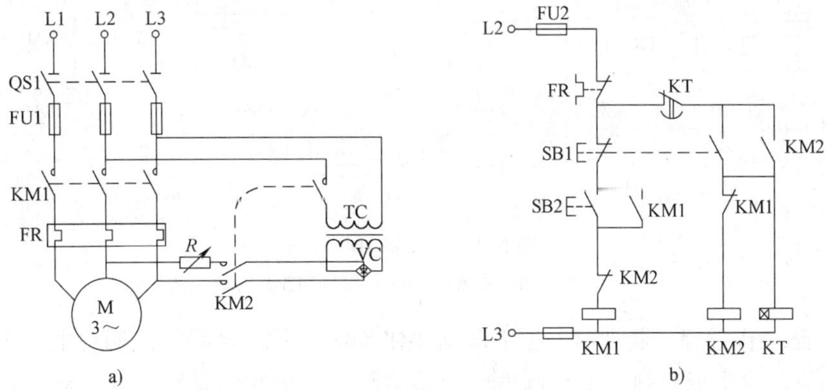


图 5-8　能耗制动电路图

a）能耗制动主电路　b）能耗制动控制电路

（2）电路工作过程　起动时，按下起动按钮 SB2，接触器 KM1 线圈得电，主触点闭合，辅助常开触点闭合形成自锁，电动机得电开始运转，辅助常闭触点断开，对 KM2 线圈形成互锁。

停车制动时，按下停止按钮 SB1，SB1 的常闭触点先断开，KM1 线圈失电，主触点断开，辅助常开触点断开解除自锁，辅助常闭触点恢复闭合解除互锁，电动机失电；SB1 的常开触点后闭合，KM2 和 KT 线圈同时得电，KM2 的主触点闭合，辅助常开触点闭合形成自锁，辅助常闭触点断开，对 KM1 线圈形成互锁。电动机接入直流电源，直流电制动开始，经过一段时间后，KT 的常闭触点缓慢断开，KM2 和 KT 线圈同时断电，KM2 的主触点断开，辅助常开触点断开解除自锁，辅助常闭触点恢复闭合解除互锁，制动结束。

(3) 能耗制动特点　由于能耗制动无机械损耗，不存在因摩擦次数过多造成的制动失效，制动可靠，制动力强，制动平稳，无较大的制动冲击力，但需要直流电源，低速时制动转矩小，对大功率电动机制动时，所需直流设备要求功率大，所以成本较高。

2. 反接制动

反接制动是在切断电动机三相正弦交流电源后，立即对调三根相线中的两相，使三相交流电流在定子腔内产生反向旋转的磁场，从而产生反方向的制动转矩，迫使转子停转。

反接制动的原理和接线同电动机反转是一样的。

(1) 电路图　反接制动电路必须具备以下功能：除常规的起动、停止、过载保护外，在停止信号发出后应立即对调两根相线，在转速降至 100 ~ 200r/min 时，应迅速切断电源，避免电动机反转。反接制动电路图如图 5-9 所示，该图中采用了速度继电器 KS，速度继电器的轴与电动机的轴相连，当电动机转动时，速度继电器的转子随之转动，使其常开触点闭合；当电动机的转速下降接近于零时，速度继电器的常开触点恢复断开。

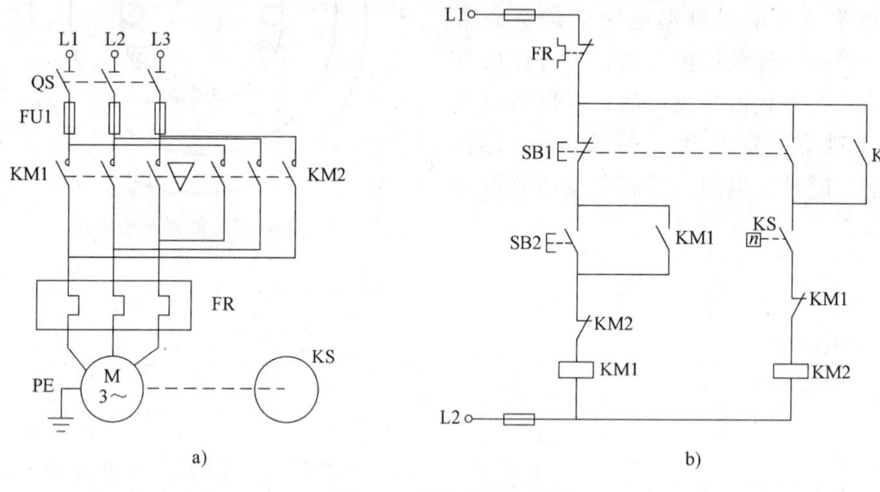


图 5-9　反接制动电路图

a) 反接制动主电路　b) 反接制动控制电路

(2) 电路工作过程　起动时，按下起动按钮 SB2，接触器 KM1 线圈得电，主触点闭合，辅助常开触点闭合形成自锁，电动机得电开始运转，辅助常闭触点断开，对 KM2 线圈形成互锁，此时速度继电器的常开触点已经闭合。

停车制动时，按下停止按钮 SB1，SB1 的常闭触点先断开，KM1 线圈失电，主触点断开，辅助常开触点断开解除自锁，辅助常闭触点恢复闭合解除互锁，电动机失电；SB1 的常开触点后闭合，KM2 线圈得电，KM2 的主触点闭合，辅助常开触点闭合形成自锁，辅助常闭触点断开，对 KM1 线圈形成互锁，电动机接入反向电源，反接制动开始，当电动机的转速降至 100 ~ 200r/min 时，速度继电器 KS 的常开触点断开复位，KM2 线圈断电，KM2 的主触点断开，辅助常开触点断开解除自锁，辅助常闭触点恢复闭合解除互锁，制动结束。

(3) 制动特点　反接制动转矩稳定，制动转矩大，停转迅速，电路简单，无需直流设备，成本低，但由于反接制动时，转子与磁场相对转速很大，转子导条切割磁感线的速度很大，转子上会产生很大的感应电流，定子绕组也随之产生很大的冲击电流，能量消耗大，只适用于10kW以下的电动机，且4.5kW以上的电动机反接制动时尚需在定子回路中串联限流电阻，为了迅速制动且防止反转，速度继电器的调整必须反复进行。

电气制动除了上述能耗制动、反接制动外，还有回馈制动和电容制动等方法，就不一一介绍了。

## 五、技能训练

### （一）星-三角减压起动实训

星-三角减压起动方法简单，便于开展实训。

1. 实训准备

1）根据图5-10准备器材，看种类和数量是否齐全。

2）检测器材，看其质量是否合格。

隔离开关：用万用表检查各触点的通断，直观检查各零件是否齐全。

熔断器：装上熔断器，看装填是否灵活，用万用表检查各熔断器的通断情况。

交流接触器：用万用表检查各触点是否接触良好。

热继电器：用万用表检查常开、常闭触点的通断情况，看动作是否准确。

时间继电器：通电检查各触点是否能延时通断，并设定延迟时间为2~3s。

按钮：用万用表检查常开、常闭触点的通断情况。

3）理解电路原理图，并在电路原理图上标上线号，如图5-10所示。

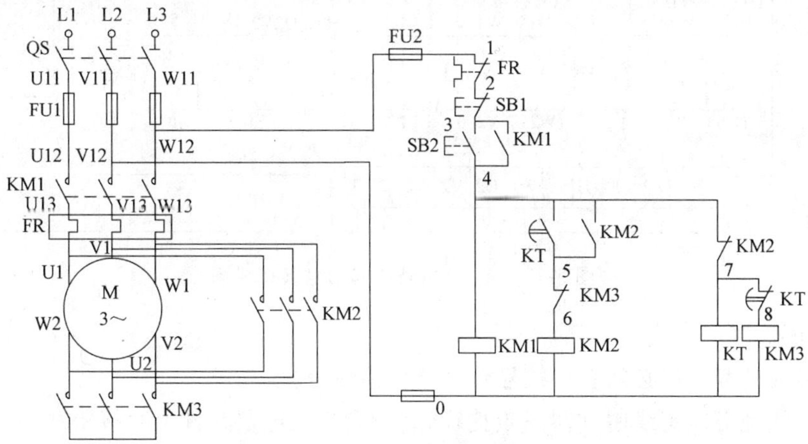


图5-10　星-三角减压起动原理图

2. 电气布置

选用40cm×50cm×1.5cm木板，根据平面布置图5-11将各电器元件和线槽固定到木板。

注意：不要倒装、漏装各控制电器。

3. 接线

主电路采用1mm²7芯铜塑线，控制电路采用$\phi$0.6mm单芯铜塑线。

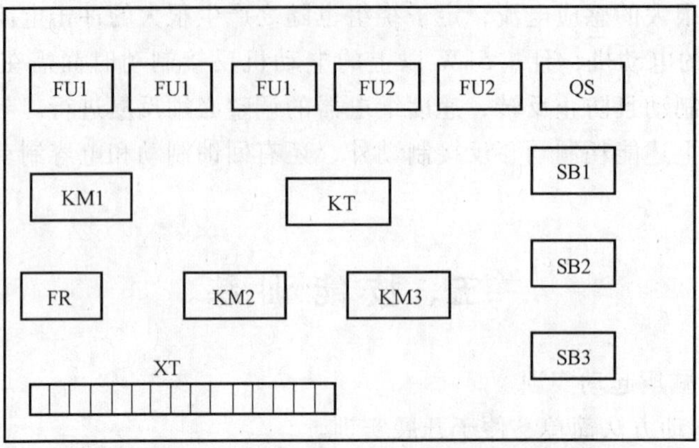


图 5-11　星-三角减压起动元件平面布置图

根据电路原理图的顺序（先配电板，后外围，先主电路，后控制电路，先小号后大号的顺序），按电气接线图 5-12 的标号，依次连接各导线。

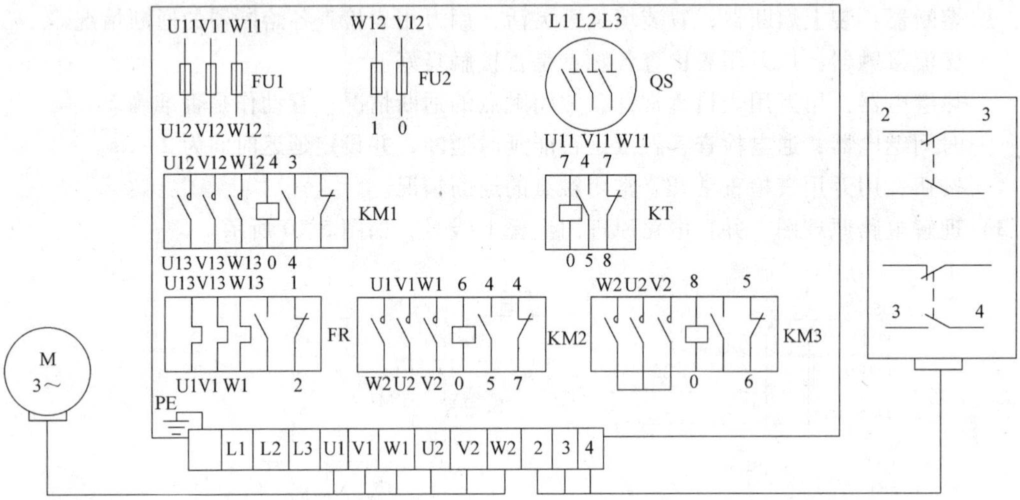


图 5-12　星-三角减压起动电气接线图

注意事项如下：

1）每根线的两端都必须套好线号管（已标注线号）。

2）每根线都必须走线槽（尽量走捷径），不允许在电器元件上直接跨线。

3）认真校验时间继电器，整定好控制的时间。

4）电动机外壳用双色线接地。

5）接线端连接牢固，不压绝缘，不漏芯过长。

6）配电箱内的每根外延导线都必须接在接线端子排内侧，电源、电动机、按钮的连接线都必须接在接线端子排外侧。

4. 检查

1）根据电路原理图的线号依次检查每根线及线号，看是否漏装，特别注意并联导线是否漏装。

2）用万用表检查各接线柱是否连接可靠。

3）检查各熔断管是否装入熔断器座内。

4）检查电动机连线和电源线是否错位连接。

5. 通电试验

1）经指导老师检查同意后合上电源开关 QS。

2）按一下起动按钮 SB2，看接触器 KM1 和 KM3 是否动作，电动机是否转动。

3）约 3s 后，观察时间继电器触点的动作情况，看 KM2、KM3 状态的变化。

4）观察一下时间继电器触点动作前后电动机转速的变化。

6. 整理

1）断开电源后，将全部接线拆除，将全部器材卸下。

2）将所有电工器材的螺钉拧紧复位。

3）收拾好导线，清理干净桌面和实验板。

4）将所有电工工具、电工器材在原位摆放整齐。

5）打扫清洁卫生。

6）填写实验记录和实验报告。

（二）能耗制动实训

由于现在的整流技术成熟、价格降低，采用能耗制动的情况越来越普遍，为了胜任机床电路维修工作，必须熟练掌握能耗制动。

1. 实训准备

1）根据表 5-1 准备器材，对照电路图看是否齐全。

2）检测器材，看其质量是否合格。

隔离开关：用万用表检查各触点的通断，直观检查各零件是否齐全。

熔断器：装上熔断器，看装填是否灵活，用万用表检查各熔断器的通断情况。

交流接触器：用万用表检查各触点是否接触良好。

热继电器：用万用表检查常开、常闭触点的通断情况，看动作是否准确。

变压器及整流器：通电测量各交、直流电压是否正常。

时间继电器：通电检查各触点是否能延时通断，并设定延迟时间为 2 ~ 3s。

按钮：用万用表检查常开、常闭触点的通断情况。

3）理解电路原理图，并在电路原理图上标上线号，如图 5-13 所示。

2. 电气布置

选用 40cm × 50cm × 1.5cm 木板，根据平面布置图 5-14 将各电器元件和线槽固定到木板上。

注意：不要倒装、漏装各控制电器。

3. 接线

主电路采用 $1mm^2$7 芯铜塑线，控制电路采用 $\phi$0.6mm 单芯铜塑线。

根据电路原理图的顺序（先配电板，后外围，先主电路，后控制电路，先小号后大号的顺序），按电气接线图 5-15 的标号，依次连接各导线。

注意事项如下：

1）每根线的两端都必须套好线号管（已标注线号）。

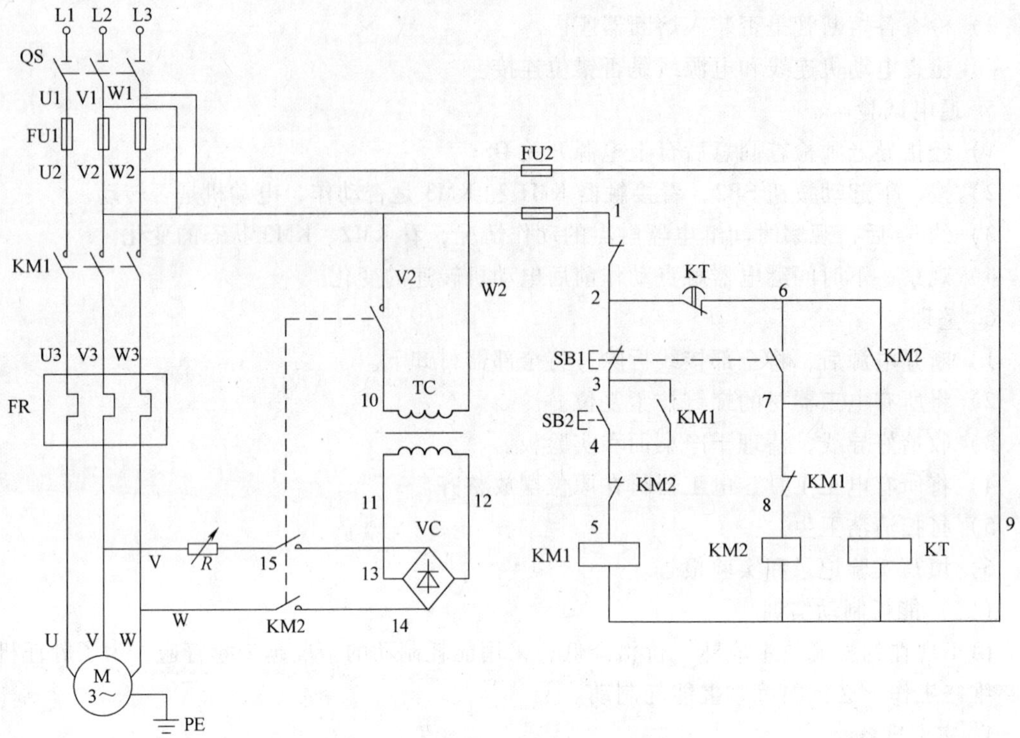


图 5-13 能耗制动电路原理图

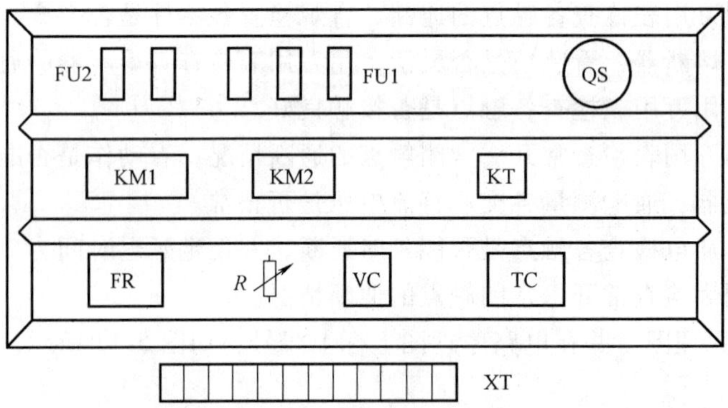


图 5-14 能耗制动电路元件平面布置图

2）每根线都必须走线槽（尽量走捷径），不允许在电器元件上直接跨线。

3）电动机外壳用双色线接地。

4）接线端连接牢固，不压绝缘，不漏芯过长。

5）配电箱内的每根外延导线都必须接在接线端子排内侧，电源、电动机、按钮的连接线都必须接在接线端子排外侧。

4. 检查

1）根据电路原理图的线号依次检查每根线及线号，看是否漏装，特别注意并联导线是

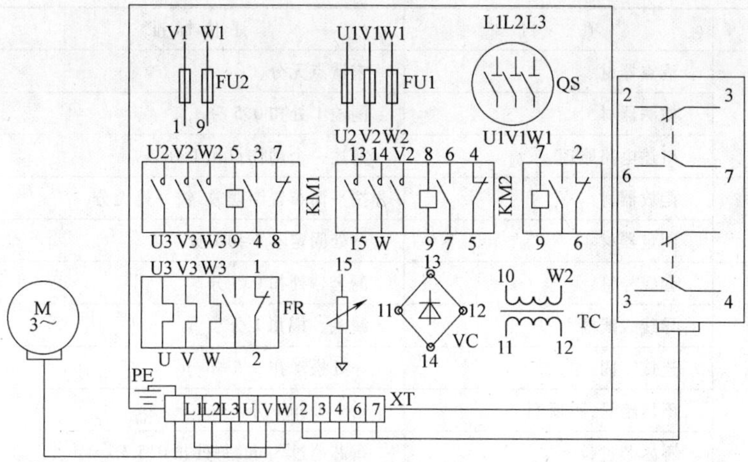


图 5-15　能耗制动电气接线图

否漏装。

2）用万用表检查各接线柱是否连接可靠。

3）检查各熔断管是否装入熔断器座内。

4）检查电动机连线和电源线是否错位连接。

5. 通电试验

1）经指导老师检查同意后合上电源开关 QS。

2）按一下起动按钮 SB2，看接触器 KM1 是否动作，电动机是否转动。

3）电动机运行稳定后，按一下停止按钮 SB1，看 KM1、KM2、KT 是否动作，观察时间继电器的触点动作与电动机停转的间隔时间，调整延迟时间，使时间继电器的触点动作稍滞后于电动机停转的时间。（注：可反复多次调整。）

4）断开 KM2 线圈的接入线，重新合上 QS，按一下 SB2，再按一下 SB1，观察电动机的自然停转时间，比较能耗制动效果。

6. 整理

1）断开电源后，将全部接线拆除，将全部器材卸下。

2）将所有电工器材的螺钉拧紧复位。

3）收拾好导线，将桌面和实验板清理干净。

4）将所有电工工具、电工器材在原位摆放整齐。

5）打扫清洁卫生。

6）填写实验记录和实验报告。

## 六、质量评价标准

根据实际操作情况，指导老师依据表 5-2 所示进行跟踪评分，满分为 100 分，学生得分分为以下几档：100 分（优秀 A），90 ~ 99 分（良好 B），80 ~ 89 分（合格 C），80 分以下（不合格 D）。

表 5-2 能耗制动考核评价表

| | 项目 | 评价标准 | 分值 | 得分 |
|---|---|---|---|---|
| 准备（15分） | 清点器材 | 未清点无分 | 2 | |
| | 检测器材 | 漏检1处扣0.5分 | 3 | |
| | 口述电路原理 | 漏述一个动作点扣1分 | 10 | |
| 布置（10分） | 摆放器材 | 按平面布置图摆放，错一处无分 | 5 | |
| | 固定器材 | 一处固定不牢扣1分 | 5 | |
| 接线（30分） | 套线号管 | 漏套一处扣0.5分 | 3 | |
| | 导线入线槽 | 漏入一根扣1分 | 5 | |
| | 连接牢固 | 一处松动扣0.5分 | 3 | |
| | 不压绝缘，不反圈 | 错一处扣1分 | 4 | |
| | 不露芯过长 | 露芯超过3mm，每处扣0.5分 | 3 | |
| | 经端子排出入配电箱 | 一根不经过扣2分 | 5 | |
| | 连接接地线 | 漏接无分 | 3 | |
| | 电动机接线方式正确 | 星形、三角形选择错误无分 | 4 | |
| 检查（5分） | 自检 | 无自检无分 | 1 | |
| | 请他人检查 | 未请他人复检无分 | 4 | |
| 通电试验（25分） | 请示同意 | 未经同意自行通电无分 | 10 | |
| | 试车成功 | 一次成功10分，二次成功5分，三次成功3分 | 10 | |
| | 延时调整 | 延时调整合适全分，不合适无分 | 5 | |
| 整理（10分） | 螺钉复位清理 | 一处未复位扣1分 | 4 | |
| | 摆放工具、器材 | 缺损一件无分 | 3 | |
| | 打扫清洁卫生 | | 3 | |
| 报告完成（5分） | 填写实验记录 | 填写1分，不填0分 | 1 | |
| | 完成实验报告 | | 4 | |

注：额定时间两天（12h），每超过1h扣10分，以上每项目的扣分不超过分值。

## 七、拓展与提高

前面已经提到减压起动的目的是为了减小起动电流，但起动电流减小的同时，也有副作用产生，即起动转矩也减小了，这是不希望出现的，但也是不可避免的，减压起动时，在保证起动电流减小量一定的情况下能否尽量提高电动机的起动转矩呢？下面从理论上比较一下前面几种减压起动方法，看哪种起动转矩最大。

（一）定子绕组串电阻（或电抗器）减压起动

如果电动机起动时得到的线电压 $U'_L=\dfrac{1}{K}U_L$（$U_L$为电源线电压），不论电动机作星形，还是三角形联结，则电动机每相绕组得到的相电压 $U'_P=\dfrac{1}{K}U_P$（$U_P$为直接起动时的相电压），

设电动机每相绕组阻抗为$|Z|$。

（1）电动机作星形联结 此时电动机起动时的起动电流和起动转矩分别为

$$I'_{\mathrm{L}}=I'_{\mathrm{P}}=\frac{U'_{\mathrm{P}}}{|Z|}=\frac{\frac{1}{K}U_{\mathrm{P}}}{|Z|}=\frac{1}{K}I_{\mathrm{P}}=\frac{1}{K}I_{\mathrm{L}}$$

$$M'_{\mathrm{q}}=\left(\frac{U'_{\mathrm{P}}}{U_{\mathrm{P}}}\right)^2M_{\mathrm{q}}=\frac{1}{K^2}M_{\mathrm{q}}$$

（2）电动机作三角形联结 此时电动机起动时的起动电流和起动转矩分别为

$$I'_{\mathrm{L}}=\sqrt{3}I'_{\mathrm{P}}=\sqrt{3}\frac{U'_{\mathrm{P}}}{|Z|}=\sqrt{3}\frac{\frac{1}{K}U_{\mathrm{P}}}{|Z|}=\sqrt{3}\frac{1}{K}I_{\mathrm{P}}=\frac{1}{K}I_{\mathrm{L}}$$

$$M'_{\mathrm{q}}=\left(\frac{U'_{\mathrm{P}}}{U_{\mathrm{P}}}\right)^2M_{\mathrm{q}}=\frac{1}{K^2}M_{\mathrm{q}}$$

结论：起动电压降为原来的$\frac{1}{K}$，则起动电流也降为原来的$\frac{1}{K}$，而起动转矩则降为原来的$\frac{1}{K^2}$。

（二）自耦变压器减压起动

如果自耦变压器的电压比为$K$，则电动机起动时得到的电压为全压的$\frac{1}{K}$，即$U_2=\frac{1}{K}U_1$，则降压之后的线电流与降压之前的线电流之比为

$$\frac{I'_{\mathrm{L}}}{I_{\mathrm{L}}}=\frac{\frac{1}{K}I_2}{I_{\mathrm{L}}}=\frac{\frac{1}{K}\frac{U_2}{|Z|}}{\frac{U_1}{|Z|}}=\frac{1}{K}\frac{U_2}{U_1}=\frac{1}{K^2}，即\ I'_{\mathrm{L}}=\frac{1}{K^2}I_{\mathrm{L}}$$

$$\frac{M'_{\mathrm{q}}}{M_{\mathrm{q}}}=\left(\frac{U_2}{U_1}\right)^2=\frac{1}{K^2}\quad 即\ M'_{\mathrm{q}}=\frac{1}{K^2}M_{\mathrm{q}}$$

结论：起动电流降为原来的$\frac{1}{K^2}$，起动转矩也降为原来的$\frac{1}{K^2}$。起动转矩与起动电流的下降比例相同。

（三）星-三角减压起动

设电源的线电压为$U_{\mathrm{L}}$，电动机每相绕组阻抗为$|Z|$。

$$I'_{\mathrm{L}}=I_{\curlyvee\mathrm{L}}=I_{\curlyvee\mathrm{P}}=\frac{U_{\curlyvee\mathrm{P}}}{|Z|}=\frac{\frac{1}{\sqrt{3}}U_{\mathrm{L}}}{|Z|}=\frac{1}{\sqrt{3}}\frac{U_{\triangle\mathrm{P}}}{|Z|}=\frac{1}{\sqrt{3}}I_{\triangle\mathrm{P}}=\frac{1}{\sqrt{3}}\frac{1}{\sqrt{3}}I_{\mathrm{L}}=\frac{1}{3}I_{\mathrm{L}}$$

$\frac{M'_{\mathrm{q}}}{M_{\mathrm{q}}}=\left(\frac{U_{\curlyvee\mathrm{P}}}{U_{\triangle\mathrm{P}}}\right)^2=\left(\frac{1}{\sqrt{3}}\right)^2=\frac{1}{3}$，即 $M'_{\mathrm{q}}=\frac{1}{3}M_{\mathrm{q}}$。

结论：起动电流降为原来的$\frac{1}{3}$，起动转矩也降为原来的$\frac{1}{3}$。起动转矩与起动电流的下降比例相同。

（四）延边三角形减压起动

延边三角形减压起动可看成部分直接起动、部分减压起动，减压起动时，起动转矩与起动电流的下降比例也接近相同。

如图 5-5a 所示，如果每相绕组前半段的阻抗是 $Z_1$，后半段的阻抗为 $Z_2$，则每相阻抗 $Z=Z_1+Z_2$，令 $\alpha=Z_1/Z_2$，用阻抗的Y-△变换法将延边三角形电路变换成等效的星电路，如图 5-5c 所示，三角形部分变成星形后，其等效阻抗为 $Z_2/3$，每相阻抗为 $Z_1+\frac{1}{3}Z_2$。变换后的起动电流为

$$I_{YL}=\frac{\frac{U}{\sqrt{3}}}{Z_1+\frac{1}{3}Z_2}=\frac{\frac{U}{\sqrt{3}}}{\alpha Z_2+\frac{1}{3}Z_2}=\frac{\frac{U}{\sqrt{3}}}{\frac{1}{3}(3\alpha+1)Z_2}=\frac{\sqrt{3}U}{(3\alpha+1)Z_2}$$

按△联结直接起动时，起动电流（线电流）$I_{\triangle L}$为相电流 $I_{\triangle P}$的$\sqrt{3}$倍。

$$I_{\triangle L}=\sqrt{3}I_{\triangle P}=\sqrt{3}\frac{U}{Z_1+Z_2}=\frac{\sqrt{3}U}{(\alpha+1)Z_2}$$

比较以上两式，可得延边三角形起动电流 $I_{YL}$与直接三角形法起动电流 $I_{\triangle L}$的比值为

$$\frac{I_{YL}}{I_{\triangle L}}=\frac{\frac{\sqrt{3}U}{(3\alpha+1)Z_2}}{\frac{\sqrt{3}U}{(\alpha+1)Z_2}}=\frac{\alpha+1}{3\alpha+1}$$

可以证明，经过一定的推导，如同Y-△起动一样，延边三角形的起动转矩 $M_{YL}$与直接三角形起动转矩 $M_{\triangle L}$的比值近似与起动电流的比值相等，即

$$\frac{M_{YL}}{M_{\triangle L}}\approx\frac{\alpha+1}{3\alpha+1}$$

按上式可以计算出各种抽头位置时的起动电流及起动转矩降低的比值，见表 5-3。

**表 5-3　延边三角形减压起动时起动电流及起动转矩降低的比值**

| $Z_1/Z_2=\alpha$ | 0 | 0.33 | 0.5 | 1 | 2 | 3 | ∞ |
|---|---|---|---|---|---|---|---|
| $Z_1:Z_2$ | 0:1 | 1:3 | 1:2 | 1:1 | 2:1 | 3:1 | 1:0 |
| $\frac{M_{YL}}{M_{\triangle L}}\approx\frac{I_{YL}}{I_{\triangle L}}$ | 1 | 0.67 | 0.6 | 0.5 | 0.43 | 0.40 | 0.33 |

表 5-4 列出了三相笼型异步电动机各种减压起动方法的特征及优缺点，从表中的综合对比可知，不论采用哪一种减压起动方法，起动转矩都按电压比的平方减少。

**表 5-4　各种减压起动方法的特征**

| 起动方法 | 串电阻减压起动 | 自耦变压器减压起动 | Y-△起动 | 延边三角形减压起动 | | |
|---|---|---|---|---|---|---|
| | | | | 抽头 1:2 | 抽头 1:1 | 抽头 2:1 |
| 起动电压 | $\frac{1}{k}U_N$ | $\frac{1}{k}U_N$ | $\frac{1}{\sqrt{3}}U_N$ | $0.78U_N$ | $0.71U_N$ | $0.66U_N$ |
| 起动电流 | $\frac{1}{k}I_{st}$ | $\frac{1}{k^2}I_{st}$ | $\frac{1}{3}I_{st}$ | $0.6I_{st}$ | $0.51I_{st}$ | $0.43I_{st}$ |

（续）

| 起动方法 | 串电阻减压起动 | 自耦变压器减压起动 | Y-△起动 | 延边三角形减压起动 | | |
|---|---|---|---|---|---|---|
| | | | | 抽头 1:2 | 抽头 1:1 | 抽头 2:1 |
| 起动转矩 | $\frac{1}{k^2}M_{st}$ | $\frac{1}{k^2}M_{st}$ | $\frac{1}{3}M_{st}$ | $0.6M_{st}$ | $0.5M_{st}$ | $0.43M_{st}$ |
| 各种起动方法的优缺点 | 电动机定子回路串电阻减压起动，起动过程结束后，把电阻短接，电阻损耗大，电阻容量限制起动次数不能太多，较少采用 | 电动机定子回路接入自耦变压器起动，起动后切除之。起动电流与电压平方成比例减小，常采用。但设备价格贵，不宜频繁起动 | 用于定子绕组△联结的电动机，设备简单，可以频繁起动，常采用 | 用于定子绕组△联结的电动机，可采用不同的抽头比例来适应不同的使用要求。设备简单，可以频繁起动。但是为了满足磁路平衡和电路平衡，抽头需专门设计，生产工艺复杂。不常使用 | | |

## 习题部分

5-1　为什么要进行减压起动？

5-2　减压起动的方法有哪些？

5-3　比较串电抗器减压起动和串电阻减压起动，串电抗器减压起动有哪些优点？哪些缺点？

5-4　自耦变压器减压起动能不能减小起动电流，能不能增大起动转矩？

5-5　起动转矩与电动机实际得到的电压存在什么关系？

5-6　根据图 5-4a、c，简述星-三角减压起动电路全自动工作的过程。

5-7　简述延边三角形减压起动与星-三角减压起动的区别（主要介绍优缺点）。

5-8　三相交流异步电动机电气制动的方法有哪些？

5-9　简述能耗制动的原理。

5-10　简述反接制动的原理。

5-11　能耗制动电路必须具备哪些功能？

5-12　反接制动电路必须具备哪些功能？

5-13　星-三角减压起动控制电路对负载电动机有什么要求？

# 第六章　工作台自动往复循环控制电路

## 一、学习目标

1）通过对行程开关控制的工作台自动往复循环控制电路的安装接线，掌握由原理图接成实际操作电路的方法。

2）学会分析工作台自动往复循环控制电路的原理图，掌握工作台自动往复循环控制的原理和方法。

3）掌握行程开关和中间继电器的结构、原理、选用、拆装、维护和故障分析方法。

4）学习工作台自动往复循环控制电路的连接与调试。

## 二、学习任务

本项目的任务是安装与调试工作台自动往复循环控制电路，如图6-1所示。系统要求如下：

1）起停控制：按下正向起动按钮，电动机正向运转，工作台前进，至指定位置挡铁碰到SQ1时，使电动机反向运转，工作台后退，至指定位置挡铁碰到SQ2时，电动机又正向运转，工作台前进，以后重复上述工作过程，工作台就在一定范围内自动往复运动；按下停止按钮，电动机停止运转。

2）保护措施：系统具有必要的短路保护和过载保护措施；另外，为了防止电动机正反向同时通电，电动机采用电气互锁；在前后移动的极限位置都装有行程开关，分别实现了前终端限位保护和后终端限位保护。

## 三、环境设备

（一）工具

电工通用工具一套：电工钳、剥线钳、尖嘴钳、验电器、活扳手、螺钉旋具（一字形和十字形）等。

（二）仪表

万用表一只。

（三）器材

所需器材见表6-1。

**表6-1　所需器材**

| 代　号 | 名　称 | 型号/规格 | 数　量 |
|---|---|---|---|
| QS | 三刀双掷开关 | HZ10-25/3 | 1个 |

（续）

| 代　号 | 名　称 | 型号/规格 | 数　量 |
|---|---|---|---|
| FU2 | 熔断器 | RL1-15 | 2个 |
| FU1 | 熔断器 | RL1-60/20 | 3个 |
| SB1、SB2、SB3 | 按钮 | LA19-11 | 3个 |
| FR | 热继电器 | JR36-20 | 1个 |
| KM1、KM2 | 交流接触器 | CJ20-20 | 2个 |
| M | 三相交流异步电动机 | 60W,1400r/min | 1台 |
| SQ1、SQ2 | 行程开关 | JLXK1-111 | 2个 |
| XT | 端子排、导线 | | 适量 |

## 四、教学内容

### （一）工作台自动往复循环控制电路的工作原理

工作台自动往复循环控制电路如图6-1所示，其工作原理如下：

1. 起动过程

合上电源开关QS。

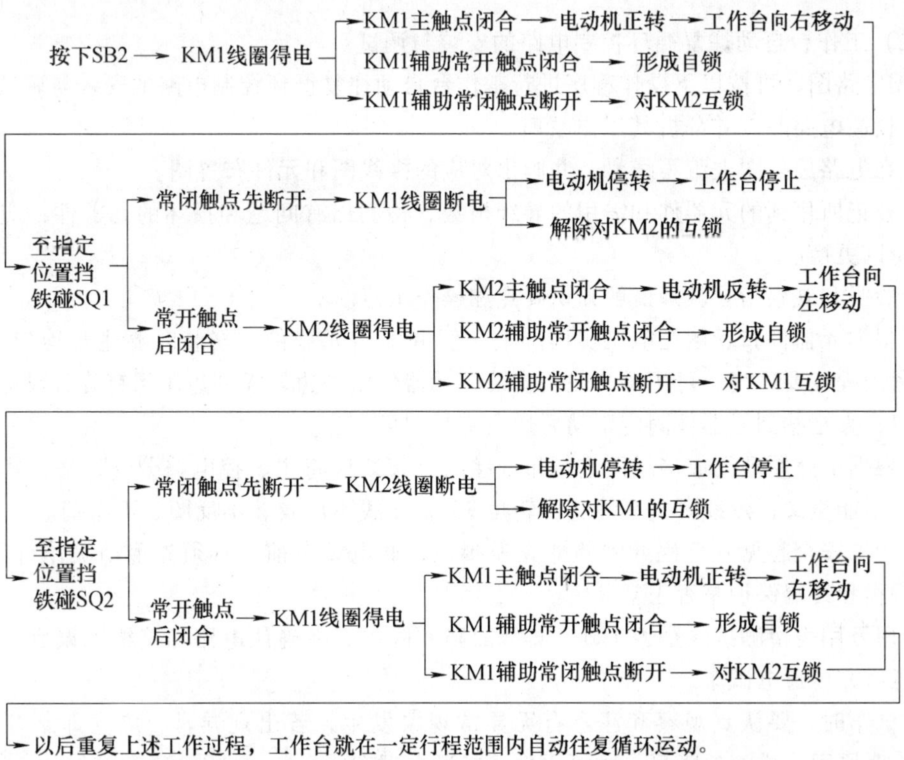


若先按下反转起动按钮SB3，则工作台先向左移动至SQ2后自动往复运动。

2. 停止过程

按下 SB1 →不管工作台正在向哪个方向移动，对应的接触器线圈断电→电动机停转→工作台停止移动，留在当前位置。

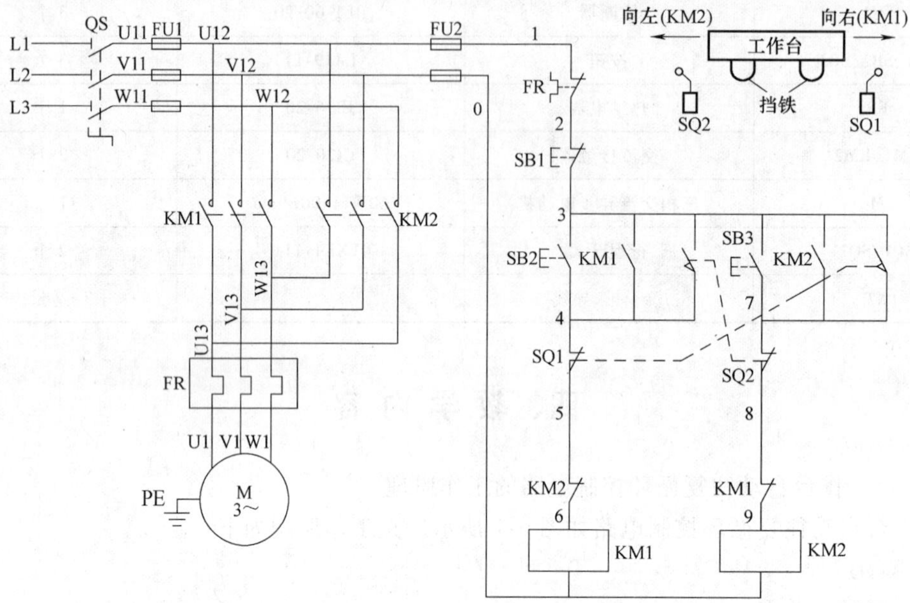


图 6-1　工作台自动往复循环控制电路

（二）工作台自动往复循环控制电路的安装与调试

根据电路图，可按以下操作程序进行工作台自动往复循环控制电路的安装与调试。

1）读懂电路图，并分析其工作原理。

2）在电路原理图上编写线号，并画出对应的接线图和元件布置图。

3）登记所用到的元器件和需用的导线根数，检测出有问题和损坏的元器件，应及时报告老师予以更换。

4）聆听和观察指导教师讲解知识要点和操作示范。

5）根据元器件布置图在电工实训屏上布置并安装元器件。安装时要注意均匀、对称，螺钉的紧固程度要适当，可用手扶住所安装的元器件，一边轻摇一边用螺钉旋具对称轮流地紧固螺钉，直至感到元器件固定不动后适当旋紧即可。

6）根据电路原理图或接线图进行布线接线。布线应将主、控电路分开，平行排列，紧贴板面，不能交叉，走线要横平竖直，转角 90°，接线不压胶、不反圈、不露铜。

7）为了安全起见，行程开关的外壳需接地，通电试车前，必须先手动操作行程开关，检验各行程和终端保护是否正常。

8）用万用表检测接线是否正确，排除故障和隐患，在确认电路和接线无误后，经指导教师同意后方可通电试车。

9）试车时，要认真观察和注意有无异常现象发生，若出现异常，应立即断开电源开关，待查明原因、排除故障后，才可再次请求通电试车。

10）要具备强电作业安全操作和防范意识，按程序操作训练。

（三）机械设备中自动往复循环的应用

1. 起动过程

先接通三相电源开关 QS。

在机床的工作台、高炉的加料设备中均需要自动往复循环运动，图 6-2 所示为某一龙门刨床的工作台自动往复循环控制电路，其工作原理同前面讲述类同。行程开关 SQ1、SQ2 固定在床身上，其中 SQ1 为正向转反向行程开关并反映加工终点位置，SQ2 为反向转正向行程开关并反映加工起点位置，SQ3、SQ4 为正反向终端极限保护行程开关。挡铁固定在工作台上，随着工作台的移动分别压下对应的行程开关，发出正反向切换信号，使电动机能带动工作台实现自动往复循环运动。

2. 停止过程

按下 SB1 →不管工作台正在向哪个方向移动，对应的接触器线圈断电→电动机停转→工作台停止移动，留在当前位置。

3. 极限保护

当工作台到达换向开关位置时，如果 SQ1 或 SQ2 失灵而未能切断 KM1 或 KM2 的故障，工作台将继续向右或向左运动，当工作台运行到极限位置时，挡铁压下极限行程开关 SQ3 或 SQ4，使 KM1 或 KM2 线圈断电释放，迫使电动机停转，从而避免运动部件越出允许位置而导致事故发生。因此，SQ3、SQ4 起终端极限保护作用。

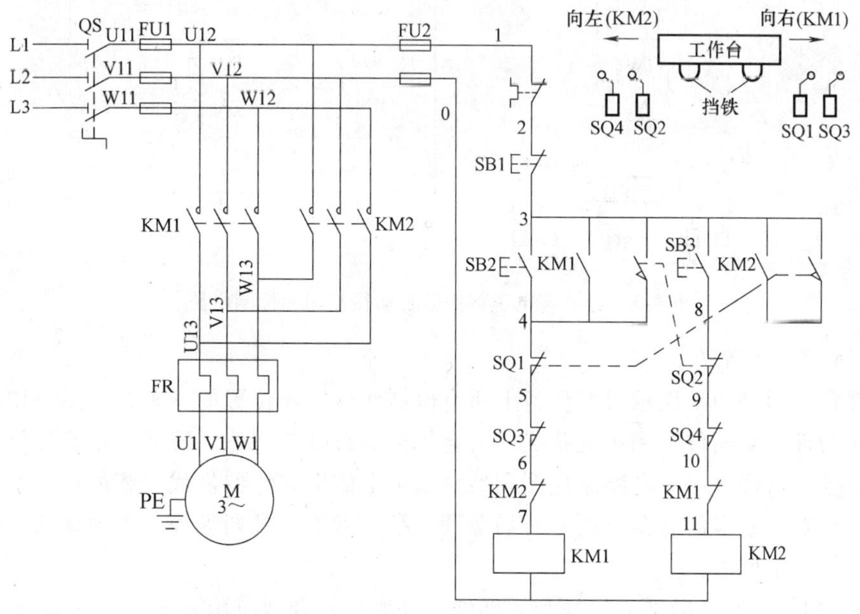


图 6-2　龙门刨床的工作台自动往复循环控制电路

（四）具有零电压保护的自动往复循环控制电路

上述两种自动往复循环控制电路在生产实际中的应用非常广泛，但这种电路存在一定缺陷，即采用了不能自动复位的行程开关来控制接触器，则当工作台正好停在左端或右端，挡铁压下 SQ2 或 SQ1 时，若突然供电，那么不用按下正转或反转起动按钮，工作台即可自行起动并自动往返，有可能会使生产设备损坏，也可能会造成人身事故。为了避免这一事故的发生，可采用具有零电压保护功能的自动往复循环控制电路，如图 6-3 所示，该电路采用了一只中间继电器对两接触器实现控制，在电源电压接通后，必须先按下起动按钮电路才能起动，实现了零电压保护。该电路的工作原理如下：

先合上三相电源开关 QS，按下正向起动按钮 SB2，中间继电器 KA1 线圈通电并自锁，SB2 的常闭触点断开使得 KM2 线圈不能通电，而 KA1 的常开触点闭合使 KM1 线圈保持通电，电动机正向旋转，拖动工作台向右前进，当前进加工到位时，挡铁压下行程开关 SQ1，其常闭触点断开，KM1 线圈断电，其辅助常闭触点恢复闭合，使 KM2 线圈通电，电动机反向旋转，拖动工作台向左后退，当后退加工到位时，挡铁压下行程开关 SQ2，其常闭触点断开，KM2 线圈断电，其辅助常闭触点恢复闭合，又使 KM1 线圈通电，如此周而复始地自动往复工作。按下停止按钮时，电动机停转，工作台不再移动。若换向行程开关 SQ1、SQ2 失灵，则由极限保护行程开关 SQ3、SQ4 实现保护，以防止运动部件因超出极限位置而发生事故。

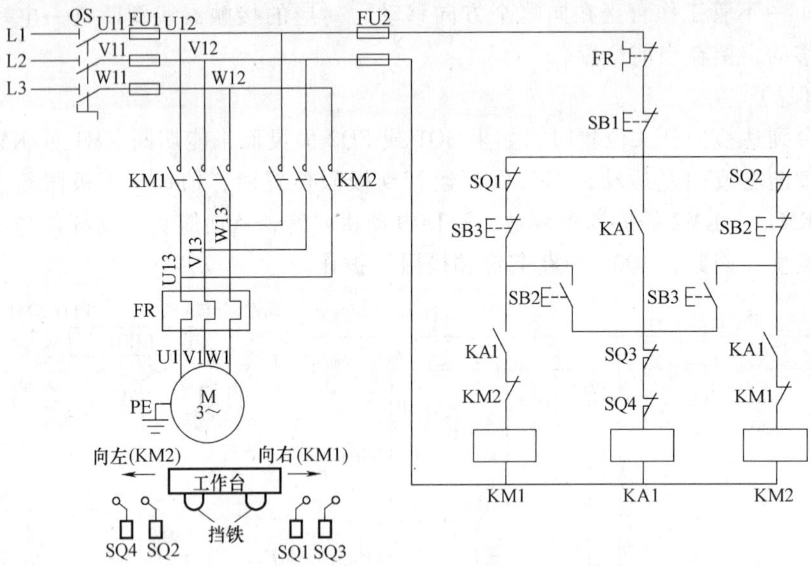


图 6-3　具有零电压保护的自动往复循环控制电路

（五）元器件布置图

元器件布置图是用来表示成套设备上所有电器元件实际位置的一种图，主要用来显示主要设备和元器件的空间位置和布置状况，为电气控制设备的制造、安装、维修提供了必要的资料。图中各电器代号应与电路原理图和器材清单上的所有元器件代号相同。

元器件布置图基本的制图原则是布局合理、结构紧凑、排列整齐、方便接线、便于操作和维修。具体要求如下：

1）必须根据控制板的平面尺寸和元器件的外形尺寸合理布局。

2）发热元器件之间应隔开距离，便于散热，相距不得小于 10mm。

3）结构设计必须符合配线的基本规定。

4）元器件的固定必须适度、牢靠。

5）在元器件排列中应考虑自然因素、操作因素及对称性、习惯性和美观性。

工作台自动往复循环控制电路的元器件布置图如图 6-4 所示，图中 FU1、FU2 为熔断器，KM1、KM2 为接触器，FR 为热继电器，QS 为电源开关，SB1、SB2、SB3 为按钮，SQ1、SQ2 为行程开关，XT 为接线端子排。

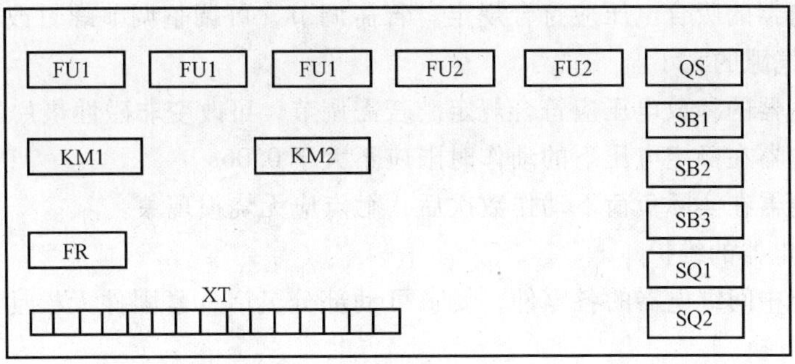


图 6-4 工作台自动往复循环控制电路的元件布置图

## 五、技能训练

（一）配齐所用元器件，并进行质量检验

按表 6-1 所示配齐元器件，并检验元器件的质量是否合格。应在不通电的情况下，用万用表检查各触点的分、合情况是否良好。检查接触器时，应用手同时按下三副主触点并用力均匀；同时应检查接触器线圈电压与电源电压是否相符。发现有问题和损坏的元器件，应及时报告指导教师更换。

1. 中间继电器

（1）中间继电器的安装

1）安装前的检查。

a. 检查中间继电器铭牌上的技术数据是否符合控制电路的要求，如额定电压、额定电流、操作频率、触点的种类和数目等。

b. 检查中间继电器的外观，应无机械损伤。用干布把外壳擦干净，检查接线端是否齐全，触点的螺钉是否松动，可动部分是否灵活，各部件和弹簧完整无变形等。

c. 放置已久或新买的中间继电器，最好作解体检查。内部如有灰尘，可用吹风机吹干净，铁心上的防锈油要擦干净。

d. 检查中间继电器的吸合电压和释放电压是否符合规定。

e. 检查中间继电器的线圈有无断路，绝缘电阻是否正常，触点间的通、断状态是否正确。

2）安装的注意事项。

a. 中间继电器的使用环境条件应符合规定。

b. 安装面与垂直面倾斜度不大于 ±5°。

c. 产品应安装和使用在无显著摇动、冲击和振动的地方。

d. 根据安装场合选择合适的安装方式，如螺钉固定式或焊接式等。

（2）中间继电器的调试

1）首先进行内外部分和机械部分的检验。检查焊接处的良好程度，螺钉的紧固情况，各部件的完整情况，弹簧有无变形。触点需有银质接触面，表面光洁，无焦斑及灰尘，弹簧铜片应有弹性。用手推动衔铁看可动部分是否灵活，触点接触是否紧密，继电器线圈规格及所附电阻值应符合原理设计和铭牌。若有损坏部分应修理或更换。

2）中间继电器的吸合电压应符合规定。若需调节，可调整调节螺钉改变反作用弹簧的松紧程度或初始气隙的大小。

3）中间继电器的释放电压应符合规定。若需调节，可改变非磁性垫片的厚度来调整。

4）中间继电器在额定电压下的动作时限应不大于0.06s。

5）中间继电器在实际负荷下动作数次后，触点应无烧损现象。

（3）中间继电器的维护

1）定期检查中间继电器的各零件，要求可动部分灵活，紧固件无松动。若发现零件损坏应及时修理或更换。

2）定期去除中间继电器的污垢和尘埃，保持触点表面的清洁，不允许沾有油污。

3）定期对中间继电器进行通电校验。

（4）中间继电器的常见故障分析与排除方法

1）线圈断线，可能是线圈引出线连接处脱落，检查出脱落处后焊接上即可。

2）线圈过热或烧毁，可能是线圈电压过高或过低，或操作频率太高。修理时，应更换线圈。

3）触点熔焊，应更换触点。

4）衔铁吸不上，可能是线圈电压过低、卡有异物或触点弹簧压力过大。

5）衔铁不能立即释放，这可能是由于铁心与衔铁之间有异物或触点弹簧压力过小。

6）触点接触不良，可能是触点表面氧化，若触点有灼伤烧毛痕迹，可用油光锉锉平或用小刀整修；若是触点表面不清洁，可用汽油或四氯化碳清洗。

2. 行程开关

（1）行程开关的安装

1）行程开关可按任意角度安装，但其安装位置应能使开关正确动作，且不妨碍机械部件的运动。可采用螺钉紧固的方式来安装行程开关。

2）挡铁应安装在开关滚轮或推杆的动作轴线上。

3）挡铁对开关的作用力及开关的动作行程，应不大于允许值。

4）限位用的行程开关，应与机械装置配合调整，确认动作可靠后，方可接入电路使用。

（2）行程开关的调试

1）出厂前已经调好，现场需要微调。

2）使用时行程开关的金属外壳必须可靠接地。

3）通电校验前，须先手动操作行程开关，试验各行程控制和终端保护作用是否正常和可靠。

（3）行程开关的维护

1）应对行程开关进行定期检查，除去油污和灰尘，清理触点。

2）经常检查动作是否可靠，及时排除故障。

3）经常检查行程开关的位置是否变动和松动。

（4）行程开关的常见故障分析与排除方法

1）触点不动作。

2）触点动作后不自动复位。

行程开关的常见故障分析与排除方法见表6-2。

表6-2　行程开关的常见故障分析与排除方法

| 故障现象 | 故障原因 | 处理方法 |
|---|---|---|
| 挡铁碰撞行程开关后，触点不动作 | 1)安装位置不正确<br>2)触点接触不良或接线松脱<br>3)触点弹簧失效 | 1)调节安装位置<br>2)清刷触点或紧固接线<br>3)更换弹簧 |
| 杠杆已经偏转或无外界机械力作用，但触点不复位 | 1)复位弹簧失效<br>2)内部动片卡阻<br>3)调节螺钉太长，顶住按钮触点 | 1)更换弹簧<br>2)清扫内部杂物<br>3)检查调节螺钉 |

（二）按布置图按装走线槽和所有电器元件

根据元器件布置图6-4在配电板上布置安装元器件，并安装走线槽。在配电板上将元器件摆放均匀、整齐、紧凑、合理，并用螺钉进行安装。注意刀开关、熔断器的受电端子应安装在控制板的外侧，并使熔断器的受电端为底座的中心端；紧固各元器件时应用力均匀，紧固程度适当。

（三）电路图检验控制板内部布线的正确性

1. 主电路的连接

主电路的反转接触器KM2的负载方，第1、3相应到相，否则不能实现电动机的正反转。正反转接触器主触点对应的接线柱可架空连接（俗称飞线）。

根据电动机的额定电流选配连接主电路的导线。从QS处开始接线，先连接断路器QS与熔断器FU1之间的导线，接着连接熔断器FU1与接触器KM1与KM2主触点进线端之间的导线，再接着连接接触器KM1、KM2的主触点出线端与热继电器FR的热元件进线端之间的导线，最后连接热继电器FR的热元件出线端与端子排之间的导线U、V、W，通过端子排的U、V、W准备连接电动机。

2. 控制电路的连接

在固定好的元器件之间测量所需的长度，截取适当长度的导线，去除导线两端的绝缘层，套上线号管后，将导线直接接入接线端子。

可参考图6-1所示的电路图，从FU1处开始接线，先连接FU1与FU2之间的导线，接着从FU2的下端1引出一根线与热继电器FR的常闭触点的端子1连接，接着热继电器FR的常闭触点的端子2引出一根线与停止按钮SB1的常闭触点的端子2连接，接着停止按钮SB1的常闭触点的端子3引出一根线与正转起动按钮SB2的常开触点的端子3连接，接着正转起动按钮SB2的常开触点的端子4引出一根线与行程开关SQ1的常闭触点的端子4连接，接着行程开关SQ1的常闭触点的端子5引出一根线与反转接触器KM2的常闭触点的端子5连接，接着反转接触器KM2的常闭触点的端子6引出一根线与正转接触器KM1的线圈端子6连接，接着正转接触器KM1的线圈端子0引出一根线连回到FU2的端子0。接着将正转接触器KM1的辅助常开触点与行程开关SQ2的常开触点的两端都并联在端子3与4之间，然后从端子3引出一根线接到反转起动按钮SB3的常开触点的端子3，接着从反转起动按钮SB3的常开触点的端子7引出一根线与行程开关SQ2的常闭触点的端子7连接，接着行程开关SQ2的常闭触点的端子8引出一根线与正转接触器KM1的常闭触点的端子8连接，接着正转接触器KM1的常闭触点的端子9引出一根线与反转接触器KM2的线圈端子9连接，接着反转接触器 KM2 的线圈端子并联到正转接触器 KM1 的线圈端子 0，最后将反转接触器 KM2 的辅助常开触点与行程开关 SQ1 的常开触点的两端都并联在端子 3 与 7 之间。

接线时应注意：

1）走线通道应尽可能少。

2）同一平面的导线应高低一致或前后一致，不能交叉。当必须交叉时，该根导线应在接线端子引出时，水平架空跨越，且必须属于合理走线。

3）布线应横平竖直，变换走向应垂直。

4）导线与接线端子或线桩连接时，应不压绝缘层、不反圈及不露铜过长，并做到同一元器件、同一回路的不同接点的导线间距离保持一致。

5）一个元器件接线端子上的连接导线不得超过两根，每节接线端子板上的连接导线一般只允许连接一根。

6）布线时，严禁损伤线芯和导线绝缘。

7）布线时，不在控制板上的元器件要从端子排上引出。

线路连接完毕，应用万用表对照原理图进行检查，防止错接、漏接，排除故障和隐患。

（四）安装电动机，可靠连接电动机和各元器件金属外壳的保护接地线

电路连接完成后，电路中的电动机和所有元器件的金属外壳必须装接地线，以保证操作安全。

（五）连接电动机等控制板外部的导线

将电动机和电源等控制板外部的导线连接在端子排上，注意电动机必须安放平稳，以防止在可逆运转时产生滚动而引起事故。

（六）自检

线路连接完毕，应首先自己进行检查，防止错接、漏接或线路故障。

1）首先检查有无绝缘层压入接线端子，再检查裸露的导线线芯是否超过规定，最后检查所有导线与接线端子的接触情况。可用手摇动、拉拔接线端子上的导线，不允许有松脱。

2）对照原理图，从电源端开始逐段核对端子接线，排除错接、漏接现象。尤其要注意检查主电路中接触器 KM1、KM2 的主触点进线端、出线端对接要正确；控制电路中接触器 KM1、KM2 的互锁触点要接对。

3）用万用表“$R\times10$”档检查控制电路的通断。

① 首先检查正转控制电路。取控制电路的两只熔断器为测量点，先检查有无短路，将两表笔分别接在端子 0 和 1 上，然后按下正转起动按钮 SB2，此时万用表指示的电阻值为正转接触器电磁线圈的直流电阻，表示控制电路在按下正转起动按钮时能够接通，若此时万用表指针回到“∞”位置，说明正转控制电路某处有断开的地方，再用万用表依次排查 1-2、2-3、3-4、4-5、5-6、6-0 各故障点，找出故障点后将其修复；然后按下正转接触器的动触点，若万用表有指示，表示正转控制电路能自锁，若不能，则检查自锁触点 3-4 间有无接好。

② 按照同样的方法检查反转控制电路的接线情况是否良好。取控制电路的两只熔断器为测量点，将两表笔分别接在端子 0 和 1 上，然后按下反转起动按钮 SB2，此时万用表指示的电阻值为反转接触器电磁线圈的直流电阻，表示控制电路在按下反转起动按钮时能够接通，若此时万用表指针回到“∞”位置，说明反转控制电路某处有断开的地方，再用万用

表依次排查 1-2、2-3、3-7、7-8、8-9、9-0 各故障点，找出故障点后将其修复；然后按下反转接触器的动触点，若万用表有指示，表示反转控制电路能自锁，若无指示，则检查自锁触点 3-7 间是否接好。

③ 最后检查停止部分。按下起动按钮，待万用表指针偏转时再按下停止按钮，若万用表指针回到“∞”位置，表示停止按钮能断开控制电路。

4）用万用表“$R\times10$”档检查主电路通断。卸掉 FU2 在 L2 相的熔体，切断控制电路与主电路之间的电流通路（检测完毕恢复其接线）。

① 第一测试点 FU1、KM1。将万用表的两表笔分别接到熔断器 FU1 的出线端和接触器 KM1 主触点的进线端，若万用表有指示，说明这两点之间是接通的；若万用表指针返回“∞”位置，说明可能有断线或接触不良，应将其修复。

② 第二测试点 KM1 主触点。将万用表的两表笔分别依次接到接触器 KM1 主触点的两端，按下主触点不放，若万用表有指示，说明这两点之间是接通的；若万用表指针返回“∞”位置，说明主触点不通，查明原因，应将其修复。

③ 第三测试点 KM1、FR。将万用表的两表笔分别依次接到接触器 KM1 主触点的出线端和热继电器 FR 热元件的进线端，若万用表有指示，说明这两点之间是接通的；若万用表指针返回“∞”位置，说明可能有断线或接触不良，应将其修复。

④ 第四测试点 FU1、KM2。将万用表的两表笔分别接到熔断器 FU1 的出线端和接触器 KM2 主触点的进线端，若万用表有指示，说明这两点之间是接通的；若万用表指针返回“∞”位置，说明可能有断线或接触不良，应将其修复。

⑤ 第五测试点 KM2 主触点。将万用表的两表笔分别依次接到接触器 KM2 主触点的两端，按下主触点不放，若万用表有指示，说明这两点之间是接通的；若万用表指针返回“∞”位置，说明主触点不通，查明原因，将其修复。

（七）通电试车

在确认电路和接线无误后，经指导教师同意后方可通电试车，且必须在指导教师的监护下进行。试车时若出现异常，应立即断开电源开关，待查明原因、排除故障后，才可再次请求通电试车。

（八）检修训练

在通电试车出现故障或由指导教师人为设置了故障时，可在控制电路或主电路中分别设置电气自然故障各两处，对学生进行检修训练。

可按照下列检修步骤进行检修训练，直到故障能被正确地检查和排除。

1. 试验法

把电路接通，通过让电路试运行来观察此时的故障现象，重点观察电动机的运行情况、接触器的动作情况和电路的工作情形等。

2. 逻辑分析法

通过此时的故障现象，根据电路原理图进行逻辑分析，判断故障范围，并在电路原理图上用虚线标出最小故障范围。

3. 仪表测量法

在判断出的故障范围里用万用表按顺序测量相邻接线点的通、断情况，找出故障点。

4. 排除故障

根据故障点的不同情况，采取对应的修复方法，迅速排除故障。

5. 再次通电试车

排除故障后，可向指导教师再次申请通电试车。

## 六、质量评价标准

为保证学生通过项目学习后形成相应的能力，每一个学习情境均采用“现场参观—基础实验—技能实训—综合实训”，以使学生形成综合应用能力。在进行实验实训之前，教师应向学员布置本次实验实训的任务和交代实验实训过程中的注意事项及要点。在安装调试过程中，应注意工具、仪器、设备的正确使用和保管。实验实训过程中，应注意人身和设备的安全。

项目考核的重点放在过程考核，强调素质与能力。每个学习情境的考核结果记入项目考核的总成绩，前一个学习情境考核不合格，不能进入下一个情境的学习。每一个学习情境均有对应的成绩考核单。

工作台自动往复循环控制电路的评分标准见表6-3、表6-4。

（一）安装评分标准（见表6-3）

表6-3　工作台自动往复循环控制电路的安装评分表

<table>
<tr><th>项目</th><th>配分</th><th colspan="3">评 分 标 准</th><th>扣分</th></tr>
<tr><td>安装前检查</td><td>15</td><td colspan="3">1)电动机检查,每漏一处扣5分<br>2)元器件漏检或错检,每漏一处扣2分</td><td></td></tr>
<tr><td>安装元件</td><td>15</td><td colspan="3">1)不按电气布置图安装元器件扣15分<br>2)元器件安装不紧固扣4分<br>3)元器件安装不整齐、不匀称、不合理的每只扣3分<br>4)损坏元器件扣5分</td><td></td></tr>
<tr><td>布线</td><td>30</td><td colspan="3">1)不按布线图接线扣25分<br>2)布线不符合要求,主电路每根扣4分<br>控制电路每根扣2分<br>3)接点不符合要求,每个接点扣2分<br>4)损伤导线绝缘或线芯,每根扣5分<br>5)漏接接地线扣10分</td><td></td></tr>
<tr><td>通电试车</td><td>40</td><td colspan="3">1)热继电器未整定或整定错扣5分<br>2)熔体规格配错,主、控制电路各扣5分<br>3)第一次试车不成功扣20分<br>4)第二次试车不成功扣40分</td><td></td></tr>
<tr><td>安全文明生产</td><td></td><td colspan="3">违反安全文明生产规程扣5~40分</td><td></td></tr>
<tr><td>定额时间</td><td>3.5h</td><td colspan="3">每超时2min,总分扣除1分</td><td></td></tr>
<tr><td>备注</td><td></td><td colspan="2">各项扣分不得超过该项配分</td><td>成绩</td><td></td></tr>
<tr><td>开始时间</td><td></td><td>结束时间</td><td></td><td>实际时间</td><td></td></tr>
</table>

（二）检修评分标准（见表 6-4）

表 6-4　工作台自动往复循环控制电路的检修评分表

| 项目 | 配分 | 评分标准 | 扣分 |
|---|---|---|---|
| 故障分析 | 30 | 1)故障分析、排除故障思路不正确,每个扣 5～10 分<br>2)标错电路故障范围,每个扣 10～15 分 | |
| 排除故障 | 70 | 1)停电不验电扣 5 分<br>2)测量仪器和工具使用不正确,每次扣 5 分<br>3)排除故障的顺序不正确扣 10 分<br>4)不能查出故障,每个扣 40 分<br>5)查出故障点,但不能排除,每个扣 10 分<br>6)产生新的故障:<br>不能排除,每个扣 40 分<br>能够排除,每个扣 10 分<br>7)损坏电器,每个扣 10～20 分 | |
| 安全文明生产 | | 违反安全文明操作规程扣 5～40 分 | |
| 定额时间 | 1h | 修复故障过程中若超时,每超时 1min 扣 5 分 | |
| 备注 | 除定额时间外,各项内容的最高扣分不得超过该项配分 | 成绩 | |
| 开始时间 | | 结束时间 | 实际时间 |

## 七、拓展与提高

在自动化生产线上，有些生产机械的工作台除了要求能实现自动往复循环运动外，有时还要求能在某些位置有一定时间的停留，以满足生产工艺要求。图 6-5 所示为一运料小车自动往复循环控制系统示意图，控制要求如下：小车在 1 号位装料完毕后，按下起动按钮，电动机正转带动小车前进，到达 2 号位后停 10s 卸料，卸料完毕电动机自动反转，带动小车后退，到达 1 号位后停 20s 装料，装料完毕后，电动机又自动正转带动小车前进送料，如此自动循环。按下停止按钮，小车在任意位置都可停下来。

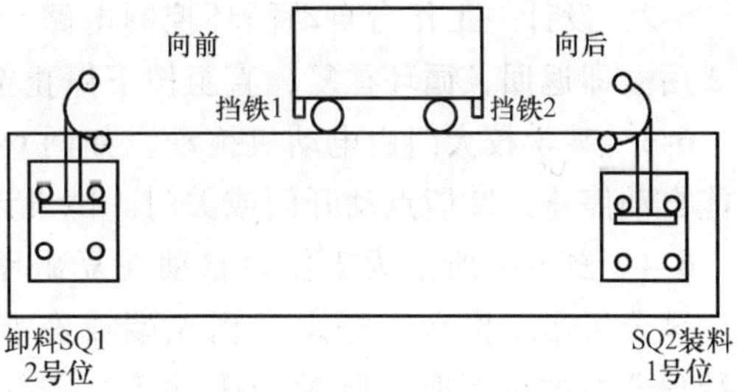


图 6-5　运料小车自动往复循环控制系统示意图

（一）自动送料小车电路原理图

自动送料小车电路原理图如图 6-6 所示。

（二）自动送料小车动作过程

初始状态时，小车停在 1 号位开始装料，装料完毕后按下正转起动按钮 SB2，正转接触器 KM1 线圈通电并自锁，主触点闭合使电动机正转，带动小车前进，到达卸料处 2 号位后，挡铁碰撞行程开关 SQ1，SQ1 的常闭触点断开使接触器 KM1 断电，小车停在当前位置开始卸料，SQ1 的常开触点闭合使时间继电器 KT1 线圈通电，经过卸料所需设定时间 10s 延迟后，时间继电器 KT1 的延时闭合的常开触点此时闭合，使反转接触器 KM2 线圈通电并自锁，主触点闭合使电动机反转，带动小车后退，到达装料处 1 号位后，挡铁碰撞行程开关

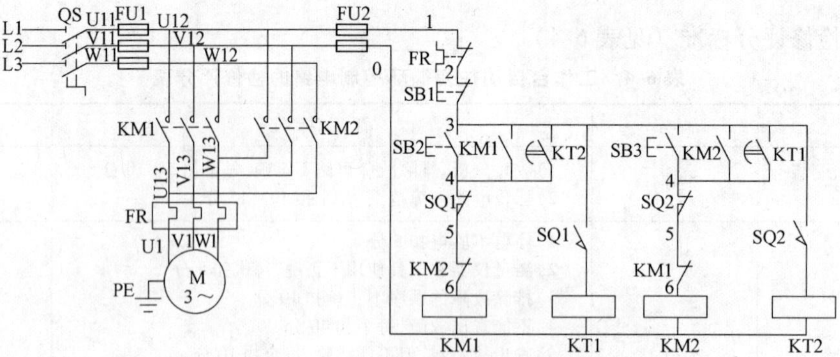


图 6-6　自动送料小车电路原理图

SQ2，SQ2 的常闭触点断开使接触器 KM2 断电，小车停在当前位置开始装料，SQ2 的常开触点闭合使时间继电器 KT2 线圈通电，经过装料所需设定时间 20s 延迟后，时间继电器 KT2 的延时闭合的常开触点此时闭合，使正转接触器 KM1 线圈又通电并自锁，主触点闭合使电动机正转，带动小车前进，按照这样的顺序小车可自动进行装料、卸料，实现了小车自动送料的循环控制。小车在运行的过程中，任意时刻都可按下停止按钮 SB1，使小车停在当前位置。而反转起动按钮 SB3 可使小车在重新运行时选择先后退。系统具有必要的保护措施，如正、反转接触器之间采用了电气互锁；热继电器 FR 可对电动机实现过载保护；熔断器 FU 对系统实现了短路保护等。

## 习题部分

6-1　在工作台自动往复循环的控制电路图 6-1 中，若工作台正在向左移动到中间位置，突然想将其变成向右移动，应操作哪些电器？

6-2　设计一工作台自动循环控制电路，要求工作台在原位（位置 1）起动，运行到位置 2 后立即返回，循环往复，直至按下停止按钮。

6-3　某学校大门由电动机拖动，如图 6-7 所示，要求如下：①长动时在开或关门到位后能自动停止。②能点动开门或关门。试设计电气控制电路。

6-4　图 6-1 所示为工作台自动往复循环的控制电路。试分析当工作台正好运行到左端或右端，且有一只行程开关被压下时，此时若按下停止按钮，工作台是否能停下来？可能会出现什么现象？

图 6-7　学校大门示意图

6-5　试设计一个送料装置的控制电路。当料斗内有料时，信号发出，电动机拖动料斗前进，到达下料台，电动机自动停止，开始卸料。当卸料完毕时发出信号，电动机反转拖动料斗退回，到达上料台电动机又自动停止，开始装料，料装满后电动机拖动料斗前进，周而复始地工作。

6-6　在机床的控制电路中，行程开关一般可以起到哪些作用？

6-7　若不接图 6-1 中的两个行程开关的常开触点，则该电路具有什么功能？

6-8　中间继电器在电路中一般有什么作用？在图 6-3 中，中间继电器 KA1 的工作状态是怎样的？

# 第七章　CA6140 型卧式车床电气电路

## 一、学习目标

1）理解和掌握卧式车床的电路原理图并学会分析其相关的动作过程。

2）通过对原理图的学习，可以在试验台上进行操作。

3）通过车床电路进一步学习电动机的长动点动控制以及顺序控制的应用。

4）可以根据具体的故障分析判断故障的原因并排除故障。

## 二、学习任务

（一）主轴电动机 M1 的起动与停止

起动：闭合刀开关 QS 后，按下起动按钮 SB2，主轴控制接触器 KM1 线圈得电，KM1 主触点吸合，主轴电动机运转，KM1 辅助常开触点得电吸合自锁，指示灯 HL1 点亮。松开 SB2 按钮，电动机依然运转。

停止：按下停止按钮 SB1，主轴控制接触器 KM1 线圈断电，KM1 常开触点断开，指示灯 HL1 熄灭，电动机停止运转。

（二）刀架快速移动电动机的点动控制

按下按钮 SB3，刀架快速移动、电动机控制接触器 KM3 线圈得电，KM3 主触点吸合，指示灯 HL2 点亮，刀架快速移动、电动机运转。松开按钮 SB3，刀架快速移动、电动机停止运转，指示灯 HL2 熄灭。

（三）冷却泵电动机的顺序控制

在主轴电动机 M1 运转的情况下，接触器 KM2 线圈获电吸合，其主触点闭合，冷却泵电动机得电运行，指示灯 HL3 亮。由电路原理图可知，只有电动机 M1 启动后，冷却泵电动机 M2 才有可能启动，当 M1 停止运行时，M2 也自动停止。

## 三、环境设备

学习所需的工具、仪表及器材如下：

（一）工具

电工通用工具一套：电工钳、剥线钳、尖嘴钳、验电器、活扳手、螺钉旋具（一字形和十字形）、电工刀等。

（二）仪表

万用表、兆欧表（500V）、钳形电流表各一个。

（三）其他

配电板、走线槽、线号管、螺钉等适量。

（四）器材

CA6140 型车床电器元器件明细表见表 7-1。

表 7-1　CA6140 型车床电器元器件明细表

| 代号 | 元器件名称 | 型号 | 规格 | 件数 | 作用 |
|---|---|---|---|---|---|
| M1 | 主轴电动机 | Y132M-4-B3 | 7.5kW | 1 | 主轴及进给传动 |
| M2 | 冷却泵电动机 | AOB-25 | 90kW | 1 | 供切削液 |
| M3 | 刀架快速移动电动机 | AOS5634 | 0.25kW | 1 | 刀架快速移动 |
| FR1 | 热继电器 | JR20-40 | 15.1A | 1 | 主轴电动机过载保护 |
| FR2 | 热继电器 | JR20-10 | 0.26A | 1 | 冷却电动机过载保护 |
| KM1 | 接触器 | CJ20-40 | 110V | 1 | 控制主轴电动机 |
| KM2 | 接触器 | CJ20-10 | 110V | 1 | 控制冷却泵电动机 |
| KM3 | 接触器 | CJ20-1 | 110V | 1 | 控制刀架快速移动电动机 |
| FU1 | 熔断器 | RL1-15 | 熔体-4A | 3 | 冷却泵和快速移动电动机短路保护 |
| FU2 | 熔断器 | RL1-15 | 熔体-4A | 1 | 控制电路短路保护 |
| FU3 | 熔断器 | RL1-15 | 熔体-2A | 1 | 信号灯短路保护 |
| FU4 | 熔断器 | RL1-15 | 熔体-2A | 1 | 低压照明灯短路保护 |
| SB1 | 停止按钮 | LA19-11 | | 1 | 控制主轴电动机停止 |
| SB2 | 起动按钮 | LA19-11 | | 1 | 控制主轴电动机起停 |
| SB3 | 起动按钮 | LA9 | | 1 | 控制快速电动机起停 |
| QS1 | 三相隔离开关 | HZ10-25/3 | 25A | 1 | 总电源开关 |
| QS2 | 单相隔离开关 | HZ10-10/3 | 10A | 1 | 低压照明灯开关 |
| HL | 信号灯 | ZSD | 6V | 1 | 指示灯电源信号灯 |
| EL | 低压照明灯 | | 24V | 1 | 低压照明 |
| HL1/2/3 | 信号灯 | | | 1 | 信号指示灯 |
| SA | 单相控制开关 | HZ10-10/1 | 10A | | 控制冷却泵电动机 |

## 四、教学内容

各种生产机械的电气控制设备，其拖动形式和电气控制电路各不相同。本单元通过对典型机床的分析，掌握阅读和绘制电气原理图的方法、培养读图能力，并通过分析典型机床的工作原理，为电气控制电路的设计、调试、维护等方面打下良好的基础。

CA6140 型卧式车床是应用极其广泛的金属切削机床。它主要用于切削外圆、内圆、端面、螺纹和定型表面，并可通过尾座进行绞孔和攻螺纹等切削加工。

（一）CA6140 型卧式车床的主要结构及运动形式

CA6140 型卧式车床由主轴箱、挂轮箱、溜板箱、尾座、溜板与刀架、光杠与丝杠、床身等部件组成。图 7-1 所示是 CA6140 型卧式车床的结构示意图。

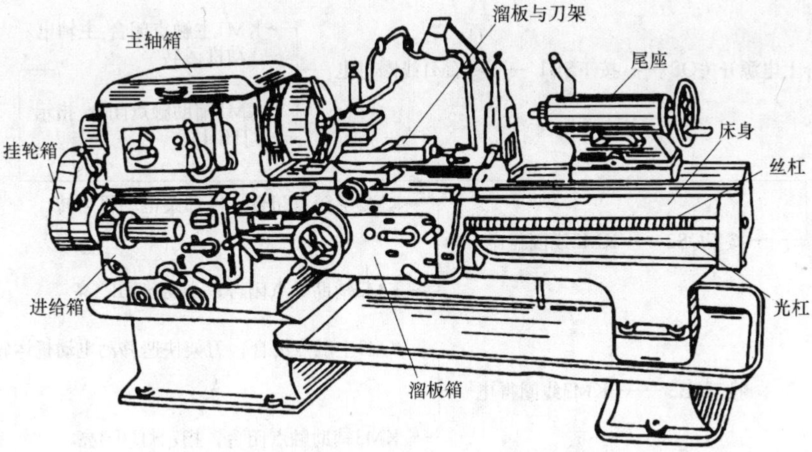


图 7-1　CA6140 型卧式车床的结构示意图

CA6140 型卧式车床的主运动是主轴的旋转运动，由主轴电动机通过传动带传递到主轴箱并带动主轴旋转。进给运动是由溜板箱带着刀架作纵向与横向直线移动，进给运动也是由主轴电动机经过主轴箱传递给进给箱，再通过光杠或丝杠将运动传入溜板箱，溜板箱就带动刀架作纵、横两个方向的进给运动。刀架由快速移动电动机带动还可以作快速移动。

（二）卧式车床的电气控制电路和工作原理

电路分析图样中可分为主电路、控制电路、照明和指示灯电路，现以图 7-2 所示的 CA6140 型卧式车床电气原理图为例进行简要讲述。

主电路分析：主电路共有三台电动机。其中 M1 是主轴电动机，由接触器 KM1 控制，实现主轴旋转和刀架的进给运动，M1 由热继电器 FR1 作过载保护。M2 是冷却泵电动机，由接触器 KM2 控制，用以输送切削液，M2 由热继电器 FR2 作过载保护。M3 是刀架快速移动电动机，由接触器 KM3 控制，实现刀架的快速移动。三相交流电源通过隔离开关 QS1 引入，电动机 M2 和 M3 共用一组熔断器 FU2 作短路保护。

控制电路分析：控制电路的电源由控制变压器 TC 二次输出电压 110V 电压提供。

主轴电动机的控制：按下启动按钮 SB2，接触器 KM1 的线圈得电，KM1 吸合并自锁（以下简称接触器 KM1 得电吸合并自锁），其主触点闭合，主轴电动机 M1 起动运转。同时 KM1 的另一对常开触点（9 列）闭合。按下停止按钮 SB1，M1 停转。

冷却泵电动机的控制：只有当接触器 KM1 得电吸合，使其辅助常开触点（9 列）闭合后，合上开关 SA，接触器 KM2 才能得电吸合，冷却泵电动机 M2 才能起动运转。

刀架快速移动电动机的控制：刀架快速移动电动机 M3 的起动是由安装在进给操纵手柄顶端的按钮 SB3 来控制的。它与接触器 KM3 起动运转，刀架就向指定方向快速移动。因快速移动电动机是短时工作的，故未设过载保护。

照明和指示灯电路分析：控制变压器 TC 的二次侧分别输出 24V 和 6V 电压，作为机床低压照明和指示灯的电源。EL 为机床的低压照明灯，由开关 SA 控制；HL 为电源的指示灯。它们分别用 FU4 和 FU3 作短路保护。

控制原理如下：

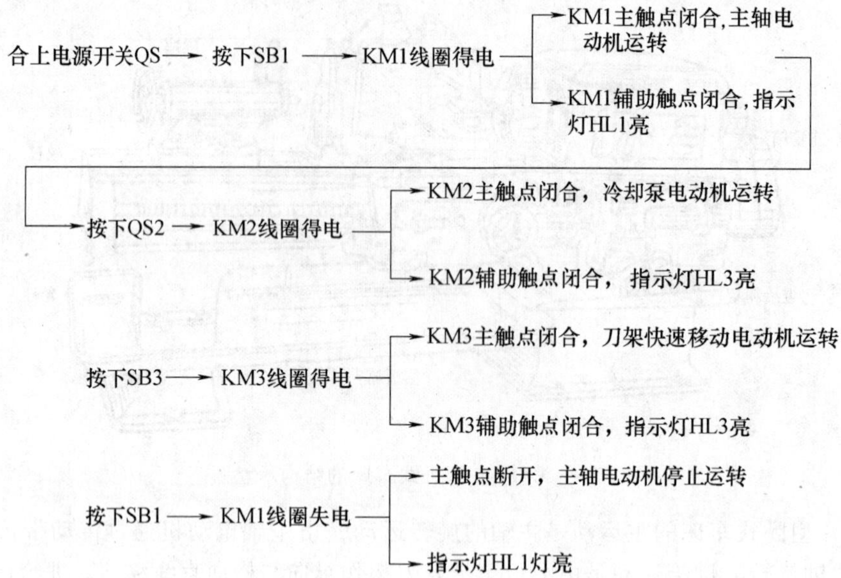


（三）故障分析方法

1. 修理前的调查研究

1）问：首先向机床的操作者了解故障发生前后的情况；故障是首次发生还是经常发生；是否有烟雾、跳火、异常的声音和气味出现，有何失常和误动作等。由于机床的操作者最熟悉本机床的性能，最先了解故障发生的可能原因和部位，故这样有利于电气维修人员在此基础上利用有关电气工作原理来判断故障发生地点和分析故障产生原因。

2）看：观察一下熔断器内的熔丝是否熔断，元器件及导线连接处有无烧焦痕迹。

3）听：电动机、控制变压器、接触器、继电器运行中声音是否正常。

4）摸：在机床电器设备运行一段时间后，切断电源用手触摸有关电器设备的外壳或电磁线圈，测其温度是否显著上升，是否有局部过热现象。

2. 确定产生故障的可能范围

机床电气电路有的很简单，有的也很复杂。对于简单的电气电路，若发生了故障，仅有的继电器和几根导线会一目了然，即使采用逐个元器件、逐根导线依次检查的方式，也很容易寻找出故障部位。但是对电路较复杂的电器设备，则不能采用上述办法来检查电气故障。电气维修人员必须熟悉和理解机床的电气电路图，这样才能正确判断和迅速排除故障。机床的电气线路是根据机床的用途和工艺要求来确定的。因此，了解机床的基本工作原理、加工范围和操作程序，对掌握机床电气控制电路的原理和各环节的作用具有一定的意义。任何一台机床的电气控制电路，总是由主电路和控制电路两大部分组成的，而控制电路又可分为若干个基本控制电路或环节（如点动、正反转、减压起动、制动、调速等）。分析电路时通常首先从主电路入手，了解机床各运动部件和机构采用了几台电动机拖动，每台电动机主电路中使用接触器主触点的连接方式，大致可以看出电动机是否有正反转控制、减压控制、制动控制、调速控制等；再从接触器主触点的文字符号在控制电路中找到相对应的控制电路，联系到机床对控制电路的要求和前面所提到的各种基本电路，再逐步深入到各个具体的电路由

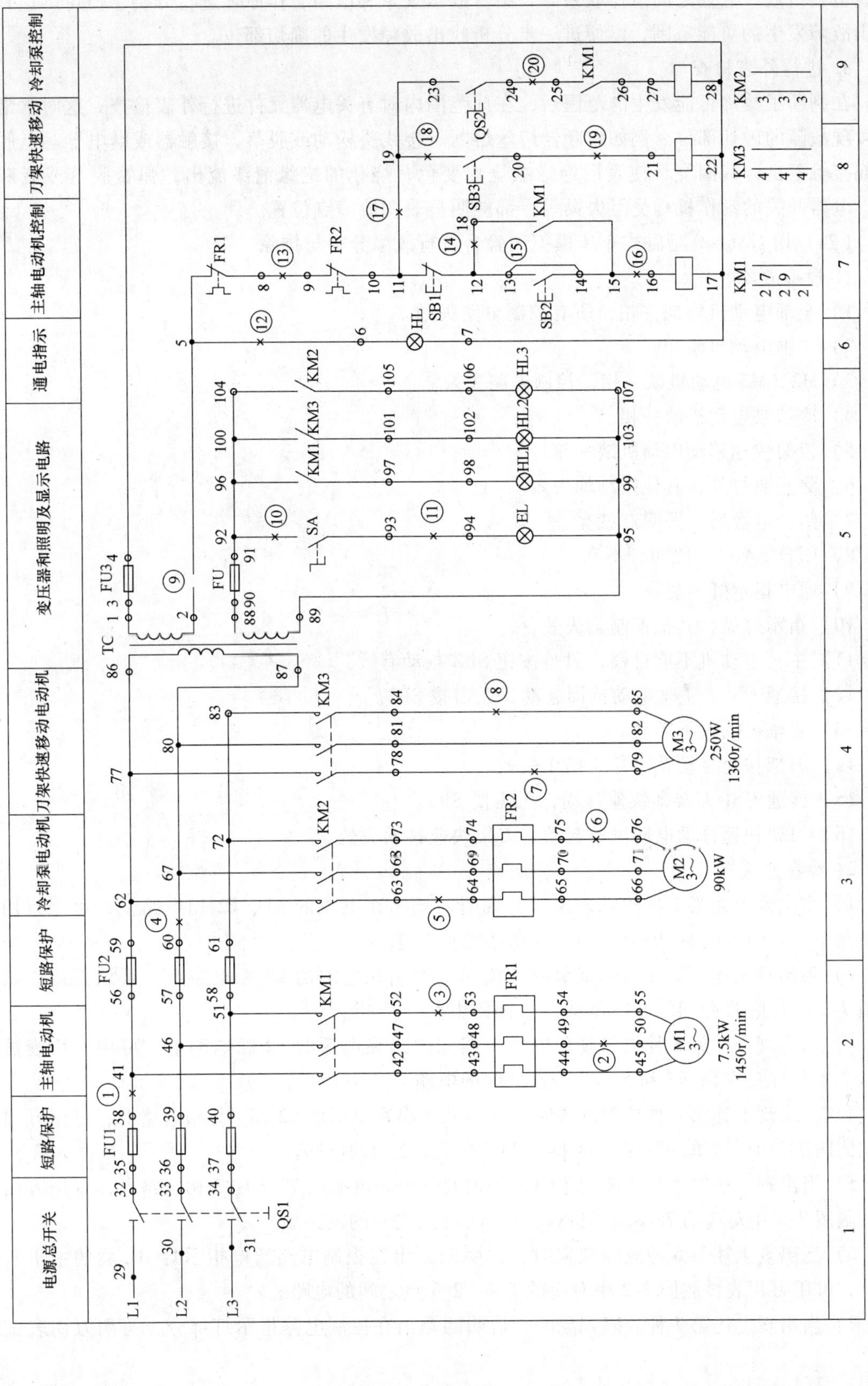


图 7-2　CA6140 型卧式车床电路原理图

哪些电器组成，它们之间怎样联系等，结合故障现象和电路工作原理进行分析，便可迅速判断出故障发生的可能范围，以便进一步分析找出故障发生的确切部位。

3. 进行外表检查

在判断了故障可能发生的范围后，在此范围内对有关电器元件进行外表检查，这时常常能发现故障的确切部位。例如熔断器熔丝熔断、接线头松动或脱落，接触器或继电器触点脱落或接触不良，线圈烧坏使表层绝缘纸烧焦变色，烧化的绝缘清漆流出，弹簧脱落或者断裂，电器开关的动作机构受阻失灵等，都能明显表明故障点位置。

（四）用 CA6140 型卧式车床模拟试验台进行故障分析与排除

1. 模拟故障

1）全部电动机均缺一相，所有控制电路失效。

2）主轴电动机断相。

3）M2、M3 电动机缺一相，控制电路失效。

4）冷却泵电动机缺一相。

5）刀架快速移动电动机缺一相。

6）除照明灯外，其他控制均失效。

7）闭合电源后，照明灯就亮。

8）闭合 SA 后，照明灯不亮。

9）通电指示灯不亮。

10）指示灯亮，其他控制均失效。

11）主轴电动机不能自锁，只是按钮 SB2 点动有效。

12）接通 QS1，主轴电动机即起动，无需按 SB2。

13）主轴电动机不起动。

14）刀架快速移动及冷却泵操作失效。

15）接通 QS1 刀架即快速移动，无需按 SB3。

16）刀架快速移动电动机不起动，刀架快速移动失效。

2. 检修方法

1）当出现上述第 1 种故障现象时，说明问题出在电源的 L1、L2 相电路上，可用万用表试测图 7-2 中对应的 29-41 和 31-51 等点之间的电压。

2）当出现上述第 2 种故障现象时，说明问题出在电源的 L3 相电路上，可用万用表试测图 7-2 中对应的 41-45、51-55 等点之间的电路。

3）当出现上述第 3 种故障现象时，说明问题出在电源的 L2 相电路上，可用万用表试测图 7-2 中对应的 56-77 和 57-87 等点之间的电路。

4）当出现上述第 4 种故障现象时，说明问题出在电源的 62-67-72 相电路上，可用万用表试测图 7-2 中对应的 63-64、68-69、73-74 等点之间的电路。

5）当出现上述第 5 种故障现象时，说明问题出在电源的 77-80-83 相电路上，可用万用表试测图 7-2 中对应的 78-81、81-84、78-84 等点之间的电路。

6）当出现上述第 6 种故障现象时，说明问题出在控制电路通电指示灯 HL 后的主干电路上，可用万用表试测图 7-2 中对应的 1-4、2-5 点之间的电路。

7）当出现上述第 7 种故障现象时，说明问题出在控制电路指示灯部分，可用万用表试测图 7-2 中对应的 92-93 点之间的电路。

8）当出现上述第 8 种故障现象时，说明问题出在控制电路指示灯部分，可用万用表试测图 7-2 中对应的 93-94 点之间的电路。

9）当出现上述第 9 种故障现象时，说明问题出在控制电路指示灯部分，可用万用表试测 5-17 点之间的电路。

10）当出现上述第 10 种故障现象时，说明问题出在控制电路部分，可用万用表试测 5-19 点之间的电路。

11）当出现上述第 11 种故障现象时，说明问题出在控制电路部分，可用万用表试测 12-18 点之间的电路。

12）当出现上述第 12 种故障现象时，说明问题出在控制电路部分，可用万用表试测 13-14 点之间的电路。

13）当出现上述第 13 种故障现象时，说明问题出在控制电路部分主轴电动机的 KM1 上，可用万用表试测 11-17 点之间的电路。

14）当出现上述第 14 种故障现象时，说明问题出在控制电路部分，可用万用表试测 11-19 点之间的电路。

15）当出现上述第 15 种故障现象时，说明问题出在控制电路刀架快速移动部分，可用万用表检测 19-20 点之间的电路。

16）当出现上述第 16 种故障现象时，说明问题出在控制电路刀架快速移动 KM3 部分，可用万用表检测 19-22 点之间的电路。

3. 排除故障，修复故障点

1）当出现上述第 1 种故障现象时，用万用表测得的结果是 38-41 间断路，即图 7-2 中的①处断开，说明熔断器 FU1 与 FU2 间接线松动或接触不良，将其修复即可。

2）当出现上述第 2 种故障现象时，用万用表测得的结果是 49-50 间断路，即图 7-2 中的②处断开，说明熔断器 FR1 与 M1 间接线松动或接触不良，将其修复即可。

3）当出现上述第 3 种故障现象时，用万用表测得的结果是 60-67 间断路，即图 7-2 中的④处断开，说明熔断器 FU2 与 TC 间接线松动或接触不良，将其修复即可。

4）当出现上述第 4 种故障现象时，用万用表测得的结果是 63-64 间断路，即图 7-2 中的⑤处断开，说明 KM2 与 FR2 间接线松动或接触不良，将其修复即可。

5）当出现上述第 5 种故障现象时，用万用表测得的结果是 78-79 间断路，即图 7-2 中的⑦处断开，说明 KM3 与 M3 间接线松动或接触不良，将其修复即可。

6）当出现上述第 6 种故障现象时，用万用表测得的结果是 2-5 间断路，即图 7-2 中的⑨断开，说明 TC 与 FR1 间接线松动或接触不良，将其修复即可。

7）当出现上述第 7 种故障现象时，用万用表测得的结果是 92-93 间短路，即图 7-2 中的⑩断开，说明 SA 接线有问题，将其修复即可。

8）出现上述第 8 种故障现象时，用万用表测得的结果是 93-94 间断路，即图 7-2 中的⑪断开，说明 SA 与 EL 间接线松动或接触不良，将其修复即可。

9）当出现上述第 9 种故障现象时，用万用表测得的结果是 5-6 间断路，即图 7-2 中的⑫处断开，说明 HL 接线松动或接触不良，将其修复即可。

10）当出现上述第 10 种故障现象时，用万用表测得的结果是 8-9 间断路，即图 7-2 中的⑬处断开，说明 FR1 与 FR2 间接线松动或接触不良，将其修复即可。

11）当出现上述第 11 种故障现象时，用万用表测得的结果是 12-18 的⑭断开，说明 SB2 接触不良，将其修复即可。

12）当出现上述第 12 种故障现象时，用万用表测得的结果是 13-14 间短路，即图 7-2 中的⑮处 SB2 接线不对，将其修复即可。

13）当出现上述第 13 种故障现象时，用万用表测得的结果是 15-16 间断路，即图 7-2 中的⑯处断开，说明 SB2 与 KM1 间接线松动或接触不良，将其修复即可。

14）当出现上述第 14 种故障现象时，用万用表测得的结果是 11-19 间断路，即图 7-2 中的⑰断开，说明 FR2 与 SB3 间接线松动或接触不良，将其修复即可。

15）当出现上述第 15 种故障现象时，用万用表测得的结果是 19-20 间断路，即图 7-2 中的⑱断开，说明按钮 SB3 接线松动或接触不良，将其修复即可。

16）当出现上述第 16 种故障现象时，用万用表测得的结果是 20-21 间断路，即图 7-2 中的⑲断开，说明 SB3 与 KM3 间接线松动或接触不良，将其修复即可。

（五）卧式车床的电气控制电路的安装与调试

1）根据图 7-2 画出电气接线图和元器件布置图。

2）根据表 7-1 配齐所需的元器件，并检查元器件的种类、数量、规格、质量是否符合要求，否则要进行修理或更换。

3）在配电板上合理布置和安装元器件，在安装中注意元器件要安装得横平竖直，并符合安装要求。

4）根据接线图首先用软线进行控制电路练习，要求熟练掌握。

5）明配线练习，在配线中要注意导线应紧贴在配电板的表面，同一平面导线不能交叉，走线要横平竖直、分布均匀，每根导线两端要套上与原理图相同线号的套管，且套管上的线号方向要保持一致。

6）配电板外部接线，不要忘记套装与原理图相同线号的线号管。

7）自检：根据原理图检查电路的接线是否正确；各接点是否牢固可靠；热继电器整定值是否符合要求；熔断器中熔体的规格是否符合要求。

8）检查无误后，通电试车，首先空载试车，空载试车正常后方可接上电动机再次试车。

## 五、技能训练

（一）控制电路软线连接练习

熟练掌握后两名同学互换。配电板外部接线时，不要忘记套装与原理图相同线号的线号管。

（二）自检

1）用绝缘电阻表对电路进行测试，检查元器件及导线的绝缘程度是否良好，有无相间或相线与底板之间短路的现象。

2）用绝缘电阻表对电动机及电动机引线进行对地绝缘测试，检查有无对地短路现象。断开电动机三相绕组间的连接头，用绝缘电阻表检查电动机引线相间绝缘。

3）用手转动电动机转轴，观察电动机转动是否灵活，有无噪声及卡住现象。

4）断开交流接触器下接线端上的电动机引线，接上起动和停止按钮。在电气柜电源进线端通上三相额定电压，按起动按钮，观察交流接触器是否吸合，松开起动按钮后能否自保持住，然后用万用表交流500V档量程测量交流接触器是否能断开。一切动作正常后，断开总电源，将交流接触器下接线端上的电动机复原。

（三）检查无误后通电试车

1）合上总电源开关。

2）左手手指触摸起动按钮，右手手指触摸停止按钮。左手按压起动按钮，电动机起动后，注意听和观察电动机有无异常声音或转向不对，若有这些现象，应立即按停止按钮，电动机断电后，电动机依靠惯性仍旧在转动。此时，应注意是否还有异常声。如仍有，可判定是机械部分发生故障；如无，可判断是电动机电气部分故障。若电动机转向不对，可将接线盒打开，将电动机电源进线中的任意两相对调即可。

3）再次起动电动机前，用钳形电流表卡住电动机三根引线中的一根，测量电动机的起动电流。电动机的起动电流一般是额定电流的5~7倍。测量时，钳形电流表的量程应超过这一数值的1.2~1.5倍，否则容易损坏钳形电流表，或测量不准确。

4）电动机起动并转入正常运行后，用钳形电流表分别依次卡住电动机的三根引线，测量电动机的三相电流是否平衡，空载电流和负载电流是否超过额定值。

5）如果电流正常，使电动机运行30min，运行中应不断进行测试。对于电动机的外表温度，应检查长时间运行中的温升是否太高或太快。

6）通电试车将电源线接入控制板，合闸时，先闭合电源开关QS，后按下起动按钮SB1，分闸时先按SB2，后断开电源开关QS。

## 六、质量评价标准

（一）安装评分表（见表7-2）

**表7-2　安装评分表**

| 项目 | 配分 | 评分标准 | 扣分 |
| --- | --- | --- | --- |
| 安装前检查 | 15 | 1)电动机检查,每漏一处扣5分<br>2)元器件漏检或错检,每漏一处扣2分 | |
| 安装元件 | 15 | 1)不按电气布置图安装元器件扣15分<br>2)元器件安装不紧固扣4分<br>3)元器件安装不整齐、不匀称、不合理的每只扣3分<br>4)损坏元器件扣5分 | |
| 布线 | 30 | 1)不按布线图接线扣25分<br>2)布线不符合要求,主电路每根扣4分;控制电路每根扣2分<br>3)接点不符合要求,每个接点扣2分<br>4)损伤导线绝缘或线芯,每根扣5分<br>5)漏接接地线扣10分 | |
| 通电试车 | 40 | 1)热继电器未整定或整定错扣5分<br>2)熔体规格配错,主、控制电路各扣5分<br>3)第一次试车不成功扣20分<br>4)第二次试车不成功扣40分 | |

（续）

| 项目 | 配分 | 评分标准 | | 扣分 |
|---|---|---|---|---|
| 安全文明生产 | | 违反安全文明生产规程扣5~40分 | | |
| 定额时间3.5h | | 每超时2min，总分扣除1分 | | |
| 备注 | | 各项扣分不得超过该项配分 | 成绩 | |
| 开始时间 | | 结束时间 | 实际时间 | |

（二）检修评分表（见表7-3）

表7-3 检修评分表

| 项目 | 配分 | 评分标准 | | 扣分 |
|---|---|---|---|---|
| 故障分析 | 30 | 1）故障分析、排除故障思路不正确，每个扣5~10分<br>2）标错电路故障范围，每个扣10~15分 | | |
| 排除故障 | 70 | 1）停电不验电扣5分<br>2）测量仪器和工具使用不正确，每次扣5分<br>3）排除故障的顺序不正确扣10分<br>4）不能查出故障，每个扣40分<br>5）查出故障点，但不能排除，每个扣10分<br>6）产生新的故障：<br>不能排除，每个扣40分<br>能够排除，每个扣10分<br>7）损坏电器，每个扣10~20分 | | |
| 安全文明生产 | | 违反安全文明操作规程扣5~40分 | | |
| 定额时间1h | | 修复故障过程中若超时，每超时1min扣5分 | | |
| 备注 | | 除定额时间外，各项内容的最高扣分不得超过该项配分 | 成绩 | |
| 开始时间 | | 结束时间 | | 实际时间 |
| | | | | |

## 七、拓展与提高

### 普通车床的分类

按用途和结构的不同，普通车床主要分为卧式车床、落地车床、立式车床、转塔车床、单轴自动车床、多轴自动和半自动车床、仿形车床及多刀车床和各种专门化车床，如凸轮轴车床、曲轴车床、车轮车床、铲齿车床。在所有车床中，以卧式车床应用最为广泛。卧式车床加工尺寸的公差等级可达IT7~IT8，表面粗糙度$R_a$值可达1.6μm。

卧式车床的加工对象广，主轴转速和进给量的调整范围大，能加工工件的内外表面、端面和内外螺纹。但这种车床主要由工人手工操作，生产效率较低，适用于单件、小批生产和修配车间。

转塔车床和回转车床具有能装多把刀具的转塔刀架或回轮刀架，能在工件的一次装夹中由工人依次使用不同刀具完成多种工序，适用于成批生产。

自动车床能按一定程序自动完成中小型工件的多工序加工，能自动上下料，重复加工一批同样的工件，适用于大批、大量生产。

多刀半自动车床有单轴、多轴、卧式和立式之分。单轴卧式的布局形式与卧式车床相似，但两组刀架分别装在主轴的前后或上下，用于加工盘、环和轴类工件，其生产效率比卧式车床提高了 3~5 倍。

仿形车床能仿照样板或样件的形状尺寸，自动完成工件的加工循环，适用于形状较复杂工件的小批和成批生产，生产效率比卧式车床高 10~15 倍。有多刀架、多轴、卡盘式、立式等类型。

立式车床的主轴垂直于水平面，工件装夹在水平的回转工作台上，刀架在横梁或立柱上移动。适用于加工较大、较重、难于在卧式车床上安装的工件，一般分为单柱和双柱两大类。

铲齿车床在车削的同时，刀架周期地作径向往复运动，用于铲车铣刀、滚刀等的成形齿面。通常带有铲磨附件和由单独电动机驱动的小砂轮铲磨齿面。

专门化车床是专用于加工某类工件的特定表面的车床，如曲轴车床、凸轮轴车床、车轮车床、车轴车床、轧辊车床和钢锭车床等。

联合车床主要用于车削加工，但附加一些特殊部件和附件后，还可进行镗、铣、钻、插、磨等加工，具有“一机多能”的特点，适用于工程车、船舶或移动修理站上的多任务修配工作。

## 习题部分

7-1　CA6140 型卧式车床的控制中，为什么刀架快速移动电动机 M3 不采用连续运转方式？

7-2　电气故障检修的一般步骤是什么？

7-3　试分析电阻测量法和电压测量法的相同点和不同点。

7-4　CA6140 型卧式车床在按下起动按钮后，主轴电动机 M1 起动后不能自锁。试分析其故障原因并写出排除的方法。

7-5　CA6140 型卧式车床在运行的过程中，主轴电动机突然停止。试分析其故障原因并写出排除的方法。

7-6　从结构上分类普通车床分为哪几种？

7-7　CA6140 型卧式车床按下起动按钮后，主轴电动机不运转。试分析有哪些故障，并写出排除方法。

7-8　在排除电气故障的时候，一般采取哪些方法？

# 第八章 工程实例——电动葫芦电气电路

## 一、学习目标

1）学会分析电动葫芦的电气控制电路，掌握其控制原理，熟悉其工作过程。

2）能根据电路原理图熟练进行该电路的连接与调试。

3）能熟练操作，模拟电动葫芦的各种运行状态。

4）在操作过程中，当出现某种故障现象时，能迅速判断故障原因，并能采用一定的方法快速、准确、安全地排除故障。

## 二、学习任务

安装与调试电动葫芦的电气控制电路，模拟实际生产过程。系统要求如下：

（一）吊钩上升

按下吊钩上升点动按钮，吊钩电动机正向运转，吊钩上升；松开吊钩上升点动按钮，吊钩电动机停止正转，吊钩停止上升。

（二）吊钩下降

按下吊钩下降点动按钮，吊钩电动机反向运转，吊钩下降；松开吊钩下降点动按钮，吊钩电动机停止反转，吊钩停止下降。

（三）电动葫芦前移

按下电动葫芦前移点动按钮，提升电动机正向运转，电动葫芦前移；松开电动葫芦前移点动按钮，提升电动机停止正转，电动葫芦停止前移。

（四）电动葫芦后移

按下电动葫芦后移点动按钮，提升电动机反向运转，电动葫芦后移；松开电动葫芦后移点动按钮，提升电动机停止反转，电动葫芦停止后移。

（五）保护措施

系统具有必要的短路保护和过载保护措施；另外，为了防止同一台电动机正反向同时通电，两台电动机均采用电气互锁与按钮复式互锁；在提升机构上端和电动葫芦的前后移动两端都装有行程开关，分别实现了上限位保护和前后终端限位保护。

## 三、环境设备

（一）工具

电工通用工具一套：电工钳、剥线钳、尖嘴钳、验电器、活扳手、螺钉旋具（一字形和十字形）等。

（二）仪表

万用表一只。

（三）器材

所需器材见表8-1。

**表8-1　所需器材**

| 代　号 | 名　称 | 型　号/规　格 | 数量 |
|---|---|---|---|
| QS | 三刀双掷开关 | HZ1-60/3 | 1个 |
| FU1 | 熔断器 | RL1-60/35 | 3个 |
| FU2 | 熔断器 | RL1-15/6 | 2个 |
| SB1、SB2、SB3、SB4 | 按钮 | LA19-11 | 4个 |
| FR1、FR2 | 热继电器 | JR36-20 | 2个 |
| KM1、KM2、KM3、KM4 | 交流接触器 | CJ20-10 | 4个 |
| M1、M2 | 三相交流异步电动机 | 60W,1400r/min | 2台 |
| HL1、HL2、HL3、HL4、HL | 指示灯 | AD11-25/40 | 5个 |
| SQ1、SQ2、SQ3 | 行程开关 | JLXK1-111 | 3个 |
| YB | 电磁制动器 | NKSB-120 | 1个 |
| XT | 端子排、导线 | | 适量 |

## 四、教学内容

（一）电动葫芦的结构及工作原理

电动葫芦是一种轻型起重设备，广泛用于中小型物件的起重吊装中，因其外形酷似葫芦，又俗称电葫芦。一般分为钢丝绳电动葫芦和环链电动葫芦等几种类型，以我国自行设计的CD型钢丝绳电动葫芦为例，其结构、外形分别如图8-1、图8-2所示，它主要由结构上相互联系的提升机构和移动装置构成，并分别由各自的电动机来拖动。

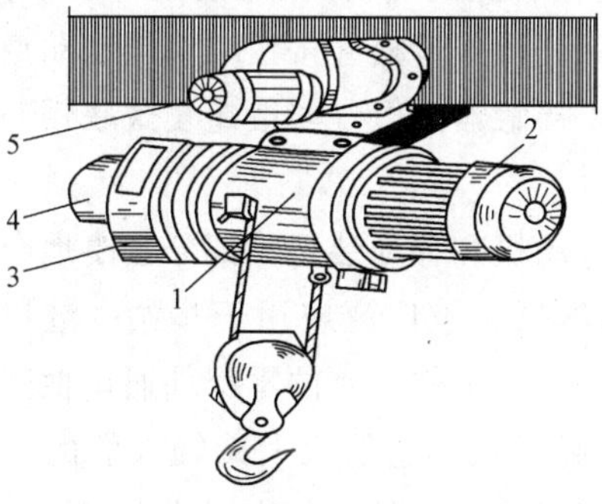


图8-1　电动葫芦的结构

1—钢丝卷筒　2—锥形电动机　3—减速箱　4—电磁制动器　5—电动机

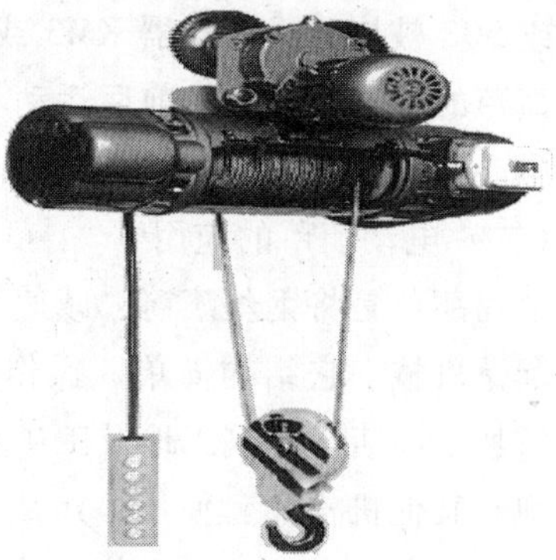

图8-2　电动葫芦的外形

1. 提升机构

电动葫芦的提升机构包括钢丝滚筒、锥形电动机、减速箱、电磁制动器。提升钢丝滚筒由锥形电动机经过减速箱拖动、主传动轴和电磁制动器的圆盘相连。

2. 移动装置

电动葫芦的移动装置包括电动机、减速箱、导轮、工字钢。电动机经过减速箱拖动导轮在工字钢上作前后移动。

两部分装置共用一个减速箱，另外还有钢丝绳、吊钩等部分。

电动葫芦的电气控制电路如图 8-3 所示，其电源由电网经开关 QS、熔断器 FU1 供给主电路和控制电路。

提升机构由电动机 M1 带动滚筒旋转，滚筒上卷的钢丝绳一端带有吊钩，用以吊住重物上升或下降。吊钩上升时按下 SB1，接触器 KM1 线圈得电，主触点闭合，M1 正转实现提升重物；同时 SB1 的常闭触点分断，KM2 不得电。为了在提升过程中保证安全，同时使提升的重物可靠且准确地停止在空中，提升电动机上装有断电型电磁制动器 YB。

当按下 SB2 时，由于 SB1 已复位，KM1 线圈失电，主触点恢复原来的断开状态，辅助触点恢复原来的闭合状态，此时 KM2 线圈可以得电，常闭触点与 KM1 实现联锁；其主触点闭合，M1 反转，使重物下降。

通过 M1 的正反转，从而实现了吊钩的上下移动。

当按下 SB3 时，接触器 KM3 线圈得电，主触点闭合，M2 正转，实现电动葫芦前移，同时 SB3 的常闭触点分断，KM4 不得电。

当按下 SB4 时，由于 SB3 已复位，KM3 线圈失电，主触点恢复原来的断开状态，辅助触点恢复原来的闭合状态，此时 KM4 线圈可以得电，常闭触点与 KM3 实现联锁；其主触点闭合，M2 反转，实现电动葫芦后移，同时 SB4 的常闭触点分断，KM3 不得电。

通过 M2 的正反转，从而实现了电动葫芦的前后移动。

由于在地面上操作，观察不到上端的情况，所以在提升机构上端和电动葫芦的前后移动两端都装有行程开关，分别为 SQ1、SQ2、SQ3，当重物上升到最上端时，SQ1 被撞开，接触器 KM1 断电，自动切断电源，从而实现上限位保护。电动葫芦向前或向后移到最末端时，SQ2 或 SQ3 被撞开，接触器 KM3 或 KM4 断电，自动切断电源，从而实现前、后限位保护。电动葫芦的提升、下降及前后运动均采用点动控制，保证操作者松开按钮时，电动葫芦能自动断电。为了防止同一电动机正反向同时通电，采用了接触器的电气与按钮复式联锁。

（二）电动葫芦的应用

电动葫芦是将钢丝滚筒、减速箱、电磁制动器、电动机和移动装置等部分紧凑地合为一体的起重机械。它结构简单、操作方便、重量轻、成本低，被广泛应用于车站、港口、仓库、货场、商店、建筑工地及工矿企业等部门的修理和安装工作。它的零部件通用性强，可方便地与其他机构配套使用，组成功能更完善的梁式起重机。它能大大减轻人们的劳动强度、提高劳动生产效率、改善劳动条件、促进生产过程机械化，是一种应用非常广泛的起重设备。

（三）电动葫芦的电气控制电路的工作过程

首先合上电源开关 QS。

1. 吊钩上升

按下SB1 → SB1的常开触点闭合 → KM1线圈得电

按下SB1 → SB1的常闭触点断开 → KM2线圈不得电

→ KM1的主触点闭合 → M1正转 → 提升重物

→ KM1的辅助常闭触点断开 → 对KM2电气互锁

当吊钩上升到最上端时，SQ1被撞开 → KM1线圈断电 → 主触点恢复断开

→ M1停止正转 → 吊钩停止上升 → 实现了上限位保护

2. 吊钩下降

按下SB2 → SB2的常开触点闭合 → KM2线圈得电

按下SB2 → SB2的常闭触点断开 → KM1线圈得电

→ KM2的主触点闭合 → M1反转 → 重物下降

→ KM2的辅助常闭触点断开 → 对KM1电气互锁

3. 电动葫芦前移

按下SB3 → SB3的常开触点闭合 → KM3线圈得电

按下SB3 → SB3的常闭触点断开 → KM4线圈不得电

→ KM3的主触点闭合 → M2正转 → 电动葫芦前移

→ KM3的辅助常闭触点断开 → 对KM4电气互锁

当电动葫芦移到最前端时，SQ2被撞开 → KM3线圈断电 → 主触点恢复断开 → M2停止正转 → 电动葫芦停止前移 → 实现了前限位保护

4. 电动葫芦后移

按下SB4 → SB4的常开触点闭合 → KM4线圈得电

按下SB4 → SB4的常闭触点断开 → KM3线圈不得电

→ KM4的主触点闭合 → M2反转 → 电动葫芦后移

→ KM4的辅助常闭触点断开 → 对KM3电气互锁

当电动葫芦移到最后端时，SQ3被撞开 → KM4线圈断电 → 主触点恢复断开

→ M2停止反转 → 电动葫芦停止后移 → 实现了后限位保护

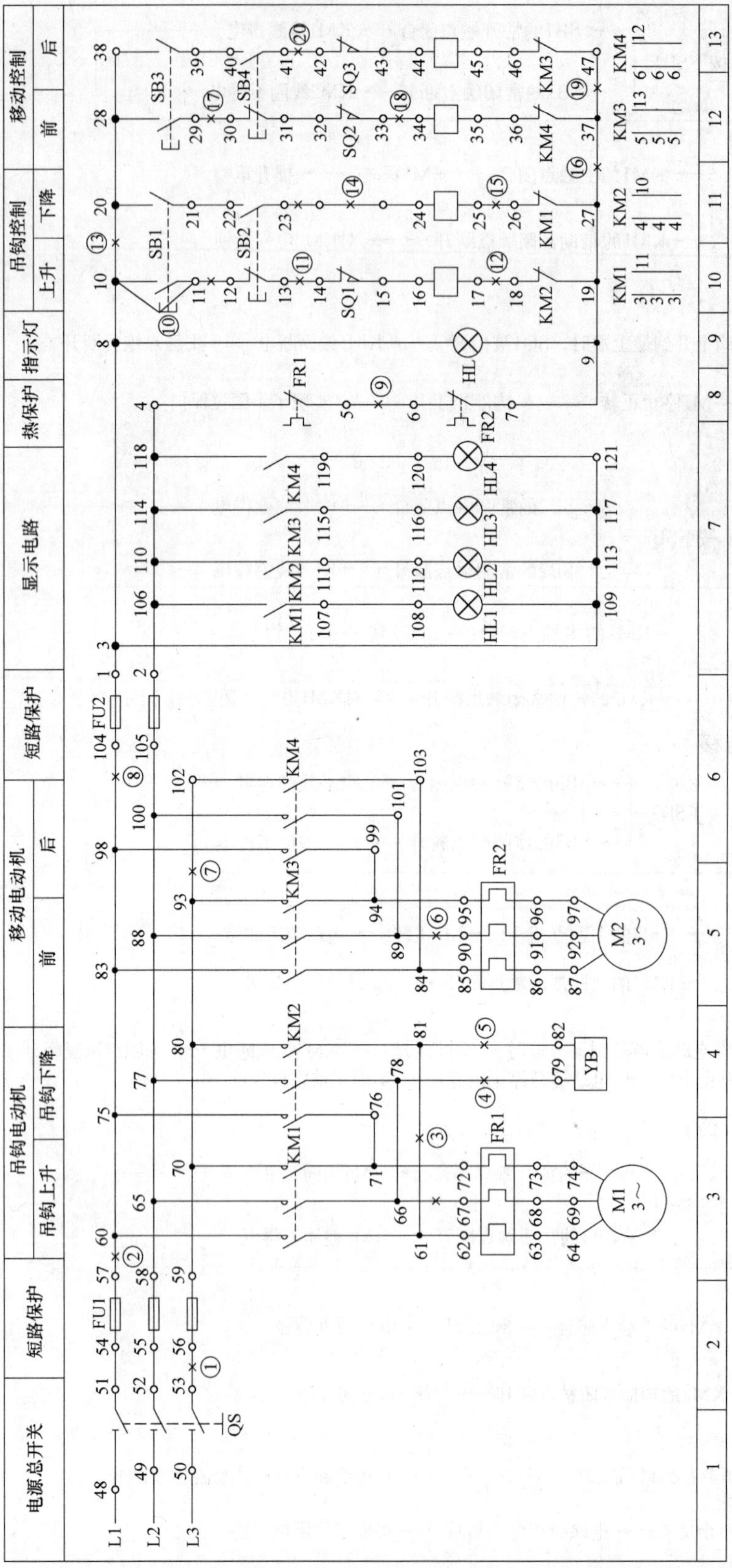


图 8-3 电动葫芦的电气原理图

5. 显示电路

指示灯 HL 用来指示控制电路的状态：HL1 用来指示吊钩上升的状态，HL2 用来指示吊钩下降的状态，HL3 用来指示电动葫芦前移的状态，HL4 用来指示电动葫芦后移的状态。

6. 保护措施

系统具有必要的短路和过载保护措施，FU1、FU2 分别用作主电路和控制电路的短路保护；FR1 用作吊钩电动机 M1 的过载保护，FR2 用作移动电动机 M2 的过载保护，但若两电动机中任一个过载的话，整个控制电路都断电，以确保安全。另外，为了防止同一台电动机正反向同时通电，两台电动机均采用电气互锁与按钮复式联锁；在提升机构上端和电动葫芦的前后移动两端都装有行程开关，分别实现了上限位保护和前后终端限位保护。

## 五、技能训练

本技能训练可让学生分组或独立按照以下各步骤进行。

（一）看懂电动葫芦的电路原理图

要求对照图能说出该实训需用的设备和元器件，它们都有什么作用；能口述该电路的工作原理和工作过程；了解电源的供电方式和电路所采取的保护措施。

（二）按图进行布线和接线

先在固定好的元器件之间测量所需的长度，截取适当长度的导线。去除导线两端的绝缘层，按图套上线号管后，将导线直接接入接线端子。接线要按一定的顺序进行，注意防止错接和漏接。尤其要注意主电路中接触器 KM1、KM2 和接触器 KM3、KM4 的主触点的出线端对接要正确；控制电路中接触器 KM1、KM2 和接触器 KM3、KM4 相互之间的联锁触点接线必须正确，否则将会造成主电路中间两相电源短路的事故。

（三）能正确使用仪表

要求接线完成后能正确使用指针式万用表快速检查自己的接线是否正确，排除可能存在的故障和安全隐患。使用前应把红、黑表笔分别插入面板上的“+”、“-”插座上，将万用表调到“$R\times10$”档，先将万用表调零，再将红、黑表笔分别接触待检查电路的某两个测试点，若此时指针接近“零”位，则说明这两点间是通的；若万用表指针指到“∞”位置，则说明这两点间是断的。

（四）申请通电试车

自己确认电路和接线无误后，可请指导老师检查并申请通电试车。试车时，要认真观察和注意有无异常现象发生，若出现异常应立即断开电源开关，待查明原因和排除故障后，才可再次请求通电试车。

（五）熟练操纵电动葫芦的动作

要求能熟练操纵电动葫芦，使其完成下列动作：

1）吊钩上升——按住 SB1。

2）吊钩停止上升——松开 SB1。

3）吊钩下降——按住 SB2。

4）吊钩停止下降——松开 SB2。

5）电动葫芦前移——按住 SB3。

6）电动葫芦停止前移——松开 SB3。

7）电动葫芦后移——按住 SB4。

8）电动葫芦停止后移——松开 SB4。

（六）通电试车发现故障

要求熟悉电动葫芦的各种电气故障现象，能初步判断产生该种现象的可能原因及大概部位。由指导教师设置的电动葫芦各种常见故障如下：

1）吊钩电动机和移动电动机均缺一相。

2）吊钩电动机和移动电动机均缺一相，显示及控制电路均失效。

3）吊钩上升时，制动电磁铁失效；吊钩下降时，吊钩电动机缺一相。

4）制动电磁铁失效。

5）移动电动机缺一相。

6）移动电动机后移时缺一相。

7）显示及控制电路失效。

8）指示灯不亮，控制电路失效。

9）一开电源，吊钩电动机就处于上升状态。

10）按下 SB1，KM1 线圈不吸合。

11）吊钩下降及移动控制失效。

12）按下 SB2，KM2 线圈不吸合。

13）移动控制失效。

14）按下 SB3，KM3 线圈不吸合。

15）后移控制失效。

16）按下 SB4，KM4 线圈不吸合。

（七）熟练掌握电动葫芦电气故障的正确检修方法

使用万用表“$R\times10$”档来检查电路的通断。当运行中的电动机突然发出“嗡嗡”的声音，速度变得较慢且伴随振动时，可判断为电动机断相运行。

1）当出现上述第 1 种故障现象时，说明控制电路无问题，则电源的 L1、L2 相电路是好的，问题出在电源的 L3 相电路上，可用万用表试测图 8-3 中对应的 53-102 等点之间的电路。

2）当出现上述第 2 种故障现象时，说明问题出在电源的 L1、L2 相电路上，可用万用表试测图 8-3 中对应的 57-60、58-65 等点之间的电路。

3）当出现上述第 3 种故障现象时，说明问题出在吊钩电动机与电磁制动器之间的连接电路上，可用万用表试测图 8-3 中对应的 66-78、61-81 等点之间的电路。

4）当出现上述第 4 种故障现象时，说明问题出在电磁制动器的通电电路上，可用万用表试测图 8-3 中对应的 66-79、62-82 等点之间的电路。

5）当出现上述第 5 种故障现象时，说明问题出在移动电动机的通电电路上，可用万用表试测图 8-3 中对应的 84-85、89-90、94-95 等点之间的电路。

6）当出现上述第 6 种故障现象时，说明问题出在移动电动机反转时的通电电路上，可用万用表试测图 8-3 中对应的 83-94、88-89、93-84 等点之间的电路。

7）当出现上述第 7 种故障现象时，说明问题出在显示及控制电路的进线上，可用万用表试测图 8-3 中对应的 98-103、100-105 等点之间的电路。

8）当出现上述第 8 种故障现象时，说明问题出在控制电路的通电电路上，可用万用表试测图 8-3 中对应的 3-8、4-9 等点之间的电路。

9）当出现上述第 9 种故障现象时，说明问题出在 KM1 线圈通电电路上的 SB1 常开触点上，可用万用表试测图 8-3 中对应的 10-11 点之间的电路。

10）当出现上述第 10 种故障现象时，说明问题出在 KM1 线圈通电电路上，可用万用表试测图 8-3 中对应的 13-14、15-16、17-18 点之间的电路。

11）当出现上述第 11 种故障现象时，说明问题出在吊钩下降及移动控制通电电路上，可用万用表试测图 8-3 中对应的 10-20、19-27 点之间的电路。

12）当出现上述第 12 种故障现象时，说明问题出在 KM2 线圈通电电路上，可用万用表试测图 8-3 中对应的 23-24、25-26 点之间的电路。

13）当出现上述第 13 种故障现象时，说明问题出在移动控制通电电路上，可用万用表试测图 8-3 中对应的 20-28、27-37 点之间的电路。

14）当出现上述第 14 种故障现象时，说明问题出在 KM3 线圈通电电路上，可用万用表试测图 8-3 中对应的 29-30、31-32、33-34、35-36 点之间的电路。

15）当出现上述第 15 种故障现象时，说明问题出在向后移动控制通电电路上，可用万用表试测图 8-3 中对应的 28-38、37-47 点之间的电路。

16）当出现上述第 16 种故障现象时，说明问题出在 KM4 线圈通电电路上，可用万用表试测图 8-3 中对应的 39-40、41-42、43-44、45-46 点之间的电路。

（八）排除故障，修复故障点

1）当出现上述第 1 种故障现象时，用万用表测得的结果是 53-56 间断路，即图 8-3 中的①处断开，说明电源开关 QS 与熔断器 FU1 间接线松动或接触不良，将其修复即可。

2）当出现上述第 2 种故障现象时，用万用表测得的结果是 57-60 间断路，即图 8-3 中的②处断开，说明熔断器 FU1 与 KM1 主触点间接线松动或接触不良，将其修复即可。

3）当出现上述第 3 种故障现象时，用万用表测得的结果是 61-81 间断路，即图 8-3 中的③处断开，说明 KM1 主触点与 KM2 主触点间的出线端接线松动或接触不良，将其修复即可。

4）当出现上述第 4 种故障现象时，用万用表测得的结果是 78-79 或 81-82 间断路，即图 8-3 中的④或⑤处断开，说明 KM2 主触点与电磁制动器间接线松动或接触不良，将其修复即可。

5）当出现上述第 5 种故障现象时，用万用表测得的结果是 89-90 间断路，即图 8-3 中的⑥处断开，说明 KM3 主触点与热继电器 FR2 间接线松动或接触不良，将其修复即可。

6）当出现上述第 6 种故障现象时，用万用表测得的结果是 93-102 间断路，即图 8-3 中的⑦处断开，说明 KM3 主触点与 KM4 主触点间的进线端接线松动或接触不良，将其修复即可。

7）当出现上述第 7 种故障现象时，用万用表测得的结果是 98-104 间断路，即图 8-3 中的⑧处断开，说明 KM4 主触点与熔断器 FU2 间接线松动或接触不良，将其修复即可。

8）当出现上述第 8 种故障现象时，用万用表测得的结果是 5-6 间断路，即图 8-3 中的⑨处断开，说明热继电器 FR1 的常闭触点与热继电器 FR2 的常闭触点间接线松动或接触不良，将其修复即可。

9）当出现上述第 9 种故障现象时，用万用表测得的结果是 10-11 间接通，即图 8-3 中的⑩处短路，可能是将 SB1 的常开触点错接成了常闭触点，或者是该触点熔焊，将其修复即可。

10）当出现上述第 10 种故障现象时，用万用表测得的结果是 13-14 或 17-18 间断路，即图 8-3 中⑪或⑫处断开，说明 SB2 的常闭触点与行程开关 SQ1 的常闭触点间接线松动或接触不良，将其修复即可；或者说明 KM1 线圈与 KM2 的常闭触点间接线松动或接触不良，将其修复即可。

11）当出现上述第 11 种故障现象时，用万用表测得的结果是 10-20 间断路，即图 8-3 中的⑬处断开，说明 SB1 的常开触点与常闭触点的进线端接线松动或接触不良，将其修复即可。

12）当出现上述第 12 种故障现象时，用万用表测得的结果是 23-24 或 25-26 间断路，即图 8-3 中⑭或⑮处断开，说明 SB2 的常开触点与 KM2 线圈间接线松动或接触不良，将其修复即可；或者说明 KM2 线圈与 KM1 的常闭触点间接线松动或接触不良，将其修复即可。

13）当出现上述第 13 种故障现象时，用万用表测得的结果是 27-37 间断路，即图 8-3 中的⑯处断开，说明 KM1 的常闭触点与 KM4 的常闭触点的出线端接线松动或接触不良，将其修复即可。

14）当出现上述第 14 种故障现象时，用万用表测得的结果是 29-30 或 33-34 间断路，即图 8-3 中⑰或⑱处断开，说明 SB3 的常开触点与 SB4 常闭触点间接线松动或接触不良，将其修复即可；或者说明行程开关 SQ2 的常闭触点与 KM3 线圈接线松动或接触不良，将其修复即可。

15）当出现上述第 15 种故障现象时，用万用表测得的结果是 37-47 间断路，即图 8-3 中的⑲处断开，说明 KM4 的常闭触点与 KM3 的常闭触点的出线端接线松动或接触不良，将其修复即可。

16）当出现上述第 16 种故障现象时，用万用表测得的结果是 41-42 间断路，即图 8-3 中的⑳处断开，说明 SB4 的常开触点与行程开关 SQ3 的常闭触点间接线松动或接触不良，将其修复即可。

## 六、质量评价标准

为保证学生通过项目学习后形成相应的能力，每一个学习情境均采用“现场参观—基础实验—技能实训—综合实训”，以使学生形成综合应用能力。在进行实验实训之前，教师应向学员布置本次实验实训的任务和交代实验实训过程中的注意事项及要点。在安装调试过程中，应注意工具、仪器、设备的正确使用和保管。实验实训过程中，应注意人身和设备的安全。

项目考核的重点放在过程考核，强调素质与能力。每个学习情境的考核结果记入项目考核的总成绩，前一个学习情境考核不合格，不能进入下一个情境的学习。每一个学习情境均有对应的成绩考核单。

电动葫芦技能训练的评分标准见表 8-2、表 8-3。

（一）安装评分标准（见表 8-2）

**表 8-2　电动葫芦电气控制电路的安装评分标准**

| 项目 | 配分 | 评分标准 | | 扣分 |
|---|---|---|---|---|
| 安装前检查 | 15 | 1)电动机检查,每漏一处扣 5 分<br>2)元器件漏检或错检,每漏一处扣 2 分 | | |
| 安装元件 | 15 | 1)不按电气布置图安装元器件扣 15 分<br>2)元器件安装不紧固扣 4 分<br>3)元器件安装不整齐、不匀称、不合理的每只扣 3 分<br>4)损坏元器件扣 5 分 | | |
| 布　　线 | 30 | 1)不按布线图接线扣 25 分<br>2)布线不符合要求,主电路每根扣 4 分;控制电路每根扣 2 分<br>3)接点不符合要求,每个接点扣 2 分<br>4)损伤导线绝缘或线芯,每根扣 5 分<br>5)漏接接地线扣 10 分 | | |
| 通电试车 | 40 | 1)热继电器未整定或整定错扣 5 分<br>2)熔体规格配错,主、控制电路各扣 5 分<br>3)第一次试车不成功扣 20 分<br>4)第二次试车不成功扣 40 分 | | |
| 安全文明生产 | | 违反安全文明生产规程扣 5 ~ 40 分 | | |
| 定额时间 | 3.5h | 每超时 2min,总分扣除 1 分 | | |
| 备　　注 | | 各项扣分不得超过该项配分 | 成　　绩 | |
| 开始时间 | | 结束时间 | 实际时间 | |

（二）检修评分标准（见表 8-3）

**表 8-3　电动葫芦电气控制电路的检修评分标准**

| 项目 | 配分 | 评分标准 | | | 扣分 |
|---|---|---|---|---|---|
| 故障分析 | 30 | 1)故障分析、排除故障思路不正确,每个扣 5 ~ 10 分<br>2)标错电路故障范围,每个扣 10 ~ 15 分 | | | |
| 排除故障 | 70 | 1)停电不验电扣 5 分<br>2)测量仪器和工具使用不正确,每次扣 5 分<br>3)排除故障的顺序不正确扣 10 分<br>4)不能查出故障,每个扣 40 分<br>5)查出故障点,但不能排除,每个扣 10 分<br>6)产生新的故障:不能排除,每个扣 40 分<br>　能够排除,每个扣 10 分<br>7)损坏电器,每个扣 10 ~ 20 分 | | | |
| 安全文明生产 | | 违反安全文明操作规程扣 5 ~ 40 分 | | | |
| 定额时间 | 1h | 修复故障过程中若超时,每超时 1min 扣 5 分 | | | |
| 备　　注 | 除定额时间外,各项内容的最高扣分不得超过该项配分 | | | 成　　绩 | |
| 开始时间 | | 结束时间 | | 实际时间 | |

## 七、拓展与提高

图 8-4 所示是电镀流水线示意图，电气控制部分主要采用电动葫芦对其进行控制。

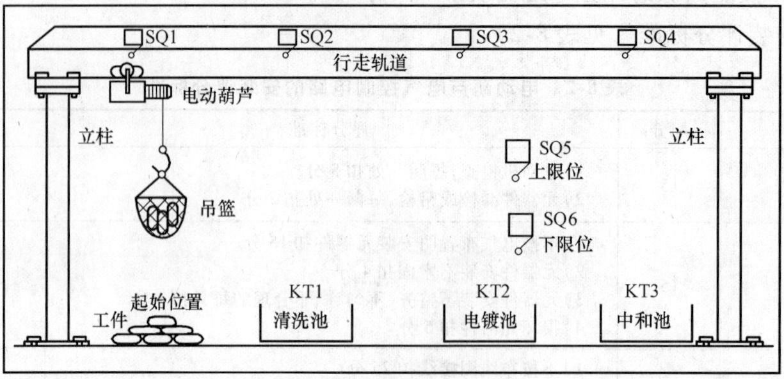


图 8-4　电镀流水线示意图

（一）电镀工艺流程介绍

工人在起始位置将待镀工件放入吊篮中后，按以下过程进行工作：

1）发出“开始电镀”工作命令，吊篮自动上升至合适位置 SQ5 后停止。

2）行车平移到清洗池上方合适位置 SQ2 后停止。

3）吊篮自动下降至合适位置 SQ6 停止，到达清洗池内进行清洗处理，耗时 5min。

4）5min 后清洗处理结束，吊篮自动上升至合适位置 SQ5 后停止。

5）行车平移到电镀池上方合适位置 SQ3 后停止。

6）吊篮自动下降至合适位置 SQ6 停止，在电镀池内进行电镀处理，耗时 25min。

7）25min 后电镀处理结束，吊篮自动上升至合适位置 SQ5 后停止。

8）行车平移到中和池上方至合适位置 SQ4 后停止。

9）吊篮自动下降至合适位置 SQ6 停止，在中和池内进行中和处理，耗时 10min。

10）10min 后中和处理结束，吊篮自动上升至合适位置 SQ5 后停止。

11）行车返回到合适位置 SQ1。

12）吊篮自动下降至起始位置 SQ6 后，结束本次电镀工作。

然后重复上述工作过程，进行下一个工件的电镀。

（二）电气控制工作过程简介

该电路的工作原理与电动葫芦的基本一样，关键是采用行程开关 SQ1 ~ SQ4 实现了电动葫芦平移时的精确定位；SQ5、SQ6 分别实现了提升机构上、下限位及采用三个时间继电器实现了对每道工序的时间控制。

开始电镀时，工人按下起动按钮，吊钩电动机正转，带动吊篮自动上升至行程开关 SQ5 处，SQ5 被撞开，吊钩电动机断电，同时使移动电动机通电正转，带动行车平移到清洗池上方至行程开关 SQ2 处，SQ2 被撞开，移动电动机断电，同时使吊钩电动机通电反转，带动吊篮自动下降至 SQ6 处，在清洗池内进行清洗处理，此时接通时间继电器 KT1，延时 5min 待清洗处理结束后，再使吊钩电动机通电正转，带动吊篮自动上升至行程开关 SQ5 处，SQ5 又被撞开，吊钩电动机断电，同时使移动电动机通电正转，带动行车平移到电镀池上方至行程开关 SQ3 处，SQ3 被撞开，移动电动机断电，再使吊钩电动机通电反转，带动吊篮自动下降至 SQ6 处，在电镀池内进行清洗处理，此时接通时间继电器 KT2，延时 25min 待电镀处理结束后，吊钩电动机通电正转，带动吊篮自动上升至行程开关 SQ5 处，SQ5 又被撞开，吊钩电动机断电，同时使移动电动机通电正转，带动行车平移到中和池上方至行程开关 SQ4 处，SQ4 被撞开，移动电动机断电，再使吊钩电动机通电反转，带动吊篮自动下降至 SQ6 处，在中和池内进行中和处理，此时接通时间继电器 KT3，延时 10min 待中和处理结束后，吊钩电动机通电正转，带动吊篮自动上升至行程开关 SQ5 处，SQ5 又被撞开，吊钩电动机断电，同时使移动电动机通电反转，带动行车平移返回至行程开关 SQ1 处，SQ1 被撞开，移动电动机断电。同时使吊钩电动机通电反转，带动吊篮自动下降至起始位置 SQ6 后，结束本次电镀工作。

## 习题部分

8-1　试分析电动葫芦锥形电动机的工作原理。

8-2　电动葫芦的电气控制电路如图 8-3 所示。在吊钩下降接触器 KM2 的线圈通电电路中，KM1 的常闭触点因接触不良而开路，则故障的现象是怎样的？

8-3　电动葫芦的电气控制电路如图 8-3 所示。故障的现象是当吊钩上升到最上端时，吊钩电动机仍然继续运转，试分析故障的原因。

8-4　试分析在电动葫芦的电气控制电路图 8-3 中，行程开关 SQ2、SQ3 分别起什么作用。

8-5　在电动葫芦的控制中，为什么要采用断电型电磁制动器？与通电型电磁制动器相比，有什么优点？

8-6　电动葫芦结构上主要由哪几部分组成？分别有什么作用？

8-7　电动葫芦的电气控制为什么要采用点动控制电路？有什么好处？

8-8　当电动葫芦正在下降时，图 8-3 中的接触器分别处于什么状态？

8-9　若在操作过程中，电动葫芦不能后移，可能是什么原因？

# 第九章　M7120 型平面磨床电气电路

## 一、学习目标

1）理解和掌握平面磨床的电路原理图并学会分析相关的动作过程。

2）通过对原理图的学习，可以在试验台上进行操作。

3）通过磨床电路进一步学习电动机正反转控制和电磁吸盘的失磁保护。

4）可以根据具体的故障分析判断故障的原因并排除故障。

## 二、学习任务

本项目的任务是在平面磨床电气技能实训考核台上安装与调试平面磨床的电气控制电路，模拟实际生产过程。任务要求如下：

1）电路具有电磁吸盘失磁保护、欠电压、过载保护功能。

2）可根据原理图在试验台上连接出控制电路。

## 三、环境设备

学习所需的工具、仪表及器材见表 9-1。

（一）工具

电动通用工具一套：验电器、钢丝钳、螺钉旋具（一字形和十字形）、电工刀、尖嘴钳、活扳手、剥线钳等。

（二）仪表

万用表、绝缘电阻表（500V）、钳形电流表。

（三）电器元件

根据表 9-1 配齐所需的电气元器件和设备。

（四）导线

根据电动机容量正确选择导线规格、数量。

（五）其他

配电板、走线槽、线号管、螺钉等。

**表 9-1　M7120 型平面磨床电器元件明细表**

| 代 号 | 名称 | 型 号 | 规 格 | 件数 | 作 用 |
|---|---|---|---|---|---|
| M1 | 主轴电动机 | Y132M-4-B3 | 1.1kW,1410r/min | 1 | 液压泵传动 |
| M2 | 砂轮电动机 | Y100L-2 | 3kW,2360r/min | 1 | 砂轮传动 |
| M3 | 冷却泵电动机 | YCB-22-2 | 0.125kW | 1 | 供给切削液 |

（续）

| 代号 | 名称 | 型号 | 规格 | 件数 | 作用 |
|---|---|---|---|---|---|
| M4 | 砂轮升降电动机 | Y802-4 | 0.75kW,1410r/min | 1 | 砂轮升降传动 |
| KM1 | 交流接触器 | CJ20-10A | 线圈电压 110V | 1 | 控制主轴电动机 M1 |
| KM2 | 交流接触器 | CJ20-10A | 线圈电压 110V | 1 | 控制砂轮电动机 M2 |
| KM3 | 交流接触器 | CJ20-10A | 线圈电压 110V | 1 | 点动控制砂轮升降电动机 M4 上升 |
| KM4 | 交流接触器 | CJ20-10A | 线圈电压 110V | 1 | 点动控制砂轮升降电动机 M4 下降 |
| KM5 | 交流接触器 | CJ20-10A | 线圈电压 110V | 1 | 控制电磁吸盘充磁 |
| KM6 | 交流接触器 | CJ20-10A | 线圈电压 110V | 1 | 点动控制电磁吸盘去磁 |
| FR1 | 热继电器 | JR20-10 | | 1 | M1 过载保护 |
| FR2 | 热继电器 | JR20-10 | | 1 | M2 过载保护 |
| FR3 | 热继电器 | JR20-10 | | 1 | M3 过载保护 |
| SB1 | 按钮 | LA2 | | 1 | 总停 |
| SB2 | 按钮 | LA2 | | 1 | 液压泵停止 |
| SB3 | 按钮 | LA2 | | 1 | 液压泵起动 |
| SB4 | 按钮 | LA2 | | 1 | 砂轮停止 |
| SB5 | 按钮 | LA2 | | 1 | 砂轮起动 |
| SB6 | 按钮 | LA2 | | 1 | 砂轮上升起动 |
| SB7 | 按钮 | LA2 | | 1 | 砂轮下降起动 |
| SB8 | 按钮 | LA2 | | 1 | 电磁吸盘充磁 |
| SB9 | 按钮 | LA2 | | 1 | 电磁吸盘停止充磁 |
| SB10 | 按钮 | LA2 | | 1 | 电磁吸盘去磁 |
| TC | 变压器 | | | 1 | 整流减压照明灯指示灯低压电源 |
| UR | 硅整流器 | BK-150 | 380V/110V、24V、6V、140V | 1 | 整流 |
| KUV | 欠电压继电器 | | | 1 | 欠电压保护 |
| *R* | 电阻 | | | 1 | 放电保护 |
| *C* | 电容 | | | 1 | 放电保护 |
| YH | 电磁吸盘 | HDXP | 50W,500Ω | 1 | 连接电磁吸盘 |
| X1 | 接插器 | CY0-36 型 | 600V,5μF | 1 | 连接 M3 |
| X2 | 接插器 | CY0-36 型 | 110V,1.45A | 1 | 总电路短路保护 |
| FU1 | 熔断器 | RL1 | | 3 | 变压器输入端短路保护 |
| FU2 | 熔断器 | RL1 | | 2 | 控制电路短路保护 |
| FU3 | 熔断器 | RL1 | 60/25A | 1 | 变压器输出端短路保护 |
| FU4 | 熔断器 | RL1 | 15/6A | 1 | 整流电路短路保护 |
| FU5 | 熔断器 | RL1 | 15/2A | 2 | 照明电路短路保护 |
| FU6 | 熔断器 | RL1 | 15/2A | 1 | 照明电路短路保护 |
| FU7 | 熔断器 | BCF | 15/2A | 1 | 电源总开关 |
| QS1 | 隔离开关 | HZ1 | 15/2A | 1 | 低压照明开关 |
| QS2 | 工作台照明开关 | | 25/3 | 1 | 指示电路工作状况 |
| HL1 ~ HL7 | 指示灯 | | 6.3V | 5 | 加工时照明 |
| EL | 工作台照明灯 | | 36V | 1 | |

# 四、教学内容

磨床是用砂轮的周边或端面进行机械加工的一种比较精密的机床。它的种类有平面磨床、外圆磨床、内圆磨床、无心磨床及各种专用的磨床，如齿轮磨床、导轮磨床、螺纹磨床等，以平面磨床应用的最多，它是用砂轮磨削加工各种零件平面的机床。

（一）M7120 型平面磨床的结构及运动形式

M7120 型平面磨床由床身、工作台、电磁吸盘、砂轮架、滑座、立柱、撞块等部分构成，其结构外形如图 9-1 所示。它有四台电动机，砂轮电动机直接带动砂轮旋转，对工件进行磨削加工，是平面磨床的主运动部件；砂轮升降电动机使滑座（砂轮架安装在滑座上）沿立柱导轨上下移动，用以调整砂轮的位置；工作台和砂轮的往复运动是靠主轴电动机进行液压传动的，能实现无级调速与平稳传动，可以保证加工的精度；冷却泵电动机带动冷却泵供给砂轮和工件切削液，同时利用切削液带走磨削下来的铁屑。

图 9-1　M7120 型平面磨床的结构外形

1—床身　2—工作台　3—电磁吸盘　4—砂轮架　5—滑座　6—立柱　7—撞块

（二）M7120 型平面磨床的电气原理图

1. 主电路分析

主电路中共有四台电动机，其中 M1 是主轴电动机，由接触器 KM1 控制，用以实现工作台的往复运动，由热继电器 FR1 作为过载保护；M2 是砂轮电动机，由接触器 KM2 控制，带动砂轮转动完成磨削加工工件，由热继电器 FR2 作为过载保护；M3 是冷却泵电动机，由于冷却泵电动机与砂轮电动机联动控制，所以用接触器 KM2 进行控制。M2、M3 分别用热继电器 FR2 和 FR3 作为过载保护；M4 是砂轮升降电动机，用 KM3 和 KM4 来进行正反转控制，用于磨削过程中调整砂轮和工件之间的位置。

三相交流电源通过隔离开关 QS1 引入，四台电动机共用一组熔断器 FU1 作为短路保护。

2. 控制电路分析

（1）主轴电动机 M1 的控制　控制电路的电源是由整流变压器的一个二次侧输出 130V 交流电压，经桥式整流后得到直流电压，使欠电压继电器 KUV 得电动作，其常开触点闭合，为起动电动机做好准备。如果 KUV 不能可靠动作，各电动机均无法运行。因为平面磨床的工件靠直流电磁吸盘的吸力将工件吸牢在工作台上，只有具有可靠的直流电压后，才允许起动砂轮和液压系统，以保证安全。

当 KUV 吸合后，按下起动按钮 SB3，接触器 KM1 通电吸合并自锁，主轴电动机 M1 起动运转，HL2 灯亮。若按下停止按钮 SB2，接触器 KM1 线圈断电释放，电动机 M1 断电停转。

（2）砂轮电动机 M2 及冷却泵电动机 M3 的控制　按下起动按钮 SB5，接触器 KM2 线圈得电动作，砂轮电动机 M2 起动运转。由于冷却泵电动机 M3 与 M2 联动控制，所以 M3 与 M2 同时起动运转。按下停止按钮 SB4 时，接触器 KM3 线圈断电释放，M2 与 M3 同时断电停转。

（3）砂轮升降电动机 M4 的控制　砂轮升降电动机只有在调整工件和砂轮之间位置时使用，所以用点动控制。当按下点动按钮 SB6 时，接触器 KM3 线圈得电吸合，电动机 M4 起动正转，砂轮上升。到达所需位置时，松开 SB6，KM3 线圈断电释放，电动机 M4 停转，砂轮停止上升。

若按下点动按钮 SB7，接触器 KM4 线圈得电吸合，电动机 M4 起动反转，砂轮下降。到达所需位置时，松开 SB7，KM4 线圈断电释放，电动机 M4 停转，砂轮停止下降。

为了防止电动机 M4 的正反转电路同时接通，故在对方电路中串入接触器 KM4 和 KM3 的常闭触点进行联锁控制。

（4）电磁吸盘控制电路分析　电磁吸盘是固定加工工件的一种夹具。它利用通电导体在铁心中产生的磁场吸牢铁磁材料的工件，以便加工。与机械夹具相比，它具有夹紧迅速、不损伤工件、一次能吸牢若干个小工件以及工件发热可以自由伸缩等优点。因而电磁吸盘在平面磨床上用得十分广泛。

电磁吸盘的控制电路包括整流装置、控制装置和保护装置三个部分。

整流装置由变压器 TC 和单相桥式全波整流器 VC 组成，供给 120V 直流电源。

控制装置由按钮 SB8、SB9、SB10 和接触器 KM5、KM6 等组成。

充磁过程如下：

按下充磁按钮 SB8，接触器 KM5 线圈得电吸合，KM5 主触点（15、18、24 区）闭合，电磁吸盘 YH 线圈得电，工作台充磁吸住工件。同时其自锁触点（11 区）闭合，联锁触点（12 区）断开。

磨削加工完毕，在取下加工好的工件时，先按 SB9，切断电磁吸盘 YH 的直流电源，由于吸盘和工件都有剩磁，所以需要对吸盘和工件进行去磁。去磁过程如下：

按下点动按钮 SB10，接触器 KM6 线圈得电吸合，KM6 的主触点（15、18、25 区）闭合，电磁吸盘通入反相直流电，使工作台和工件去磁。去磁时，为防止因时间过长使工作台反向磁化，再次吸住工件，因而接触器 KM6 采用点动控制。

保护装置由放电电阻 $R$ 和电容 $C$ 以及欠电压继电器 KUV 组成。电阻 $R$ 和电容 $C$ 的作用是：电磁吸盘是一个大电感，在充磁吸工件时，存储有大量磁场能量。当它脱离电源时的一瞬间，吸盘 YH 的两端产生较大的自感电动势，会使线圈和其他电器损坏，故用电阻和电容组成放电电路。利用电容 $C$ 两端电压不能突变的特点，使电磁吸盘线圈两端电压的变化趋于缓慢，利用电阻 $R$ 消耗电磁能量，如果参数选配得当，此时 $RC$ 电路可以组成一个衰减振荡电路，对去磁将是十分有利的。欠电压继电器 KUV 的作用是：在加工过程中，若电源电

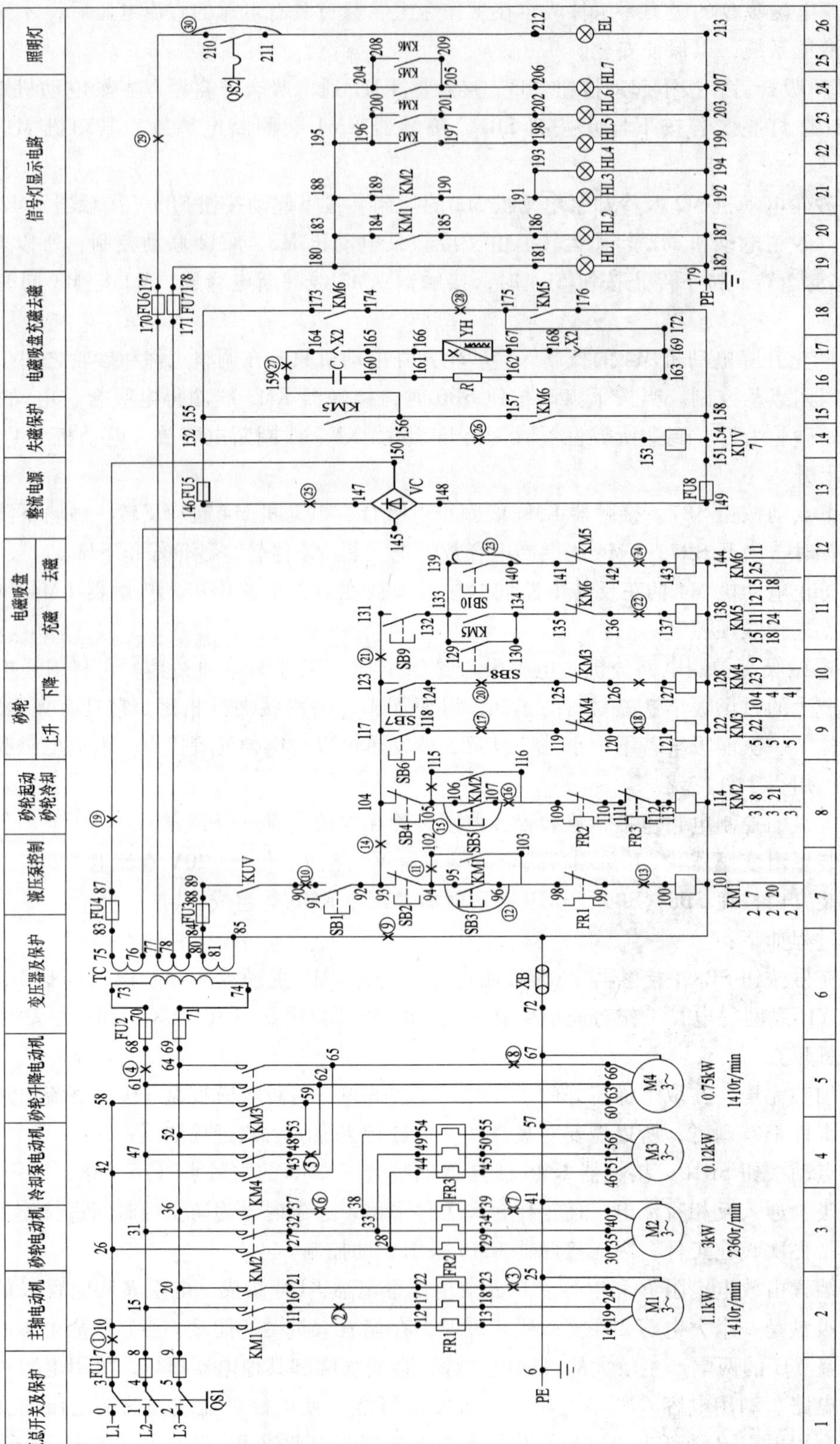


图 9-2　M7120 型平面磨床的电气原理图

压不足，则电磁吸盘将吸不牢工件，会导致工件被砂轮打出，造成严重事故，因此，在电路中设置了欠电压继电器 KUV，将其线圈并联在直流电源上，其常开触点（7 区）串联在主轴电动机和砂轮电动机的控制电路中，若电磁吸盘吸不牢工件，KUV 就会释放，使主轴电动机和砂轮电动机停转，从而保证了安全。

（5）照明与指示灯电路分析　图 9-2 中 EL 为照明灯，其工作电压为 36V，由变压器 TC 供给。QS2 为照明开关。HL1、HL2、HL3、HL4、HL5、HL6 和 HL7 为信号指示灯，其工作电压为 6.3V，也由变压器 TC 供给，五个指示灯的作用是：HL1 亮，表示控制电路的电源正常，不亮，表示电源有故障；HL2 亮，表示主轴电动机 M1 处于运转状态，工作台正在进行往复运动，不亮，表示 M1 停转，HL3、HL4 亮，表示砂轮电动机 M2 及冷却泵电动机 M3 处于运转状态，不亮，表示 M2、M3 停转；HL5 亮，表示砂轮升降电动机 M4 处于上升工作状态，不亮，表示 M4 停转；HL6 亮，表示砂轮升降电动机 M4 处于下降工作状态，不亮，表示 M4 停转；HL7 亮，表示电磁吸盘 YH 处于工作状态（充磁和去磁），不亮，表示电磁吸盘未工作。

（三）常见故障分析

1. 电动机 M1、M2、M3 和 M4 不能起动

若四台电动机的其中一台不能起动，其故障的检修与分析方法比较简单，与正反转的基本环节比较类似，如果说有区别的话，只是控制电源采用控制变压器和 M3 在主电路采用插件连接。如果 M1 ~ M3 三台电动机都不能起动，则应检查电磁吸盘是否接通、电路是否有故障、整流器的输出直流电压是否过低等。这些原因都会使欠电压继电器 KUV 不能吸合，造成图 9-2 区 7 中 KUV 不能闭合，从而使 KM1、KM2 线圈不能得电所引起。

2. 电磁吸盘 YH 没有吸力

1）检查 FU4、FU5 是否熔断。

2）按下 SB8，KM5 吸合后，拔出 YH 的插头 X2，用万用表直流电压档测量插座 X2 是否有电压。若有电且电压正常，则应检查 YH 线圈是否断路；若无电，则故障点一般在整流电路中。

3）检查整流器的输入交流电压和输出直流电压是否正常，若输出电压正常，则可检查 KM5 主触点接触是否良好、线头是否松脱。如输出电压为零，则应检查有无输入电压。若输入电压也正常，那么故障点可能就在整流器中，应检查桥臂上的二极管及其接线是否存在断路故障。其方法是拔下 FU4、FU5，逐个测量每只二极管的正反向电阻，两次测量读数都很大的一只二极管即为断路管；两次测量读数都很小或为零的管子为短路管；只有测量读数相差很大时，二极管的单向导电性才好，即为合格管，此时因检查桥堆的接点是否有松脱和脱焊故障。如果输入电压为零，应先检查 FU4，然后再检查控制变压器 TC 的输入、输出电压是否正常，线圈是否有断路、短路故障。

3. 电磁吸盘吸力不足

一般是由于 YH 两端的电压过低或 YH 线圈局部存在短路故障所致。

1）检查整流器两端的交流电压是否过低，如果电压正常且整流器输出的直流电压也正常，则可拔下 YH 的插头 X2，测量 X2 插座两端的直流空载电压，若测量空载电压也正常，而接上 YH 后电压降落不大，则故障可能是由于 YH 部分线圈有断路故障或插销接触不良所致；如果空载电压正常，而接上 YH 后电压降较大，则故障可能是由于 YH 线圈部分有短路

点或 KM5 的主触点及各接头处的接触电阻过大所致；如果空载电压过低，可先检查电阻 $R$ 是否因 $C$ 被击穿而烧毁引起 $RC$ 电路短路故障，否则，故障在整流电路中。

2）如果前面检查都正常，仅整流器输出直流电压过低，则故障点必定在整流电路。如果测的直流电压约为额定值的一半，则应检查桥臂上的二极管是否有断路或脱落故障，除采用万用表检查外，还可以用手摸管壳温度是否正常，如有断路故障的一只二极管与它相对应的另一只二极管，由于没有流过电流，温度要比其他两只低。同时要注意二极管中是否有短路故障存在，如有一只二极管短路，则相邻一个桥臂上的二极管因流过短路电流而被烧毁。同时 TC 二次侧也有很大的短路电流流过，若 F4 选配过大，变压器也有被烧毁的可能。

4. 砂轮电动机的热继电器 FR2 经常脱扣

砂轮电动机 M2 为装入式电动机，它的前轴承是铜瓦，易磨损，磨损后易发生堵转现象，使电流增大，导致热继电器脱扣。若是这种情况，应修理或更换轴瓦。另外，砂轮进给量太大，电动机超载运行，造成电动机堵转，电流急剧上升，热继电器脱扣，因此应选择适当的进给量，防止电动机超载运行。除以上原因之外，更换后热继电器规格选得太小或整定电流没有重新调整，会使电动机还未达到额定负载时热继电器就已脱扣，因此，应注意热继电器必须按其被保护的额定电流进行选择和调整。

5. 冷却泵电动机烧毁

检查冷却泵电动机的供电电源是否正常，如供电电源正常则再检查电动机转子是否出现卡死现象，如出现则可卸下转子清理电动机内部，再组装并试运行后进入正常工作。

（四）M7120 型平面磨床的故障检修与技巧

1. 砂轮电动机不能起动

其可能原因如下：

1）电源无电压或电源断相。

2）热继电器 FR2 和 FR3 动作后没有复位。

3）欠电压继电器动作或触点接触不上。

4）停止按钮 SB4 常闭触点接触不良或起动按钮 SB3 常开触点按下时接触不上。

5）接触器 KM2 线圈烧毁或断线。

6）控制电路有线头脱落或有接触不良处。

7）砂轮电动机机械卡死。

8）砂轮电动机烧毁。

检修方法与技巧如下：

1）用万用表测 FU1 下桩头是否有 380V 电压，如无电压或电源断相应检查 FU1 哪只熔体熔断，如熔断要更换同样规格的熔体，如全部无电压应沿线路查找停电原因。

2）用低压验电器测热继电器 FR2、FR3 动作触点，发现哪个触点使低压验电器发光微弱则说明热继电器动作或触点接触不好；如果热继电器动作，要查该电动机的过载原因（如电动机负载过重，电动机轴承损坏，电动机烧毁等）。如果是热继电器触点本身接触不良，则要更换同等规格的热继电器。

3）用低压验电器测欠电压继电器的动作触点是否动作，如果动作则要找出动作原因，如触点本身接触不良要及时更换同等规格的欠电压继电器。

4）用万用表电阻档测停止按钮 SB4 的常闭触点是否导通可靠，若接触不良要更换同型号的按钮，若接触良好可再查起动按钮按下时触点能否接通，若不通或不能可靠接通，则应更换同型号的按钮。

5）用万用表电阻档在断开电源的情况下，测KM2的线圈电阻是否正常，如不通或电阻过小，说明该线圈断路或线圈烧毁，应更换同等型号的线圈。

6）检查按钮到电源、按钮到接触器线圈、接触器线圈到热继电器常闭触点FR2、FR3以及热继电器常闭触点FR3到欠电压继电器KUV常开触点之间有无断线，线路有无接触不良处，查出接触不良处要重新接好线路。

7）用手转一下电动机的风叶，检查电动机是否卡死，如果电动机的轴承损坏卡死，要从更新电动机的轴承着手，若是接卸负载太重而卡死则要检修机械部分。

8）用500V绝缘电阻表测量砂轮电动机线圈是否有断路、短路、接地等故障，如查出电动机烧毁，应更换同规格的电动机。

2. 砂轮电动机在运转后，冷却泵电动机不起动

其可能原因有

1）冷却泵电动机引入线插座接触不良或断线。

2）冷却泵电动机线圈已烧断。

检修方法与技巧如下：

1）断开电源，检查插座与插头的接触处，太松要重新夹紧插座，若插座与插头中间有氧化物，则要清除氧化物并重新连接好。

2）用500V绝缘电阻表测冷却泵电动机线圈，如果断路，则要打开电动机检查线包，如线头烧断要重新焊接，并加强绝缘处理；如果电动机烧毁还要重新绕制电动机线包。

3. 砂轮升降电动机不能工作运转

其可能原因如下：

1）控制电路有线头脱落或断线处。

2）砂轮升降电动机卡死。

3）砂轮升降电动机线圈烧毁。

检修方法与技巧如下：

1）检查控制电路各个连接线头是否有松脱断线处，查出后，要重新接好控制电路。

2）检查砂轮升降电动机是否机械卡死，若转不动或机械卡死则要清除障碍物，或从机械方面着手修复。

3）用500V绝缘电阻表对砂轮升降电动机绕组进行测量，如果线圈烧断或接地，要打开电动机检查损坏情况，能局部修复的要局部修复，若线包烧毁则要重新绕制线包。

4. 砂轮升降电动机只能上升而不能下降或只能下降而不能上升

其可能原因如下：

1）起动按钮SB5或SB6按下后触点接触不良。

2）接触器KM3或KM4互锁辅助触点接触不良或未复位。

3）接触器线圈KM3或KM4断路或烧毁。

检修方法与技巧如下：

1）用万用表电阻档在断开磨床电源的情况下，测SB5或SB6按钮按下后是否通路并接触可靠，若损坏或接触不良要更换SB5或者SB6。

2）检查互锁常闭触点不能闭合，从而使电动机无法作反方向运转。要用低压验电器测对方的互锁常闭触点是否接通，如果查出不通时则要找出原因，若发生熔焊则要分开触点；若机械机构不灵活，要更换同型号的接触器；若是互锁触点接触不良，可用两根导线并联该接触器的另一组常闭触点，使其接触可靠。

3）检查接触器 KM3 或 KM4 线圈接线，若线头脱落则要重新接好。若线路完好，要用万用表在断开电源的情况下测接触器 KM3 或 KM4 的线圈是否断路或短路烧毁，测出线圈损坏则要更换线圈或接触器。

5. 主轴电动机不能起动

其可能原因如下：

1）电源无电压或熔断器 FU1 熔断一相或多相。

2）欠电压继电器 KUV 触点接触不良。

3）热继电器 FR1 动作或接触不良。

4）控制按钮 SB1 或 SB2 接触不良或控制电路断线。

5）接触器 KM1 线圈烧毁或接触器动作机构不灵活、卡死。

6）主轴电动机负载卡死。

7）主轴电动机线圈烧坏。

检修方法与技巧如下：

1）用低压验电器测熔断器 FU1 下桩头有无电压，若无电压应沿线路查找原因，若一相有电压或两相有电压则要更换熔断器 FU1 的熔体。

2）检查欠电压继电器 KUV 触点是否接触不良，可用低压验电器在控制电路通入电源的情况下，测两触点的发亮效果是否一样，若不一样则说明 KUV 接触不良，应更换 KUV。

3）用低压验电器测热继电器 FR1 的动作触点是否动作或接触不良，如已动作则要从电动机过载查起，然后再复位，若接触不良则要更换热继电器。

4）用万用表测 SB1 起动按钮常开触点或 SB2 停止按钮常闭触点是否接触可靠，若接触不良，应更换按钮或把起动按钮作停止按钮使用；若按钮无接触不良处，则要从控制电路查起，找出断线或接触不良处加以处理，重新连接好控制电路。

5）用万用表在磨床断电的情况下测接触器线圈，若线圈电阻阻值过小或不通，则要更换线圈；如果线圈完好，则要查接触器动作机构是否卡死，这时可打开接触器灭弧盖，用螺钉旋具柄在断开电源的情况下人为使接触器闭合几次，若查出动作机构不灵活，要更换新接触器。

6）用手转动一下该电动机风叶，若查出机械卡死，则要解决机械方面问题。

7）用 500V 绝缘电阻表测主轴电动机线圈对地以及三相是否短路接地，若线圈烧毁则要更换电动机。

6. 磨床电磁工作台操作后不工作，接触器不吸合

其可能原因如下：

1）控制按钮的起动按钮 SB7 和停止按钮 SB8 触点接触不良。

2）控制电路有断线处或接头有松脱现象。

3）接触器 KM5 线圈断线或烧断，接触器动作不灵活。

4）互锁辅助触点 KM6 常闭触点未闭合好或接触不良。

检修方法与技巧如下：

1）用万用表在断开磨床电源的情况下，测停止按钮 SB8 两触点能否在常规下可靠接通，如不通要更换按钮。另外，也可在按下 SB7 后测该按钮两触点是否能可靠接通，如不通要更换起动按钮。

2）检查 L2、L3 电源控制电路，检查 SB8、SB7、KM6 辅助互锁触点，检查 KM5 线圈各接头是否松动脱落，如松动脱落，要重新接好。

3）用万用表在断开控制电源的情况下，测 KM5 接触器线圈电阻，判断是否断路或短路烧坏，若有断路或短路时，要更换同型号线圈；如无备用线圈，可更换 KM5 接触器。如果线圈正常，应检查接触器主触点是否完好，并检查一下动作机构是否灵活，如卡死或不灵活，需更换新接触器。

4）用万用表在断电的情况下测与 KM5 接触器线圈串联的 KM6 接触器的辅助常闭触点，若触点不通应检查 KM6 接触器是否触点熔焊不能释放，或辅助触点太脏里面有杂质接触不良。若接触器释放不到位要更换 KM6 接触器；若接触器辅助触点 KM6 互锁常闭触点太脏接触不良，可并联另一组 KM6 互锁常闭触点来解决。

7. 磨床电磁工作台无直流电压输出

其可能原因如下：

1）控制变压器接线端接线松脱或烧断。

2）控制变压器一次绕组或二次绕组烧毁。

3）桥式整流二极管击穿或烧断损坏。

4）熔断器 FU4 熔断或接触不良。

5）放电电容短路或电阻损坏。

检修方法与技巧如下：

1）检查控制变压器接线头有无松动烧毁，所接电源是否正常，如线头有松动烧断，要断开电源重新接好。

2）如果用万用表测得控制变压器的输入为 380V，输出无电压，或变压器通入工作电压烧毁冒烟时（注意负载不能短路），表明控制变压器已烧坏，要更换变压器。

3）用万用表测桥式整流电路的各个二极管的正反向电阻，若电阻为零或无穷大或无明显的正反向电阻差异，可判断二极管损坏，要更换同型号的整流二极管。

4）检查 FU4 熔丝是否熔断，如熔断则要首先检查负载端有无短路故障（如接触器换接正负极时短路，电容损坏，线路和电磁铁线圈短路），若有短路，则需更换损坏器件，然后更换 FU4 的熔丝或熔断管。

5）用万用表在断开电源的情况下测量电容和电阻，如有短路、断路、损坏，要更换同型号、同功率的电阻或同耐压、同容量的电容。

8. 磨床电磁铁工作台工作，但不能退磁

其可能原因如下：

1）按钮 SB9 按下后不能闭合。

2）接触器 KM6 线圈的互锁触点 KM5 常闭触点未闭合。

3）接触器 KM6 线圈断路烧毁或机械卡死。

检修方法与技巧如下：

1）用万用表在断开磨床电源的情况下测按钮 SB9 常开触点，按下按钮观察能否接通，如触点接不通电路，应更换按钮 SB9。

2）用万用表测一下接触器 KM5 互锁触点是否通路，如不通应检查一下接触器 KM5 机械上是否完全复位，不复位时应查触点是否熔焊或机械动作是否灵活，根据具体情况修复或更换接触器 KM5。如果是 KM5 互锁触点接触不良，也可采取将辅助触点卸下，用锉刀打磨使其接触完全的方法解决接触不良；如有多余的 KM5 辅助常闭触点，可采取并联方法增加触点接触的可靠性。

3）用万用表测接触器 KM6 线圈是否断路、短路或烧毁。如线圈损坏，要更换同型号线圈；如线圈完好，要检查 KM6 接触器主触点以及动作机构，如不灵活则要更换接触器 KM6。

9. 工作台有直流电压输出，但电磁吸盘不工作

其可能原因如下：

1）电磁工作台插座线路断线，插座接触不良或松脱。

2）电磁工作台线圈烧毁。

检修方法与技巧如下：

1）用万用表直流电压档测工作台插座电压是否正常，如正常则说明前端工作电路能工作，故障主要在后端。再检查插头与插座是否接触不良，修整插头与插座的接触。如插头、插座接触良好，则要查线路是否断线，有断线处要接好。

2）用万用表测插座，如有正常的直流电压，插头、插座接触良好无断线处，那么应查电磁工作台线圈是否断路或匝间是否短路烧毁。用万用表测电磁吸盘线圈，若有断路或阻值比正常时小，则说明电磁工作台线圈烧毁，这时要更换同型号的电磁工作台线圈。

10. 磨床低压照明灯在操作后不亮

其可能原因如下：

1）照明变压器一次侧或二次侧断路或匝间短路烧毁。

2）照明变压器二次侧熔断器 FU2 熔断。

3）开关 QS2 接触不良或不能接通。

4）照明灯座线脱落断线或灯座舌头接触不上灯泡。

5）照明低压灯泡烧毁。

检修方法与技巧如下：

1）用万用表电阻档在断开磨床电源的情况下测照明变压器一次与二次绕组的电阻，若有断路或电阻很小，说明线圈已断路或匝间短路，要更换照明变压器。

2）检查照明变压器熔断器 FU2 是否熔断，如熔断则要更换同型号的熔断器；同时，要查明是否二次侧线路到灯泡各处有短路点，如有，则首先要处理短路点故障后再通电工作。

3）修理照明开关 QS2，若损坏严重时要更换开关。

4）重点检查变压器输出端到照明灯泡各处线路有无断线点，如灯座接线和灯座舌头是否未与灯泡接触等，如断线则要接通断线，或者用小电笔尖把灯座舌头向外勾出些，使灯座与灯泡接触可靠。

5）把低压照明灯泡取下，用万用表电阻档测灯丝是否断路，若灯丝断路，要更换灯泡；如灯泡冒白烟，也需要更新低压照明灯泡。

11. 磨床指示灯不亮或某指示灯不亮

其可能原因如下：

1）照明变压器二次侧烧断或有匝间短路点。

2）熔断器 FU3 烧断。

3）指示灯泡 HL1、HL2、HL3、HL4、HL5、HL6、HL7 中某灯泡烧坏。

4）接触器 KM1、KM2、KM3、KM4、KM5、KM6 中某辅助常开触点不能接通相对应的指示灯。

检修方法与技巧如下：

1）用万用表测照明变压器二次侧是否断路或匝间短路，也可以通过测量电压来判定。若一次电压正常，二次侧无输出电压，则说明变压器损坏，要及时更换。

2）检查熔断器 FU3 的熔丝是否烧断，若烧断应更换熔丝，并着重检查是否二次侧指示线路有短路现象，如查出短路点，要先进行处理后再通电工作。

3）用万用表电阻档去测不亮的指示灯泡看其是否烧断，若灯丝烧断则要更换灯泡。

4）当某指示灯泡不亮但灯泡完好时，要查它本身对应的控制辅助常开触点，查接触器 KM1、KM2、KM3、KM4、KM5 或 KM6 等辅助触点，查出接触不良时，要进行修复。

## 五、技能训练

（一）平面磨床的安装与调试过程

1）据电路原理图画出电气接线图，画接线图的注意事项可以参见第 5 章技能训练中的相关内容。

2）据明细表配齐所需的元器件。

3）无实物练习，可制作一块模拟板，在模拟板上合理布置和安装元器件。在安装过程中要注意横平竖直，并符合安装要求。

4）明配线练习，在配线中要注意导线应紧贴在配电板表面，同一平面导线不能交叉，布线要横平竖直、分布均匀，每根导线两端要套上与原理图相同线号的套管，套管上线号的方向要一致。

5）配电板外部接线，不要忘记套装与原理图相同线号的线号管。

（二）平面磨床的自检及试车

线路连接完毕，应进行检查，防止接错、漏接或线路故障。

1）按照原理图，从电源端开始逐段核对端子接线，排除错接、漏接现象。

2）先检查有无绝缘层压入接线端子，再检查裸露的导线线芯是否超过规定，最后检查所有导线与接线端子的接触情况。用手摇动、拉拔接线端子上的导线，不允许有松脱。

3）用万用表“$R\times10$”档检查线路通断。以控制电路的两只熔断器为测量点，先检查有无短路。然后按下起动按钮，万用表指示的电阻值为 KM1 接触器电磁线圈的直流电阻，表示控制电路在按下起动按钮时接通；然后按下 KM1 接触器的可动部分，万用表指示的电阻值为接触器电磁线圈的直流电阻，再用万用表测量 KM1 的常开触点，若电阻值为线圈直流电阻则表示控制电路能自锁；按下起动按钮万用表指针偏转时再按下停止按钮，万用表指针回到“∞”位置，表示停止按钮能断开控制电路。

4）卸掉 FU2 在 L2 相的熔体，切断控制电路与主电路之间的电流通路；拆开正反转接触器之间的连线，切断它们之间的电流通路（检测完毕恢复其接线）。检测时，先检测与FR相通的支路。

5）检查接线正确后，一定要在老师的监护下通电试车。

（三）故障检修练习

1）用实验观察故障现象。注意观察各电动机的运行情况、接触器的动作情况和电路的工作情况等，如发现有异常情况，应马上断电检查。

2）用逻辑分析法缩小故障范围，并在电路图上用虚线标出故障部位的最小范围。

3）用测量法正确、迅速地找出故障点。

4）根据故障点的不同情况，采用正确的修复方法，迅速排除故障。

5）排除故障后通电试车。

6）注意事项如下：

① 认真听取和仔细观察指导教师在示范过程中的讲解和检修操作。

② 熟练掌握电路图中各个环节的作用。

③ 在排除故障过程中，故障分析的思路和方法要正确。

④ 工具和仪表要使用正确。

⑤ 带电检测时，必须有指导教师在现场监护，一定要确保用电安全。

⑥ 排除故障要在规定时间内完成。

（四）M7120型平面磨床电气故障现象

1）7—10间断路：全部电动机均缺一相。

2）16—17间断路：液压泵电动机缺一相。

3）23—24间断路：液压泵电动机缺一相。

4）61—68间断路：控制变压器断相，控制电路失效。

5）48—62间断路：砂轮升降电动机下降时缺一相。

6）37—38间断路：砂轮电动机、冷却泵电动机均缺一相。

7）39—40间断路：砂轮电动机缺一相。

8）65—66间断路：砂轮升降电动机缺一相。

9）85—101间断路：液压泵、砂轮冷却、砂轮升降、电磁吸盘控制电路均失效。

10）90—91间断路：液压泵、砂轮冷却、砂轮升降、电磁吸盘控制电路均失效。

11）94—102间断路：液压泵电动机自锁失效。

12）95—96间短路：闭合电源后，液压泵电动机就起动。

13）99—100间断路：液压泵电动机不能起动。

14）93—104间断路：砂轮电动机、冷却泵电动机及砂轮升降电动机均不能起动。

15）106—107间短路：闭合电源后，砂轮电动机和冷却泵电动机就起动。

16）107—109间断路：砂轮电动机和冷却泵电动机不能起动。

17）118—119间断路：砂轮电动机上升时失效。

18）120—121间断路：砂轮电动机上升时失效。

19）87—150间断路：KA继电器不能动作，液压泵、砂轮冷却、砂轮升降、电磁吸盘控制电路均失效。

20）124—125间断路：砂轮电动机下降时失效。

21）123—131 间断路：电磁吸盘不能充磁和去磁。

22）136—137 间断路：电磁吸盘不能充磁。

23）139—140 间短路：闭合电源后，电磁吸盘就处于去磁状态。

24）142—143 间断路：电磁吸盘不能去磁。

25）146—147 间断路：整流电路中没有直流电通过，KA 继电器不能动作。

26）152—153 间断路：KA 继电器不能动作。

27）159—164 间断路：电磁吸盘不能动作。

28）174—175 间断路：电磁吸盘不能去磁。

29）177—210 间断路：照明灯不亮。

30）210—211 间短路：照明灯始终为点亮状态。

## 六、质量评价标准

为保证学生通过项目学习后形成相应的能力，每一个学习情境均采用“现场参观—基础实验—技能实训—综合实训”，以使学生形成综合应用能力。在进行实验实训之前，教师应向学员布置本次实验实训的任务和交代实验实训过程中的注意事项及要点。在安装调试过程中，应注意工具、仪器、设备的正确使用和保管。实验实训过程中，应注意人身和设备的安全。

项目考核的重点放在过程考核，强调素质与能力。学习情境的考核结果记入项目考核的总成绩，前一个学习情境考核不合格，不能进入下一个情境的学习。每个学习情境均有对应的成绩考核单。

（一）平面磨床安装评分标准（见表 9-2）

**表 9-2　平面磨床安装评分标准**

<table>
<tr><th>项　目</th><th>配分</th><th colspan="3">评 分 标 准</th><th>扣　分</th></tr>
<tr><td>安装前检查</td><td>15</td><td colspan="3">1)电动机检查,每漏一处扣 5 分<br>2)元器件漏检或错检,每漏一处扣 2 分</td><td></td></tr>
<tr><td>安装元器件</td><td>15</td><td colspan="3">1)不按电气布置图安装元器件扣 15 分<br>2)元器件安装不紧固扣 4 分<br>3)元器件安装不整齐、不匀称、不合理的每只扣 3 分<br>4)损坏元器件扣 5 分</td><td></td></tr>
<tr><td>布线</td><td>30</td><td colspan="3">1)不按布线图接线扣 25 分<br>2)布线不符合要求,主电路每根扣 4 分;控制电路每根扣 2 分<br>3)接点不符合要求,每个接点扣 2 分<br>4)损伤导线绝缘或线芯,每根扣 5 分<br>5)漏接接地线扣 10 分</td><td></td></tr>
<tr><td>通电试车</td><td>40</td><td colspan="3">1)热继电器未整定或整定错扣 5 分<br>2)熔体规格配错,主、控制电路各扣 5 分<br>3)第一次试车不成功扣 20 分<br>4)第二次试车不成功扣 40 分</td><td></td></tr>
<tr><td colspan="2">安全文明生产</td><td colspan="3">违反安全文明生产规程扣 5 ~ 40 分</td><td></td></tr>
<tr><td colspan="2">定额时间 3.5h</td><td colspan="3">每超时 2min,总分扣除 1 分</td><td></td></tr>
<tr><td colspan="2">备注</td><td colspan="2">各项扣分不得超过该项配分</td><td>成绩</td><td></td></tr>
<tr><td>开始时间</td><td colspan="2"></td><td>结束时间</td><td>实际时间</td><td></td></tr>
</table>

（二）检修评分标准（见表 9-3）

**表 9-3　检修评分标准**

<table>
<tr><th>项目</th><th>配分</th><th colspan="4">评分标准</th><th>扣分</th></tr>
<tr><td>故障分析</td><td>30</td><td colspan="4">1)故障分析、排除故障思路不正确，每个扣 5～10 分<br>2)标错电路故障范围，每个扣 10～15 分</td><td></td></tr>
<tr><td>排除故障</td><td>70</td><td colspan="4">1)停电不验电扣 5 分<br>2)测量仪器和工具使用不正确，每次扣 5 分<br>3)排除故障的顺序不正确扣 10 分<br>4)不能查出故障，每个扣 40 分<br>5)查出故障点，但不能排除，每个扣 10 分<br>6)产生新的故障：<br>不能排除，每个扣 40 分<br>能够排除，每个扣 10 分<br>7)损坏电器，每个扣 10～20 分</td><td></td></tr>
<tr><td colspan="2">安全文明生产</td><td colspan="4">违反安全文明操作规程扣 5～40 分</td><td></td></tr>
<tr><td colspan="2">定额时间 1h</td><td colspan="4">修复故障过程中若超时，每超时 1min 扣 5 分</td><td></td></tr>
<tr><td colspan="2">备注</td><td colspan="3">除定额时间外，各项内容的最高扣分不得超过该项配分</td><td>成绩</td><td></td></tr>
<tr><td>开始时间</td><td colspan="2"></td><td>结束时间</td><td></td><td>实际时间</td><td></td></tr>
</table>

## 七、拓展与提高

（一）平面磨床的发展史

磨床是利用磨具对工件表面进行磨削加工的机床。

大多数的磨床是使用高速旋转的砂轮进行磨削加工，少数的是使用油石、砂带等其他磨具和游离磨料进行加工，如珩磨机、超精加工机床、砂带磨床、研磨机和抛光机等。

磨床能加工硬度较高的材料，如淬硬钢、硬质合金等；也能加工脆性材料如玻璃、花岗石。磨床能作高精度和表面粗糙度很小的磨削，也能进行高效率的磨削，如强力磨削等。

18 世纪 30 年代，为了适应钟表、自行车、缝纫机和枪械等零件淬硬后的加工，英国、德国和美国分别研制出使用天然磨料砂轮的磨床。这些磨床是在当时现成的机床如车床、刨床等上面加装磨头改制而成的，它们结构简单、刚度低、磨削时易产生振动，且要求操作工人要有很高的技艺才能磨出精密的工件。

1876 年在巴黎博览会展出的美国布朗-夏普公司制造的万能外圆磨床，是首次具有现代磨床基本特征的机械。它的工件头架和尾座安装在可以往复移动的工作台上，箱形床身提高了机床刚度，并带有内圆磨削附件。1883 年，这家公司制成了磨头装在立柱上、工作台作往复移动的平面磨床。

1900 年前后，人造磨料的发展和液压传动的应用对磨床的发展有很大的推动作用。随着近代工业特别是汽车工业的发展，各种不同类型的磨床相继问世。例如 20 世纪初，先后研制出加工气缸体的行星内圆磨床、曲轴磨床、凸轮轴磨床和带电磁吸盘的活塞环磨床等。

自动测量装置于 1908 年开始应用到磨床上。到了 1920 年前后，无心磨床、双端面磨床、轧辊磨床、导轨磨床，珩磨机和超精加工机床等相继制成使用；20 世纪 50 年代又出现了可作镜面磨削的高精度外圆磨床；20 世纪 60 年代末又出现了砂轮线速度可达 60～80m/s

的高速磨床和大切深、缓进给磨削平面磨床；20 世纪 70 年代，采用微处理机的数字控制和适应控制等技术在磨床上得到了广泛的应用。

随着高精度、高硬度机械零件数量的增加，以及精密铸造和精密锻造工艺的发展，磨床的性能、品种和产量都在不断地提高和增长。

磨床是各类金属切削机床中品种最多的一类，主要类型有外圆磨床、内圆磨床、平面磨床、无心磨床、工具磨床等。

外圆磨床是使用最广泛的，能加工各种圆柱形和圆锥形外表面及轴肩端面的磨床。万能外圆磨床还带有内圆磨削附件，可磨削内孔和锥度较大的内、外锥面。不过外圆磨床的自动化程度较低，只适用于中小批单件生产和修配工作。

内圆磨床的砂轮主轴转速很高，可磨削圆柱、圆锥形内孔表面。普通内圆磨床仅适于单件、小批生产。自动和半自动内圆磨床除工作循环自动进行外，还可在加工中自动测量，大多用于大批量的生产中。

平面磨床的工件一般是夹紧在工作台上，或靠电磁吸力固定在电磁工作台上，然后用砂轮的周边或端面磨削工件平面的磨床；无心磨床通常指无心外圆磨床，即工件不用顶尖或卡盘定心和支撑，而以工件被磨削外圆面作定位面，工件位于砂轮和导轮之间，由托板支撑，这种磨床的生产效率较高，易于实现自动化，多用在大批量生产中。

工具磨床是专门用于工具制造和刀具刃磨的磨床，有万能工具磨床、钻头刃磨床、拉刀刃磨床、工具曲线磨床等，多用于工具制造厂和机械制造厂的工具车间。

砂带磨床是以快速运动的砂带作为磨具，工件由输送带支承，效率比其他磨床高数倍，功率消耗仅为其他磨床的几分之一，主要用于加工大尺寸板材、耐热难加工材料和大量生产的平面零件等。

专门化磨床是专门磨削某一类零件，如曲轴、凸轮轴、花键轴、导轨、叶片、轴承滚道及齿轮和螺纹等的磨床。除以上几类外，还有珩磨机、研磨机、坐标磨床和钢坯磨床等多种类型。

（二）平面磨床的日常保养

为确保磨床的研磨精度，必须定期对其进行保养。

1）每天作业完毕，磨床各部件，尤其是滑动部位，应擦拭干净后上油。

2）用干净布碎或小毛刷将各部位的研磨屑清理干净。

3）必要的部位，应打上防锈油，如主轴磨头、砂轮法兰、刻度盘等部位。

4）严禁使用空气吹枪清洁工作台面物品及磨床，因为吹枪宜将铁屑吹进磨床轨道，造成导轨损坏，影响精度及手感，请注意传动钢索是否松动，适时调整。更换钢索时应注意钢索的绕向和松紧度，因为这直接影响到钢索的使用寿命。

5）请注意磨床上方的油镜是否有油，确保油路是否通畅。

6）平面磨床对导轨润滑油要求相当严格，因为润滑油的质量直接影响到磨床的精度、手感及使用寿命。所以用油选择至关重要，导轨油要求要清稀、滑腻、粘度低。如果油太粘，液压泵打不上油易空转造成烧掉，而且油的粘度太高导轨铁屑冲不走，长此以往油路堵塞，会导致导轨干涩摩擦造成损伤，从而使机床手感加重，精度跑掉。油应每 3 ~ 6 个月换一次，第一次是三个月更换，第二次以后是六个月更换。

7）油量调节应适当，顺时针为紧，逆时针为松，调大了会流得太快来不及溢出而浪费，调小了又会影响手感。

8）电动机的电缆线接头处应定期检查，防止线头松脱断相而造成电动机烧掉。电缆线外观是否破损，若破损应及时更换或加防护外套，以防电线破损使机身带电而发生漏电危险。

## 习题部分

9-1　电气控制电路设计的基本原则是什么?

9-2　如何确定电力拖动方案并选择电动机?

9-3　设计三台电动机顺序起动、逆序停止，且有短路、过载、欠电压、失电压保护的电路原理图。

9-4　在 M7120 型平面磨床中若出现下列故障，试分析故障原因分别是什么。

（1）磨床指示灯不亮或某指示灯不亮。

（2）磨床电磁铁工作台工作，但不能去磁。

（3）磨床电磁工作台无直流电压输出。

（4）磨床电磁工作台操作后不工作，接触器不吸合。

9-5　试分析 M7120 型平面磨床电磁结构的原理。

9-6　磨床是各类金属切削机床中品种最多的一类，其主要类型有哪些?

9-7　平面磨床的日常保养有哪些?

9-8　试简述磨床的发展史。

9-9　按下列要求设计一个控制电路：①分别用控制按钮控制电动机 M1 和 M2 的起动和停止；②按 M1 先 M2 后的顺序起动，M1 起动后延时 1min，M2 才能起动；③按 M2 先 M1 后的顺序停止。

9-10　现要求三台笼型电动机 M1、M2、M3 按一定顺序起动，即 M1 起动后 M2 才能起动；M2 起动后，M3 才能起动，试画出其控制电路。

# 第十章　T68 型镗床电气电路

## 一、学 习 目 标

1）学会分析镗床的电气控制电路，掌握其控制原理，熟悉其工作过程。

2）能根据电路原理图熟练进行该电路的连接与调试。

3）能熟练操作，通过观察机床模拟运动，了解机床的真实运动状况。

4）在操作过程中，当出现某种故障现象时，能迅速判断故障原因，并能采用一定的方法快速、准确、安全地排除故障。

5）理解和掌握通过改变电动机接线来改变电动机转速的方法。

## 二、学 习 任 务

本项目的任务是安装与调试镗床的电气控制电路，模拟实际生产过程。系统要求如下：

（一）主轴电动机 M1 的正反转起动

按下正转起动按钮 SB3，接触器 KM1 线圈得电吸合，接着接触器 KM3 线圈得电吸合，制动电磁铁 YB 得电松开（HL3 指示灯亮），电动机 M1 接成三角形正向起动。

按下反转起动按钮 SB2，接触器 KM2 线圈得电吸合，接着接触器 KM3 线圈得电吸合，制动电磁铁 YB 得电松开（HL4 指示灯亮），电动机 M1 接成三角形反向起动。

（二）主轴电动机 M1 的点动控制

按下正向点动按钮 SB4，接触器 KM1 线圈得电吸合，接着接触器 KM3 线圈得电吸合。而不同于正转的是按钮 SB4 的常闭触点切断了接触器 KM1 的自锁只能点动。这样 KM1 和 KM3 的主触点闭合便使电动机 M1 接成三角形正向点动。

按下反向点动按钮 SB5，接触器 KM2 线圈得电吸合，接着接触器 KM3 线圈得电吸合。而不同于反转的是按钮 SB5 的常闭触点切断了接触器 KM2 的自锁只能点动。这样 KM2 和 KM3 的主触点闭合便使电动机 M1 接成三角形反向点动。

（三）主轴电动机 M1 的停车制动

当电动机处于正转运行时，按下停止按钮 SB1，接触器 KM1 线圈断电释放，接触器 KM3 也断电释放。制动电磁铁 YB 因失电而制动，电动机 M1 制动停车。

同理当电动机处于反转运行时，只需按下停止按钮 SB1，接触器 KM2 线圈断电释放，接触器 KM3 也断电释放。制动电磁铁 YB 因失电而制动，电动机 M1 制动停车。

（四）主轴电动机 M1 的高、低速控制

若选择电动机 M1 在低速运行，可通过操作变速手柄使变速开关 SQ1（16 区）处于断开低速位置，相应的时间继电器 KT 线圈也断电，电动机 M1 只能由接触器 KM3 接成三角形低速运转。

如果需要电动机在高速运行，应首先通过变速手柄使变速开关 SQ1 压合接通处于高速位置，然后按正转起动按钮 SB3（或反转起动按钮 SB2），时间继电器 KT 线圈得电吸合。由于 KT 两副触点延时动作，故 KM3 线圈先得电吸合，电动机 M1 接成三角形低速起动，以后 KT 的常闭触点（13 区）延时断开，KM3 线圈断电释放，KT 的常开触点（14 区）延时闭合，KM4、KM5 线圈得电吸合，电动机 M1 接成双星形联结，以高速运行。

（五）快速移动电动机 M2 的控制

主轴的轴向进给、主轴箱（包括尾座）的垂直进给、工件台的纵向和横向进给等的快速移动，是由电动机 M2 通过齿轮、齿条传动等来完成的。快速手柄扳到正向快速位置时，压合行程开关 SQ6，接触器 KM6 线圈得电吸合，电动机 M2 正转起动，实现正向快速移动。若将快速手柄扳到反向快速位置，行程开关 SQ5 被压合，KM7 线圈得电吸合，电动机 M2 反转起动，实现反向快速移动。

（六）保护措施

系统具有必要的短路保护和过载保护措施；另外，为了防止工作台自动快速进给时又将主轴进给手柄扳到自动快速进给的误操作，就采用了与工作台进给手柄有机械连接的行程开关 SQ3 。当上述手柄扳在工作台自动快速进给的位置时，SQ3 被压断开。同样，在主轴箱上还装有另一个行程开关 SQ4，它与主轴进给手柄有机械连接，当这个手柄动作时，SQ4 也被压断开。在行程开关 SQ3 和 SQ4 中有一个处于闭合状态时，电动机 M1 和 M2 才可以起动。如果工作台在自动进给（此时 SQ3 断开）时，再将主轴进给手柄扳到自动进给位置（SQ4 也断开），那么电动机 M1 和 M2 便都自动停车，从而达到联锁保护之目的。为了防止同一台电动机正反向同时通电，电动机 M1 采用电气互锁与按钮复式联锁。

## 三、环境设备

学习所需工具、仪表及器材如下：

（一）工具

电工通用工具一套：电工钳、剥线钳、尖嘴钳、验电器、活扳手、螺钉旋具（一字形和十字形）等。

（二）仪表

万用表一只。

（三）器材

所需器材见表 10-1。

**表 10-1　所需器材**

| 代　号 | 名　称 | 型号/规格 | 数量 |
|---|---|---|---|
| QS | 三刀双掷开关 | HZ1-60/3 | 1 个 |
| FU1 | 熔断器 | RL1-60/35 | 3 个 |
| FU2 | 熔断器 | RL1-15/10 | 3 个 |
| FU3 | 熔断器 | RL1-15/6 | 2 个 |
| FU4 | 熔断器 | RL1-15/2 | 1 个 |
| KT | 时间继电器 | JS7-2 | 1 个 |

（续）

| 代　号 | 名　称 | 型号/规格 | 数量 |
|---|---|---|---|
| SA | 组合开关 | HZ10-10/2 | 1 个 |
| SB1、SB2、SB3、SB4、SB5 | 按钮 | LA19-11 | 5 个 |
| FR | 热继电器 | JR20-20/3 | 1 个 |
| KM1、KM2、KM3、KM4、KM5、KM6、KM7 | 交流接触器 | CJ20-20 | 7 个 |
| M1 | 三相交流异步电动机 | 7kW 或 5.2kW,1440r/min 或 2900r/min | 1 台 |
| M2 | 三相交流异步电动机 | 3kW,1430r/min | 1 台 |
| HL1、HL2、HL3、HL4、HL5、HL6、HL | 指示灯 | AD11-25/40 | 7 个 |
| EL | 照明灯 | JC2 ,36V ,40W | 1 个 |
| TC | 控制变压器 | KB-150 | 1 个 |
| SQ1、SQ2、SQ3、SQ4、SQ5、SQ6 | 行程开关 | JLXK1-111 | 6 个 |
| YB | 电磁制动器 | NKSB-120 | 1 个 |
| XT | 端子排、导线 | | 适量 |

## 四、教 学 内 容

（一）镗床的主要结构及运动形式

T68 型卧式镗床的结构如图 10-1 所示。它主要由床身、前立柱、镗头架、工作台、后立柱和尾座等部分组成。床身由整体的铸件制成，固定不动的前立柱装在它的一端，在前立柱的垂直导轨上装有镗头架，它可沿导轨上下移动，在镗头架上集中了主轴箱、变速箱与操纵机构等部件；工作台安放在床身中部的导轨上，用于安装工件，它由下溜板、上溜板、可转动的台面组成，下溜板可沿床身导轨纵向移动，上溜板可沿下溜板上的导轨横向移动，工作台相对于上溜板可回转；因此工作台不但可以作平行和垂直于镗轴轴线的方向移动，并可以转动。后立柱可沿床身导轨在镗轴轴线方向上调整位置；尾座装在后立柱上，用来夹持装夹在镗轴上的镗杆的末端，它可以随镗头架同时升降。

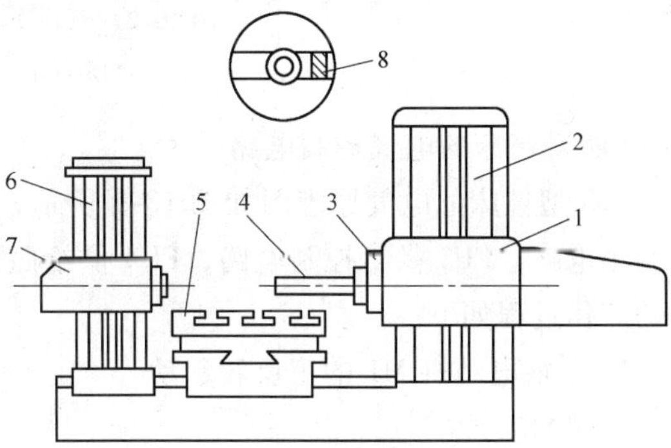


图 10-1　T68 型卧式镗床的结构
1—镗头架　2—前立柱　3—花盘　4—镗轴　5—工作台
6—后立柱　7—尾座　8—刀具溜板

由以上分析可知，镗床的运动形式如下：

主运动——镗轴的旋转运动与花盘的旋转运动。

进给运动——镗轴的轴向进给、花盘刀具溜板的径向进给、镗头架的垂直进给、工作台的横向进给与纵向进给。

辅助运动——工作台的回转、后立柱的轴向移动及尾座的垂直移动。

（二）镗床的应用

镗床是冷加工中使用比较普遍的设备，它主要用于加工精度要求较高、粗糙度值较低的孔以及各孔间的距离要求较为精确的零件，如箱体零件、机体等，属于精密机床。它可用来钻孔、镗孔、扩孔和铰孔，还可用来车削内外螺纹，车外圆柱面和端面，用丝锥攻螺纹，用端铣刀与圆柱铣刀铣削平面等，因此加工范围很广，尤其是在加工大型及笨重的工件时具有特别重要的意义。

（三）改变主轴电动机 M1 转速的方法

主轴电动机 M1 转速的改变，是通过改变其定子绕组的接法来实现的，如图 10-2 a、b 所示。它用接触器 KM3 和 KM4、KM5（见图 10-3）分别选择低速和高速。当接触器 KM3 常开触点闭合、KM4 和 KM5 常开触点断开时，电源从端子 U11、V11、W11 引入，而端子 U12、V12、W12 开路，这时定子绕组为三角形联结，主轴电动机 M1 为低速；当接触器 KM3 常开触点断开、KM4 和 KM5 常开触点闭合时，电源从端子 U12、V12、W12 引入，而端子 U11、V11、W11 短接，这时定子绕组为双星形联结，主轴电动机 M1 为高速。

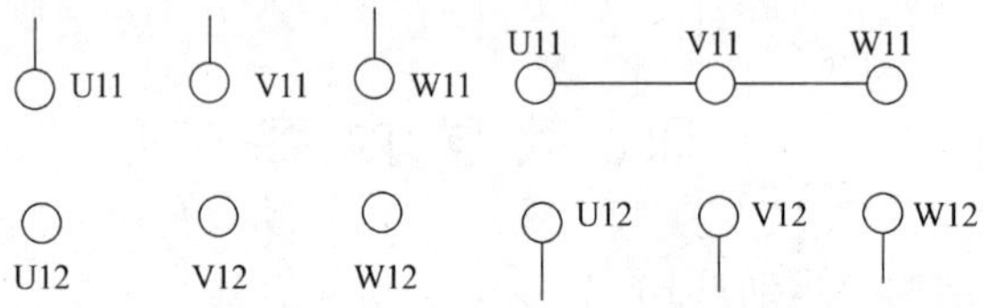


a)　　　　b)

图 10-2　双速电动机定子接线图

a）三角形联结　b）双星形联结

（四）镗床的电气控制电路

T68 型镗床的电气原理图如图 10-3 所示，其电源由电网经开关 QS、熔断器 FU1、FU2 供给主电路，FU3 供给控制电路，FU4 供给照明及显示电路。合上电源开关 QS，各部分电路的工作过程如下：

1. 主轴电动机 M1 的正反转起动

正转起动：

按下SB3 ─┬→ SB3的常开触点闭合 → KM1线圈得电吸合
　　　　　└→ SB3的常闭触点断开 → 对KM2线圈机械互锁

─┬→ KM1的常开触点闭合 → KM3线圈得电吸合 → KM3的主触点闭合
　└→ KM1的主触点闭合

→ 制动电磁铁YB得电松开 → M1接成三角形正向起动

反转起动：

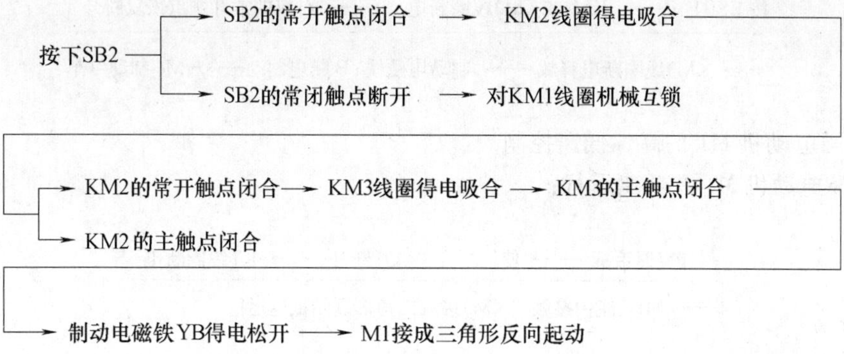


2. 主轴电动机 M1 的点动控制

正向点动：

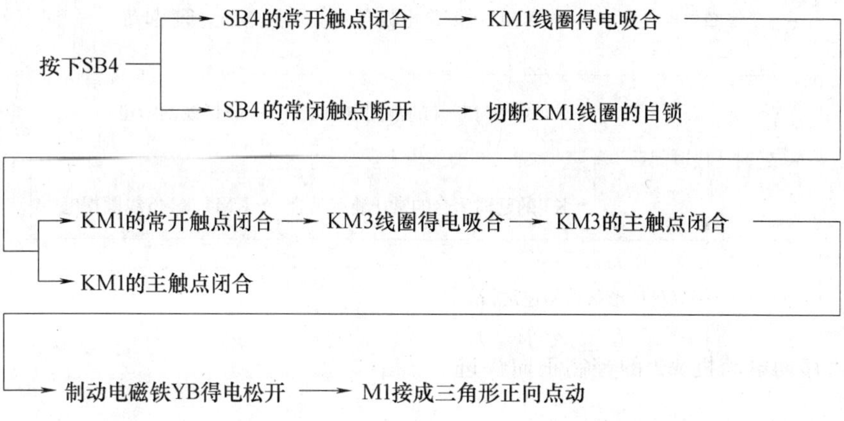


反向点动：

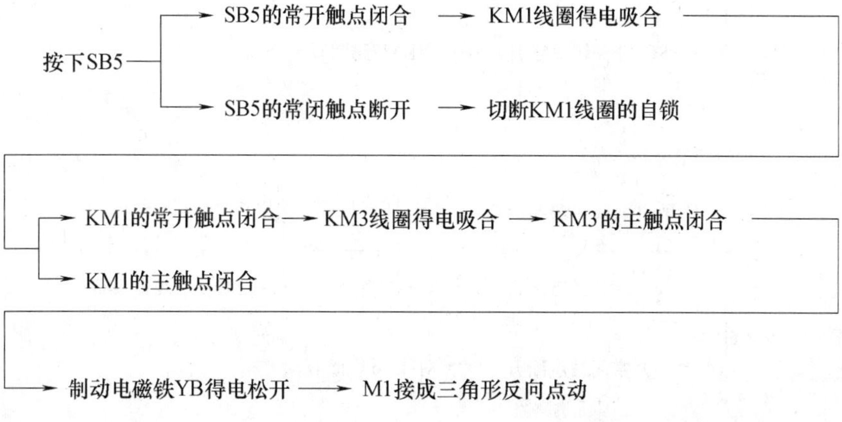

3. 主轴电动机 M1 的停车制动

按下SB1 → KM1或KM2线圈断电 → 对应的常开触点恢复断开 → KM3线圈断电释放 → 制动电磁铁YB断电制动 → M1制动停车

4. 主轴电动机 M1 的高、低速控制

若选择电动机 M1 在低速运行：

操作变速手柄 → 使行程开关SQ1断开 → KT线圈断电 → M1只能由接触器KM3接成三角形联结低速运行

若选择电动机 M1 在高速运行：

操作变速手柄 → 使行程开关SQ1压合 → 按下SB3或SB2起动按钮 → KT线圈得电吸合 → KM3线圈得电吸合, M1接成三角形低速起动 → 延时一段时间后

- → KT的延时断开的常闭触点断开 → KM3线圈断电
- → KT的延时闭合的常开触点闭合 → KM4、KM5线圈得电

→ M1接成双星形联结高速运行

5. 快速移动电动机 M2 的控制正向快进

手柄扳到正向快速位置 → 压合行程开关SQ6

- → SQ6常开触点闭合 → KM6线圈得电 → M2快速正向移动
- → SQ6常闭触点断开 → 对KM7线圈互锁

反向快退：

手柄扳到反向快速位置 → 压合行程开关SQ5

- → SQ5常开触点闭合 → KM7线圈得电 → M2快速反向移动
- → SQ5常闭触点断开 → 对KM6线圈互锁

6. 照明及显示电路

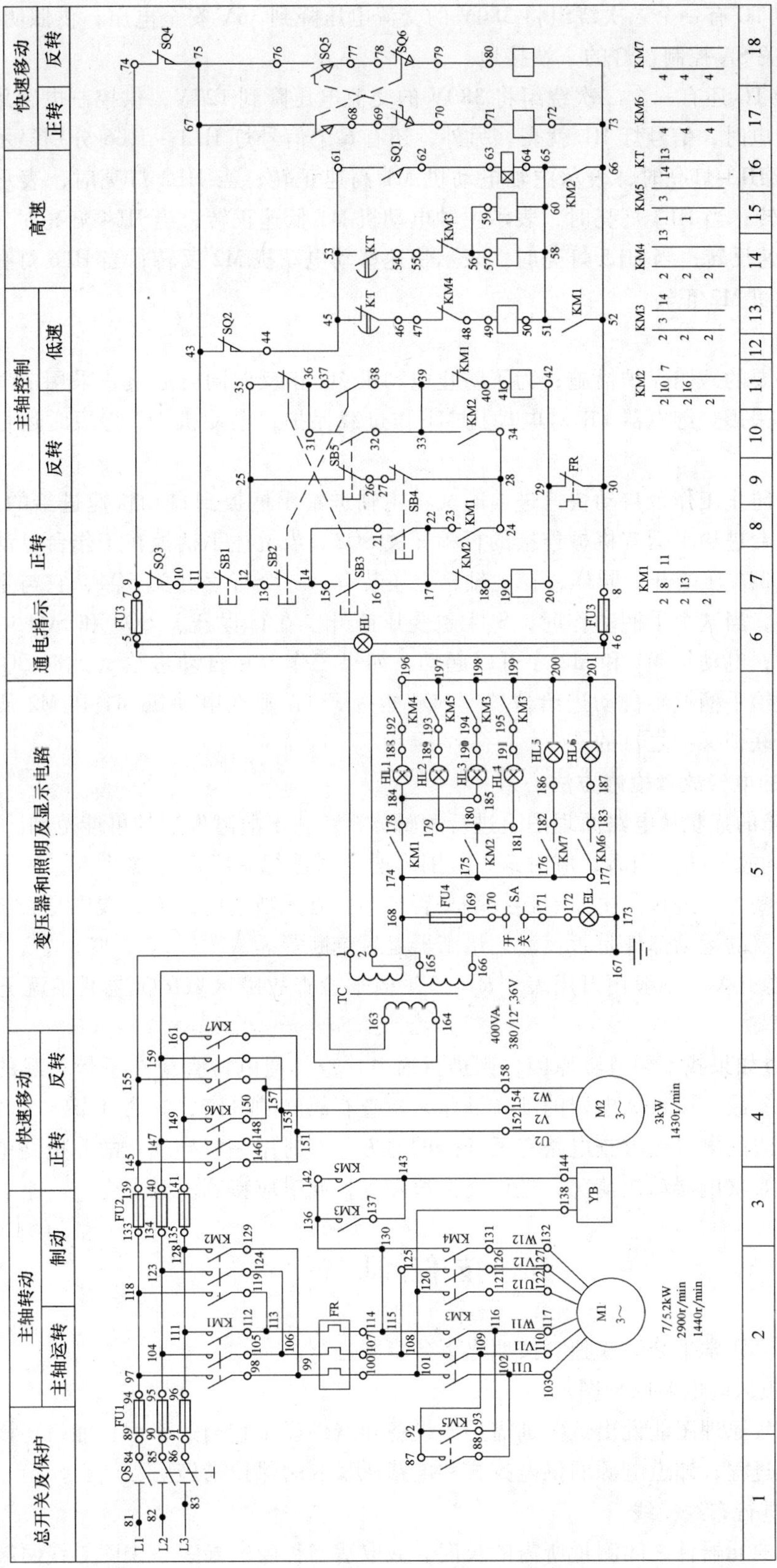


图 10-3　T68 型镗床的电气原理图

控制变压器 TC 有一个二次绕组将 380V 的交流电压降到 36V 安全电压，供照明电路用。照明灯 EL 由开关 SA 控制，灯的一端接地。

控制变压器 TC 还有一个二次绕组将 380V 的交流电压降到 127V，供控制电路用。当控制电路变压器有电时，信号灯 HL 就亮。另外，还有 6 个信号灯 HL1 ~ HL6 分别显示电动机的不同状态。当 HL1 灯亮时，表示主轴电动机 M1 高速正转；当 HL2 灯亮时，表示主轴电动机 M1 高速反转；当 HL3 灯亮时，表示主轴电动机 M1 低速正转；当 HL4 灯亮时，表示主轴电动机 M1 低速反转；当 HL5 灯亮时，表示快速移动电动机 M2 反转；当 HL6 灯亮时，表示快速移动电动机 M2 正转。

7. 保护措施

系统具有必要的短路保护措施；为了防止电动机 M1 正反向同时通电，采用电气互锁与按钮复式联锁，采用热继电器 FR 对电动机 M1 作过载保护，电动机 M2 为短时运行，无需过载保护。

另外，为了防止工作台自动快速进给时又将主轴进给手柄扳到自动快速进给的误操作，就采用了与工作台进给手柄有机械连接的行程开关 SQ3。当上述手柄扳在工作台自动快速进给的位置时，SQ3 被压断开。同样，在主轴箱上还装有另一个行程开关 SQ4，它与主轴进给手柄有机械连接，当这个手柄动作时，SQ4 也受压断开。在行程开关 SQ3 和 SQ4 中有一个处于闭合状态时，电动机 M1 和 M2 才可以起动。如果工作台在自动进给（此时 SQ3 断开）时，再将主轴进给手柄扳到自动进给位置（SQ4 也断开），那么电动机 M1 和 M2 便都自动停车，从而达到联锁保护之目的。

（五）镗床的电气故障检修方法

1）根据故障的症状从电路原理图上进行逻辑分析，找出故障发生的可能范围。

2）在了解到故障的范围后，应对这一范围内的电器进行一般性外观检查，为了安全起见，一般在电源断电时进行。主要看接线端是否松动，有无断电的地方，线圈是否烧坏，触点有无粘连，电器的运动部件是否灵活，熔断器是否烧断等。

3）断开电源开关，一般用万用表“$R\times10$”档来检查故障区域的元器件有无开路、短路等现象。

4）断电检查如果找不到故障原因，则进行通电检查，通电检查应在不带负载的情况下进行，以免发生事故。应根据电器的动作顺序来检查有故障的电路，一个环节一个环节地进行。一般用万用表的电压档检查电路有无开路的地方，有时用一根导线在故障电路中逐个短接电路或接点来观察电器动作情况，进而查出故障点，此时应特别注意安全。

## 五、技能训练

本技能训练可让学生分组或独立按照以下各步骤进行。

（一）看懂镗床的电路原理图

要求对照电气原理图能说出该实训需用的设备和器件以及它们的作用；能口述该电路的工作原理和工作过程；知道电源的供电方式和电路所采取的保护措施。

（二）按图进行布线接线

先在固定好的元器件之间测量所需的长度，截取适当长度的导线，去除导线两端的绝缘层，按图套上线号管后，将导线直接接入接线端子。接线要按一定的顺序进行，防止错接和漏接。尤其要注意主电路中接触器 KM1、KM2 和接触器 KM6、KM7 的主触点的出线端对接要正确；控制电路中接触器 KM1、KM2 之间的联锁触点接线必须正确，否则将会造成主电路中间两相电源短路的事故。

另外，要熟练掌握主轴电动机 M1 高、低速的接线方法，如图 10-3 所示，接触器 KM3 的主触点的出线端接电动机 M1 定子绕组的三个首端 U11、V11、W11，接触器 KM4 的主触点的出线端接电动机 M1 定子绕组的三个尾端 U12、V12、W12，而接触器 KM5 的两个主触点的出线端分别接在电动机 M1 定子绕组的 U11、W11 上，V11 用一根导线短接于 KM5 的两个主触点的进线端。这样，当接触器 KM3 线圈通电、KM4 和 KM5 线圈断电时，电动机 M1 接成三角形联结低速运行；当接触器 KM3 线圈断电、KM4 和 KM5 线圈通电时，电动机 M1 接成双星形联结高速运行。

（三）能正确使用仪表

要求接线完成后能正确使用指针式万用表快速检测自己的接线是否正确，排除可能存在的故障和安全隐患。使用前应把红、黑表笔分别插入面板上的“+”、“-”插座上，将万用表调到“$R\times10$”档，先将万用表调零，再将红、黑表笔分别接触待检查电路的某两个测试点，若此时指针接近“零”位，则说明这两点间是通的；若万用表指针指到“∞”位置，则说明这两点间是断的。

（四）申请通电试车

自己确认电路和接线无误后，可请指导老师检查并申请通电试车。试车时，要认真观察和注意有无异常现象发生，若出现异常应立即断开电源开关，待查明原因和排除故障后，才可再次请求通电试车。

（五）熟练操纵镗床的动作

要求能熟练操纵镗床，使仿真机床能模拟实际镗床完成下列动作：

1）主轴电动机 M1 的正反转起动。

2）主轴电动机 M1 的正反转点动控制。

3）主轴电动机 M1 的停车制动。

4）主轴电动机 M1 的高、低速控制。

5）快速移动电动机 M2 的正反转控制。

（六）通电试车发现故障

要求熟悉镗床的各种电气故障现象，能初步判断产生该种现象的可能原因及大概部位。由指导教师设置的镗床各种常见故障如下：

1）所有电动机断相，控制电路失效。

2）主轴电动机无论正反转均断相，控制电路正常。

3）主轴电动机正转断相。

4）主轴电动机正反转均缺一相。

5）主轴电动机运转时，电磁铁 YB 不能吸合。

6）主轴电动机低速运转制动时，电磁铁 YB 不能动作。

7）快速移动电动机快速移动正转时缺一相。

8）快速移动电动机无论正反转均缺一相。

9）控制电路及照明电路均没电。

10）SA 接通时，照明灯也不能亮。

11）除照明灯及通电指示外，其他控制全部失效。

12）当操作手柄压下 SQ4 时，SQ3 未压下（接通），但控制电路失效，通电指示灯仍亮。

13）主轴电动机正转不能起动，但能点动。

14）主轴电动机正转点动与起动均失效。

15）当操作手柄压下 SQ3（SQ3 断开）时，控制电路失效。

16）主轴电动机反转不能起动、点动。

17）主轴电动机反转只能点动。

18）主轴电动机的高低速运行及快速移动电动机的快速移动均不可起动。

19）主轴变速与进给变速时手柄拉出 SQ2 均不能断开，M1 仍在运行。

20）主轴电动机高低速均不起动。

21）主轴电动机的低速不能起动，高速时，无低速的过渡。

22）当手柄扳到进给位置压下 SQ4 时（SQ3 接通），快速移动电动机无论正反转均不起动。

23）主轴电动机即使打到高速位置也只能低速运行。

24）快速移动电动机正转不能起动。

25）快速移动电动机，无论正反转均不能起动。

26）快速移动电动机，反转不能起动。

（七）熟练掌握镗床电气故障的正确检修方法

可用万用表“$R\times10$”档来检查电路的通断。当运行中的电动机突然发出“嗡嗡”的声音，速度变得较慢且伴随振动时，可判断为电动机断相运行。

1）当出现上述第 1 种故障现象时，说明问题出在电源的 L1、L2 相电路上，可用万用表试测图 10-3 中对应的 85-90、84-89 等点之间的电路。

2）当出现上述第 2 种故障现象时，说明问题出在电源的 L3 相电路上，可用万用表试测图 10-3 中对应的 86-91、96-111 等点之间的电路。

3）当出现上述第 3 种故障现象时，说明问题出在接触器 KM1 的主触点的出线端与热继电器之间的连接电路上，可用万用表试测图 10-3 中对应的 98-99、105-106、112-113 等点之间的电路。

4）当出现上述第 4 种故障现象时，说明问题出在接触器 KM1、KM2 的主触点的出线端与主轴电动机的通电电路上，可用万用表试测图 10-3 中对应的 100-101、107-108、114-115 等点之间的电路。

5）当出现上述第 5 种故障现象时，说明问题出在制动电磁铁 YB 的通电电路上，可用万用表试测图 10-3 中对应的 120-138、143-144 等点之间的电路。

6）当出现上述第 6 种故障现象时，说明问题出在制动电磁铁 YB 通电电路上且控制主轴电动机低速的 KM3 常开触点上，可用万用表试测图 10-3 中对应的 136-137、137-143 等点之间的电路。

7）当出现上述第 7 种故障现象时，说明问题出在控制熔断器 FU2 正转的通电电路上，可用万用表试测图 10-3 中对应的 146-151、148-153、150-157 等点之间的电路。

8）当出现上述第 8 种故障现象时，说明问题出在接触器 KM6、KM7 的主触点的出线端与快速移动电动机 M2 的通电电路上，可用万用表试测图 10-3 中对应的 151-152、153-154、157-158 等点之间的电路。

9）当出现上述第 9 种故障现象时，说明问题出在控制电路及照明电路的通电电路上，可用万用表试测图 10-3 中对应的 159-164、155-163 点之间的电路。

10）当出现上述第 10 种故障现象时，说明问题出在照明灯 EL 的通电电路上，可用万用表试测图 10-3 中对应的 169-170、171-172 点之间的电路。

11）当出现上述第 11 种故障现象时，说明问题出在控制电路通电指示灯 HL 后的主干电路上，可用万用表试测图 10-3 中对应的 7-9、8-30 点之间的电路。

12）当出现上述第 12 种故障现象时，说明问题出在控制电路行程开关 SQ3 与停止按钮 SB1 的通电电路上，可用万用表试测图 10-3 中对应的 10-11 点之间的电路。

13）当出现上述第 13 种故障现象时，说明问题出在控制电路主轴电动机 M1 的正转起动按钮 SB3 与 KM1 的自锁触点的通电电路上，可用万用表试测图 10-3 中对应的 14-15、16-17、24-28 点之间的电路。

14）当出现上述第 14 种故障现象时，说明问题出在 KM1 线圈的通电电路上，可用万用表试测图 10-3 中对应的 18-19、20-29 点之间的电路。

15）当出现上述第 15 种故障现象时，说明问题出在行程开关 SQ4 的通电电路上，可用万用表试测图 10-3 中对应的 9-74 点之间的电路。

16）当出现上述第 16 种故障现象时，说明问题出在 KM2 线圈的通电电路上，可用万用表试测图 10-3 中对应的 25-35、40-41、29-42 点之间的电路。

17）当出现上述第 17 种故障现象时，说明问题出在控制电路主轴电动机 M1 的反转起动按钮 SB2 与 KM2 的自锁触点的通电电路上，可用万用表试测图 10-3 中对应的 36-37、38-39、28-34 点之间的电路。

18）当出现上述第 18 种故障现象时，说明问题出在控制电路主轴电动机的高低速运行及快速移动电动机的通电电路上，可用万用表试测图 10-3 中对应的 30-52 点之间的电路。

19）当出现上述第 19 种故障现象时，说明问题出在行程开关 SQ2 的通电电路上，可用万用表试测图 10-3 中对应的 43-44 点之间的电路。

20）当出现上述第 20 种故障现象时，说明问题出在主轴电动机 M1 高低速的通电电路上，可用万用表试测图 10-3 中对应的 43-44、44-45 点之间的电路。

21）当出现上述第 21 种故障现象时，说明问题出在 KM3 线圈的通电电路上，可用万用表试测图 10-3 中对应的 46-47、48-49、50-51 点之间的电路。

22）当出现上述第 22 种故障现象时，说明问题出在控制快速移动电动机 M2 通电的进线上，可用万用表试测图 10-3 中对应的 43-67 点之间的电路。

23）当出现上述第 23 种故障现象时，说明问题出在时间继电器 KT 线圈的通电电路上，可用万用表试测图 10-3 中对应的 62-63、63-64、64-65 点之间的电路。

24）当出现上述第 24 种故障现象时，说明问题出在控制快速移动电动机 M2 正转的 KM6 线圈的通电电路上，可用万用表试测图 10-3 中对应的 70-71、72-73 点之间的电路。

25）当出现上述第 25 种故障现象时，说明问题出在快速移动电动机 M2 的通电电路上，可用万用表试测图 10-3 中对应的 66-73 点之间的电路。

26）当出现上述第 26 种故障现象时，说明问题出在控制快速移动电动机 M2 反转的 KM7 线圈的通电电路上，可用万用表试测图 10-3 中对应的 75-76、77-78、79-80 点之间的电路。

（八）排除故障，修复故障点

1）当出现上述第 1 种故障现象时，用万用表测得的结果是 85-90 间断路，即图 10-3 中的①处断开，说明电源开关 QS 与熔断器 FU1 间接线松动或接触不良，将其修复即可。

2）当出现上述第 2 种故障现象时，用万用表测得的结果是 96-111 间断路，即图 10-3 中的②处断开，说明熔断器 FU1 与 KM1 主触点间接线松动或接触不良，将其修复即可。

3）当出现上述第 3 种故障现象时，用万用表测得的结果是 98-99 间断路，即图 10-3 中的③处断开，说明 KM1 主触点与 KM2 主触点间的出线端接线松动或接触不良，将其修复即可。

4）当出现上述第 4 种故障现象时，用万用表测得的结果是 107-108 间断路，即图 10-3 中的④处断开，说明热继电器 FR 与 KM3 主触点间接线松动或接触不良，将其修复即可。

5）当出现上述第 5 种故障现象时，用万用表测得的结果是 120-138 或 143-144 间断路，即图 10-3 中的⑤或⑦处断开，说明 KM4 主触点的进线端与电磁制动器间接线松动或接触不良；或者说明 KM5 主触点的出线端与电磁制动器间接线松动或接触不良，将其修复即可。

6）当出现上述第 6 种故障现象时，用万用表测得的结果是 137-143 间断路，即图 10-3 中的⑥处断开，说明 KM3 常开触点的出线端与电磁制动器间接线松动或接触不良，将其修复即可。

7）当出现上述第 7 种故障现象时，用万用表测得的结果是 146-151 间断路，即图 10-3 中的⑧处断开，说明 KM6 主触点的出线端与 KM7 主触点的出线端间接线松动或接触不良，将其修复即可。

8）当出现上述第 8 种故障现象时，用万用表测得的结果是 151-152 间断路，即图 10-3 中的⑨处断开，说明 KM7 主触点的出线端与快速移动电动机 M2 间接线松动或接触不良，将其修复即可。

9）当出现上述第 9 种故障现象时，用万用表测得的结果是 155-163 间断路，即图 10-3 中的⑩处断开，可能是 KM7 主触点的进线端与变压器绕组间接线松动或接触不良，将其修复即可。

10）当出现上述第 10 种故障现象时，用万用表测得的结果是 169-170 间断路，即图 10-3中⑪处断开，说明熔断器 FU4 与开关 SA 间接线松动或接触不良，将其修复即可。

11）当出现上述第 11 种故障现象时，用万用表测得的结果是 7-9 或 8-30 间断路，即图 10-3 中的⑫或⑯处断开，说明熔断器 FU3 与行程开关 SQ3 间接线松动或接触不良，或者说明熔断器 FU3 与热继电器 FR 的常闭触点间接线松动或接触不良，将其修复即可。

12）当出现上述第 12 种故障现象时，用万用表测得的结果是 10-11 间断路，即图 10-3 中⑬处断开，说明 SQ3 的常闭触点与 SB1 的常闭触点间接线松动或接触不良，将其修复即可。

13）当出现上述第 13 种故障现象时，用万用表测得的结果是 16-17 间断路，即图 10-3 中的⑭处断开，说明 SB3 的常开触点与 KM2 的常闭触点间接线松动或接触不良，将其修复即可。

14）当出现上述第 14 种故障现象时，用万用表测得的结果是 18-19 间断路，即图 10-3 中⑮处断开，说明 KM2 的常闭触点与 KM1 线圈间接线松动或接触不良，将其修复即可。

15）当出现上述第 15 种故障现象时，用万用表测得的结果是 9-74 间断路，即图 10-3 中的⑰处断开，说明 SQ3 的常闭触点与 SQ4 的常闭触点的进线端接线松动或接触不良，将其修复即可。

16）当出现上述第 16 种故障现象时，用万用表测得的结果是 25-35 或 29-42 间断路，即图 10-3 中的⑱或⑳处断开，说明 SB5 的常闭触点与 SB3 的常闭触点的进线端接线松动或接触不良；或者说明热继电器 FR 的常闭触点与 KM2 线圈间接线松动或接触不良，将其修复即可。

17）当出现上述第 17 种故障现象时，用万用表测得的结果是 28-34 间断路，即图 10-3 中的⑲处断开，说明 SB4 的常闭触点与 KM2 的常开触点的出线端接线松动或接触不良，将其修复即可。

18）当出现上述第 18 种故障现象时，用万用表测得的结果是 30-52 间断路，即图 10-3 中的㉑处断开，说明热继电器 FR 的常闭触点与 KM1 的常开触点的出线端接线松动或接触不良，将其修复即可。

19）当出现上述第 19 种故障现象时，用万用表测得的结果是 43-44 间短路，即图 10-3 中的㉒处短接，说明行程开关 SQ2 的常闭触点熔焊，将其更换即可。

20）当出现上述第 20 种故障现象时，用万用表测得的结果是 44-45 间断路，即图 10-3 中的㉓处断开，说明行程开关 SQ2 的常闭触点与时间继电器 KT 的延时断开的常闭触点间接线松动或接触不良，将其修复即可。

21）当出现上述第 21 种故障现象时，用万用表测得的结果是 48-49 间断路，即图 10-3 中的㉔处断开，说明 KM4 的常闭触点与 KM3 线圈间接线松动或接触不良，将其修复即可。

22）当出现上述第 22 种故障现象时，用万用表测得的结果是 43-67 间断路，即图 10-3 中的㉕处断开，说明行程开关 SQ2 的常闭触点与行程开关 SQ6 的常开触点的进线端接线松动或接触不良，将其修复即可。

23）当出现上述第 23 种故障现象时，用万用表测得的结果是 62-63 间断路，即图 10-3 中的㉖处断开，说明行程开关 SQ1 的常开触点与时间继电器 KT 的线圈间接线松动或接触不良，将其修复即可。

24）当出现上述第 24 种故障现象时，用万用表测得的结果是 70-71 或 72-73 间断路，即图 10-3 中的㉚或㉗处断开，说明行程开关 SQ5 的常闭触点与 KM6 线圈的进线端接线松动或接触不良；或者说明 KM6 线圈与 KM7 线圈的出线端接线松动或接触不良，将其修复即可。

25）当出现上述第 25 种故障现象时，用万用表测得的结果是 66-73 间断路，即图 10-3 中的㉘处断开，说明 KM2 的常开触点与 KM6 线圈的出线端接线松动或接触不良，将其修复即可。

26）当出现上述第 26 种故障现象时，用万用表测得的结果是 79-80 间断路，即图 10-3 中的㉙处断开，说明行程开关 SQ6 的常闭触点与 KM7 线圈的进线端接线松动或接触不良，将其修复即可。

## 六、质量评价标准

为保证学生通过项目学习后形成相应的能力，每一个学习情境均采用“现场参观—基础实验—技能实训—综合实训”，以使学生形成综合应用能力。在进行实验实训之前，教师应向学员布置本次实验实训的任务和交代实验实训过程中的注意事项及要点。在安装调试过程中，应注意工具、仪器、设备的正确使用和保管。实验实训过程中，应注意人身和设备的安全。

项目考核的重点放在过程考核，强调素质与能力。每个学习情境的考核结果记入项目考核的总成绩，前一个学习情境考核不合格，不能进入下一个情境的学习。每一个学习情境均有对应的成绩考核单。

（一）镗床电气控制电路的安装评分标准（见表10-2）

**表10-2 镗床电气控制电路的安装评分标准**

<table>
<tr><th>项目</th><th>配分</th><th colspan="3">评分标准</th><th>扣分</th></tr>
<tr><td>安装前检查</td><td>15</td><td colspan="3">1）电动机检查，每漏一处扣5分<br>2）元器件漏检或错检，每漏一处扣2分</td><td></td></tr>
<tr><td>安装元器件</td><td>15</td><td colspan="3">1）不按电气布置图安装元器件扣15分<br>2）元器件安装不紧固扣4分<br>3）元器件安装不整齐、不匀称、不合理的每只扣3分<br>4）损坏元器件扣5分</td><td></td></tr>
<tr><td>布线</td><td>30</td><td colspan="3">1）不按布线图接线扣25分<br>2）布线不符合要求，主电路每根扣4分；控制电路每根扣2分；<br>3）接点不符合要求，每个接点扣2分<br>4）损伤导线绝缘或线芯，每根扣5分<br>5）漏接接地线扣10分</td><td></td></tr>
<tr><td>通电试车</td><td>40</td><td colspan="3">1）热继电器未整定或整定错扣5分<br>2）熔体规格配错，主、控制电路各扣5分<br>3）第一次试车不成功扣20分<br>4）第二次试车不成功扣40分</td><td></td></tr>
<tr><td>安全文明生产</td><td></td><td colspan="3">违反安全文明生产规程扣5～40分</td><td></td></tr>
<tr><td>定额时间</td><td>3.5h</td><td colspan="3">每超时2min，总分扣除1分</td><td></td></tr>
<tr><td>备　　注</td><td colspan="3">各项扣分不得超过该项配分</td><td>成　绩</td><td></td></tr>
<tr><td>开始时间</td><td colspan="2"></td><td>结束时间</td><td>实际时间</td><td></td></tr>
</table>

（二）镗床电气控制电路的检修评分标准（见表10-3）

**表10-3 镗床电气控制电路的检修评分标准**

| 项目 | 配分 | 评分标准 | 扣分 |
|---|---|---|---|
| 故障分析 | 30 | 1）故障分析、排除故障思路不正确，每个扣5～10分<br>2）标错电路故障范围，每个扣10～15分 | |
| 排除故障 | 70 | 1）停电不验电扣5分<br>2）测量仪器和工具使用不正确，每次扣5分<br>3）排除故障的顺序不正确扣10分<br>4）不能查出故障，每个扣40分<br>5）查出故障点，但不能排除，每个扣10分<br>6）产生新的故障：<br>不能排除，每个扣40分<br>能够排除，每个扣10分<br>7）损坏电器，每个扣10～20分 | |

（续）

| 项目 | 配分 | 评分标准 | | 扣分 |
| --- | --- | --- | --- | --- |
| 安全文明生产 | | 违反安全文明操作规程扣 5 ~ 40 分 | | |
| 定额时间 | 1h | 修复故障过程中若超时，每超时 1min 扣 5 分 | | |
| 备　注 | 除定额时间外，各项内容的最高扣分不得超过该项配分 | | 成绩 | |
| 开始时间 | | 结束时间 | 实际时间 | |

## 七、拓展与提高

通过安装与调试镗床的电气控制电路，了解卧式镗床的实际生产过程。下面介绍一些在工厂里，用卧式镗床进行生产时应具备的基本知识。

（一）卧式镗床的发展历史

在新中国成立之初，百废待兴，工业发展的水平亟需提高，但由于当时国外对新中国实行了技术封锁，致使我国机床生产水平比较落后。为了改变这种局面，在 1954 年，沈阳中捷友谊厂技术科的几名工人，依靠从前苏联获得的一些技术图样开始了新机床的研制，通过不断的摸索和实践，仅用两个月的时间就造出了卧式镗床的雏形产品——262 型镗床，并于 1955 年小批量生产了 8 台。此后，经过一系列的技术调整，终于在 1956 年研制出了 T68 型卧式镗床，这是新中国第一台完全符合精度标准的卧式镗床。从此，作为工业发展的母机，T68 型卧式镗床为新中国工业化进程作出了数不清的贡献。T68 型卧式镗床是生产大中型零配件的机床。如在 20 世纪 60 年代，鞍山钢铁厂用来生产无缝钢管的轧滚镗床、轧滚磨床，一汽生产汽车零部件的专用组合镗床等，都是用 T68 型卧式镗床制造的。T68 型卧式镗床的研制成功，打破了国外对中国机床的技术封锁，使新中国的农用机械、汽车、铁路、矿山等大型工业的生产速度得到了迅速提高，节省了大量生产时间和原材料。1975 年，沈阳钻镗床研究所组织了全国卧式镗床“三化”（标准化、系列化、通用化）的联合设计，完成了镗轴直径 90mm、110mm 和 130mm 三个规格五个品种卧式镗床的联合设计，使镗床的生产能力和技术水平又上了一个新台阶。1984 年，我国卧式镗床的计划生产量约为 740 台，年产值估计可达 7875 万元，这在当时已经是非常了不起的成就。现阶段我国卧式镗床的生产厂家主要有沈阳机床厂、汉川机床厂等十多个厂家，而随着技术水平的不断提高，加上数控技术在机床上的应用，镗床的生产能力也将得到进一步的提高。

（二）卧式镗床的安全文明生产

文明生产是工厂管理的一项重要内容，作为一名技术工人，不但要掌握基本的操作技能，更要培养安全文明生产的好习惯，好的习惯直接影响产品质量的好坏，影响设备的使用寿命。文明生产要求做到如下几点：

1）开车前应检查镗床各部分机构及防护设备是否完好，防止开车时突然撞击损坏镗床。

2）工作时所用的工具、夹具、量具及工件，应尽可能摆放在工人的周围，便于拿取，物品放置应有固定位置，用完后及时放回原处。

3）图样、工艺卡片应放置在便于阅读的部位，便于拿取，并注意保持其清洁和完整。

4）工作位置周围应经常注意保持清洁和整齐。

5）下班前应清除镗床上及镗床周围的切屑及切削液，擦干净后按规定在应加油部位加上润滑油。

6）下班后应将各传动手柄放到空档位置，并关闭电源。

（三）卧式镗床的安全操作规程

1）上班时应穿好工作服，扎好袖口；女工应戴好工作帽，头发或辫子应塞入帽子内；不准穿凉鞋进入工作岗位。

2）镗床开动前，先检查镗刀是否把牢，工件是否卡牢固，压板是否平稳。支撑压板的垫铁不宜过高或块数过多，安装刀具时，紧固螺钉不准凸出镗刀回转半径。

3）每次开车及开动各移动部件时，要注意刀具及各手柄是否在需要位置上，扳快速移动手柄时，要先轻轻开动一下，看移动部位的方向是否正确，严禁突然开动快速移动手柄。

4）镗床开动时，不准量尺寸、对样板或用手摸加工面；镗孔、扩孔时不准将头贴近加工孔观察吃刀情况；头部与工件不能靠得太近；更不准隔着转动的镗杆取东西。

5）起动工作台回转时，必须将镗杆缩回，工作台上严禁站人。

6）两人以上操作大型镗床时，应密切联系，互相配合，注意安全。

（四）卧式镗床的维护保养

1. 镗床的日常维护

日常维护是一项很重要的工作，它能提高工作效率，延长镗床的使用寿命。镗床的日常维护主要是对镗床进行及时清洁和定期润滑的工作。

2. 镗床的保养

镗床的保养又分为一级保养和二级保养。一级保养在镗床运行 800h 左右，以操作工人为主，维修工人配合进行。保养的内容主要是对镗床的外露部位和易磨损的地方进行清洗、检查、调整、紧固和润滑等。二级保养在镗床运行 5000h 左右，以维修工人为主，操作工人参加进行。保养的内容主要是测绘易损件，修复更换严重磨损的零件，进行电气系统的检修等。

## 习题部分

10-1　T68 型卧式镗床有什么作用？

10-2　在 T68 型卧式镗床的电路原理图中，（1）KM3 接触器在主轴电动机 M1 哪几种状态下不动作？（2）时间继电器 KT 起什么作用？其延时长短对电路有何影响？

10-3　要想使 T68 型卧式镗床的主轴电动机 M1 低速运行，应如何接线？若高速运行，又应如何接线？

10-4　试分析在 T68 型卧式镗床的电路原理图 10-3 中，若总电源已接通，要使主轴电动机 M1 工作在以下几种状态，应操作哪些电器？（1）主轴反向点动；（2）主轴高速正转；（3）主轴由高速变为低速。

10-5　在 T68 型卧式镗床的电路中，若出现下列故障，试分析故障原因分别是什么？

（1）主轴电动机 M1 能低速起动，不能高速运行。

（2）主轴电动机 M1 只有高速档而无低速档。

（3）主轴电动机 M1 作高速档操作时，可低速起动，后又自动停止。

（4）工作台不能进给。

10-6　T68 型卧式镗床中，当主轴电动机 M1 在高速运行时，若想将其变换为低速运行，该如何操作？

10-7　试分析 T68 型卧式镗床的工作原理，并解释：（1）有哪些主运动？哪些进给运动？分别由哪个电动机来拖动？（2）各行程开关分别有什么作用？

10-8　在 T68 型卧式镗床的控制电路中，采用了哪些联锁与保护措施，它们是如何实现的？

10-9　写出 T68 型卧式镗床的主轴电动机 M1 从低速运行变换为高速运行的工作过程。

# 第十一章 Z3040型摇臂钻床电气电路

## 一、学习目标

1）熟悉Z3040型摇臂钻床的构造，了解其工作特点、适用范围。

2）熟悉Z3040型摇臂钻床各构件的功能，了解各运动部件的运动特点。

3）熟悉Z3040型摇臂钻床各操作件（含机械操作手柄、电操作按钮、旋钮）在钻床上的分布，了解其操作功能。

4）熟悉Z3040型摇臂钻床各电动机在机床上的安装位置，了解各电动机的型号功率、额定电压、额定电流、额定转速、连接方式。

5）理解Z3040型摇臂钻床的电路原理图，能根据电路原理图写出各操作按钮（或旋钮）的控制流程。

6）理解、识记Z3040型摇臂钻床的接线规律，熟练掌握其布线方法。

7）学会分析、判断电路故障，能准确排除故障点。

## 二、学习任务

1）钻床的作用和分类。

2）Z3040型摇臂钻床的实物图、结构图、主要结构部件。

3）钻床各运动部件的运动特点及控制要求。

4）分析主电路、控制电路的工作过程。

5）钻床的各种故障现象、故障原因、排除方法。

## 三、设备环境

（一）工具

通用电工工具一套。

（二）仪表

万用表一块，兆欧表一块。

（三）器材

Z3040型摇臂钻床一台。

## 四、教学内容

为了安装需要和实现某些功能，很多金属工件上需要钻孔。对于普通的小孔，一般手电钻即可加工。但对于大尺寸的孔或精度要求较高的孔，就只能用钻床来加工。钻床除了可进行钻孔加工之外，还可进行扩孔、铰孔、攻螺纹、锪端面等多种形式的加工。

钻床的种类很多，有台式钻床、立式钻床、卧式钻床、深孔钻床及多轴钻床等。在立式钻床中，有一种摇臂钻床，使用范围非常广泛。下面以 Z3040 型摇臂钻床为例，对摇臂钻床电路进行学习。

（一）Z3040 型摇臂钻床的主要结构及运动形式

1. Z3040 型摇臂钻床的型号及含义

Z3040 型摇臂钻床的型号及含义如下：

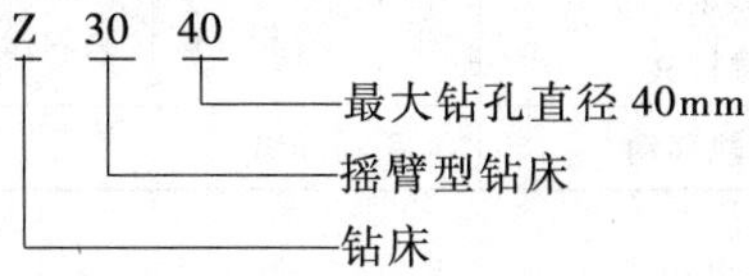


2. Z3040 型摇臂钻床的外形结构（见图 11-1）

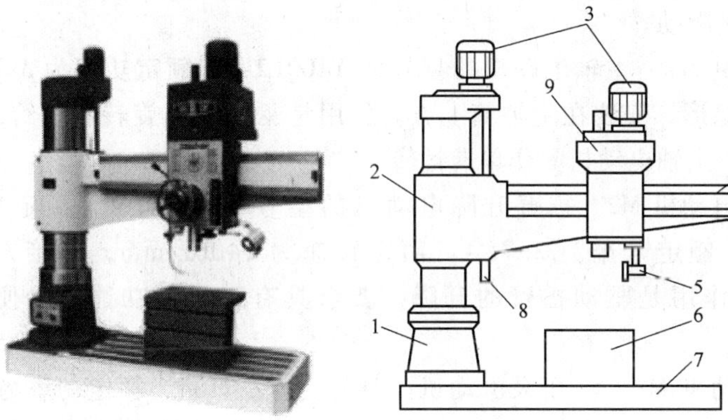


a)　　b)

图 11-1　Z3040 型摇臂钻床的外形结构

a）Z3040 型摇臂钻床实物图　b）Z3040 型摇臂钻床结构图

1—立柱　2—摇臂　3—电动机　4—导轨　5—照明灯

6—工作台　7—底座　8—丝杠　9—主轴箱

3. Z3040 型摇臂钻床各构件的作用（见表 11-1）

**表 11-1　Z3040 型摇臂钻床各构件的作用**

| 构件名称 | 构 件 作 用 |
|---|---|
| 底座 | 用于支撑、固定钻床，也可以固定较大的工件 |
| 内立柱 | 固定在底座上，可支撑、限位外立柱 |
| 外立柱 | 套在内立柱上，可围绕内立柱转动 |
| 摇臂 | 是主轴箱与立柱之间的连接件，也是主轴箱的支撑件，可沿外立柱升降，也可与外立柱一起绕内立柱转动 |
| 主轴箱 | 可在摇臂的水平导轨上径向移动，驱动主轴旋转，纵向进给 |
| 工作台 | 固定不太大的工件 |

4. Z3040 型摇臂钻床各运动部件的运动特点和控制要求（见表 11-2）

表 11-2 Z3040 型摇臂钻床各运动部件的运动特点和控制要求

| 运动部件 | 运动特点 | 控制要求 |
|---|---|---|
| 主轴 | 旋转 | 液压操纵 M1 驱动正反转 |
| | 进给 | 液压操纵自动进给,也可手动进给 |
| | 调速 | 液压操纵大范围调速 |
| 摇臂 | 沿外立柱升降 | 由 M2 正反转操纵,有限位保护 |
| | 与外立柱一起绕内立柱转动 | 手动操纵,单向转角不许超过 360°,以防拧断内外部管线 |
| 活塞与菱形块 | 摇臂与外立柱松夹<br>内外立柱松夹<br>主轴箱与摇臂松夹 | 电磁阀 YV 驱动二位六通阀,配合电动机 M3 正反转驱动液压泵。二者相互配合实现松夹,有限位保护 |
| 主轴箱 | 沿摇臂水平导轨移动 | 手动操纵 |

5. Z3040 型摇臂钻床的电动机

Z3040 型摇臂钻床各运动部件的动力源主要由以下四种电动机提供，这四种电动机功率都很小，都可以直接起动。

（1）主轴电动机 M1　主轴电动机的型号为 Y100L2-4，额定功率为 3kW，额定电压为 380V，连接方式为星形，安装在主轴箱上方。作用是驱动主轴旋转和进给，带动机械装置控制转速和正反转，主轴电动机只作单向运转。

（2）摇臂升降电动机 M2　摇臂升降电动机的型号为 NY80-4，额定功率为 1.1kW，额定电压为 380V，额定电流为 2.75A，额定转速为 1400r/min，连接方式为星形，安装在立柱的上方。作用是驱动摇臂的升降，要求具有正反转功能，以便实现对摇臂的升降控制。

（3）液压泵电动机 M3　液压泵电动机的型号为 YZ-7134，额定功率为 0.55kW，额定电压为 380V，额定电流为 1.12A，额定转速为 1340r/min，连接方式为星形，安装在摇臂根部后边。作用是驱动液压泵，要求具有正反转功能，以便实现对摇臂的松夹、立柱和主轴箱的松夹。

（4）冷却泵电动机 M4　冷却泵电动机的型号为 AOB-25，额定功率为 90W，额定电压为 380V，额定电流为 0.32A，额定转速为 2800r/min，连接方式为星形，安装在底座上。作用是驱动冷却泵，只作单向运转。

（二）Z3040 型摇臂钻床的应用

Z3040 型摇臂钻床与其他钻床一样，主要用来对工件进行钻孔加工，也可以进行扩孔、铰孔、攻螺纹、刮平端面等的加工。

Z3040 型摇臂钻床可进行精密钻孔加工，对于小工件可以固定在工作台上，对于大工件可直接固定在钻床底座上。给加工点定位时，不必移动工件，只需移动摇臂和主轴箱，就可以精确定位加工点，然后锁紧立柱和主轴箱，就可精确加工了。

合理选择刀具和加工方式，可以完成车床的部分功能（如攻螺纹），也可以完成镗床的部分功能（如扩孔、铰孔），还可以完成铣床的部分功能（如锪端面）。

（三）Z3040 型摇臂钻床的工作原理

1. Z3040 型摇臂钻床的电气原理图

Z3040 型摇臂钻床的电气原理图如图 11-2 所示。

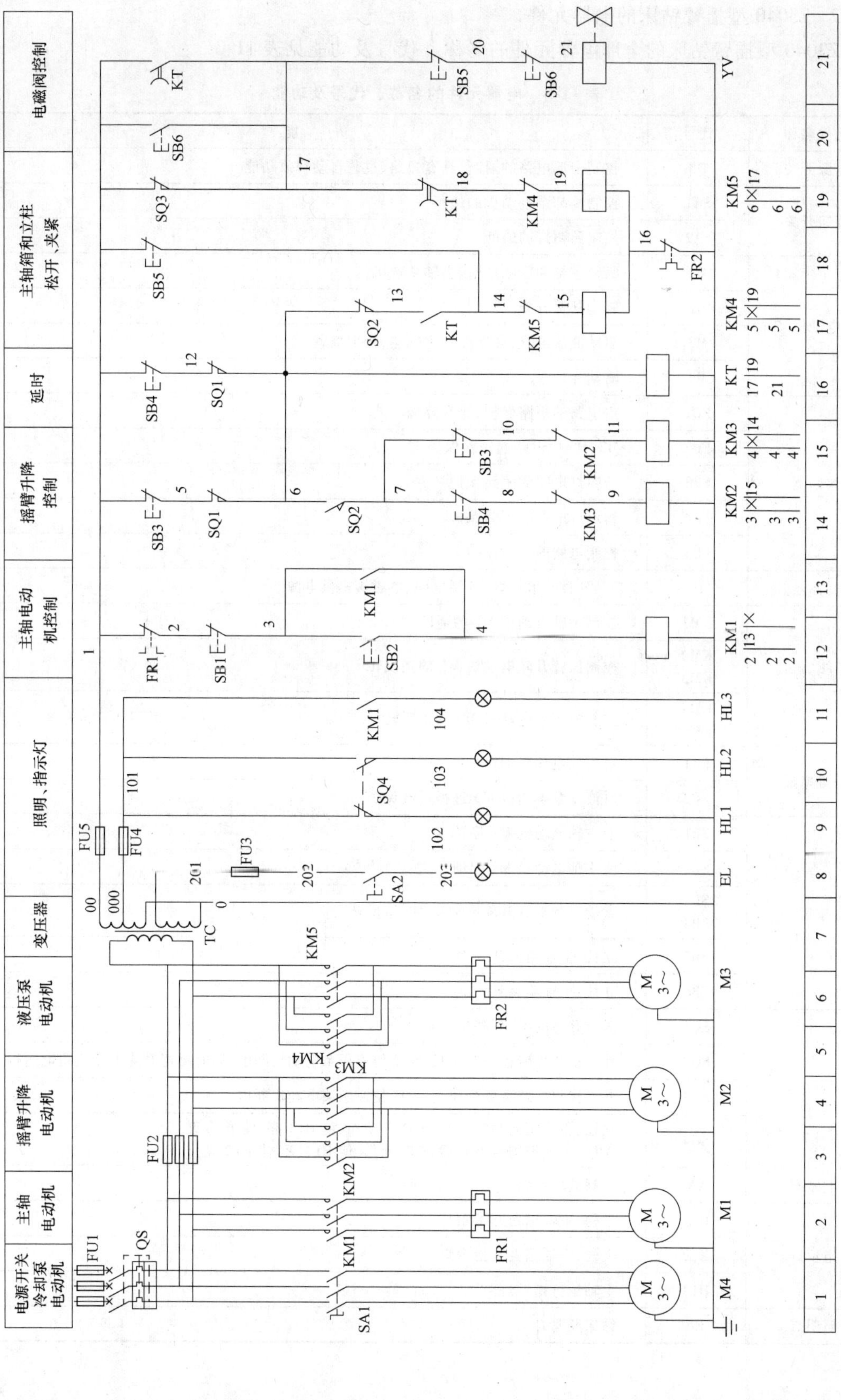


图 11-2　Z3040 型摇臂钻床的电气原理图

2. Z3040 型摇臂钻床的电器元件

Z3040 型摇臂钻床的全部电器元件的名称、代号及功能见表 11-3。

**表 11-3　电器元件的名称、代号及功能**

| 元件名称 | 代号 | 功　能 |
|---|---|---|
| 电源开关 | QS | 控制全部电路的通断,具有短路、过载自动释放功能 |
| 旋钮开关 | SA1 | 控制冷却泵电动机的通断 |
| | SA2 | 控制照明灯的通断 |
| 电动机 | M1 | 驱动主轴和主轴换向、主轴变速机构 |
| | M2 | 驱动摇臂升降 |
| | M3 | 驱动液压泵,松夹立柱和主轴箱,松夹摇臂 |
| | M4 | 驱动冷却泵 |
| 熔断器 | FU1 | 主电路的短路保护,兼有隔离功能 |
| | FU2 | M2、M3 主电路的短路保护 |
| | FU3 | 照明灯电路的短路保护 |
| | FU4 | 指示灯电路的短路保护 |
| | FU5 | 控制电路的短路保护 |
| 变压器 | TC | 为照明灯、指示灯、控制电路、电磁阀提供电源 |
| 交流接触器 | KM1 | 控制主轴电动机 M1 的通断 |
| | KM2<br>KM3 | 控制摇臂升降电动机 M2 的正反转 |
| | KM4<br>KM5 | 控制液压泵电动机 M3 的正反转 |
| 热继电器 | FR1 | 对主轴电动机 M1 进行过载保护 |
| | FR2 | 对液压泵电动机 M3 进行过载保护 |
| 按钮 | SB1 | 使主轴电动机 M1 停转 |
| | SB2 | 使主轴电动机 M2 起动 |
| | SB3<br>SB4 | 点动控制摇臂升降电动机 M2 正反转 |
| | SB5 | 立柱、主轴箱松开 |
| | SB6 | 立柱、主轴箱夹紧 |
| 行程开关 | SQ1 | 摇臂升降的上、下限位保护 |
| | SQ2 | 外立柱与摇臂松开到位后,SQ2 使液压泵电动机断电,同时摇臂升降电动机得电运行 |
| | SQ3 | 外立柱与摇臂夹紧到位后,SQ3 使液压泵电动机断电 |
| | SQ4 | 立柱、主轴箱同时松开后,SQ4 不动作,使 HL1 亮,使 HL2 灭<br>立柱、主轴箱同时夹紧后,SQ4 动作,使 HL1 灭,使 HL2 亮 |
| 电磁阀 | YV | 控制液压油路 |
| 指示灯 | HL1 | 立柱、主轴箱松开指示灯 |
| | HL2 | 立柱、主轴箱夹紧指示灯 |
| | HL3 | 主轴运行指示灯 |
| 照明灯 | EL | 钻床照明灯 |

3. 电路分析

三相电源由低压断路器 QS 控制。M1 为单向旋转，由接触器 KM1 控制。主轴的正反转是通过另外一套由主轴电动机拖动齿轮泵送出液压油的液压系统经“主轴变速、正反转及空档”操作手柄来获得的。M1 由热继电器 FR1 作过载保护。

M2 由正反转接触器 KM2、KM3 控制实现正反转，因摇臂移动是短时的，不用设过载保护，但其与摇臂的放松与夹紧之间有一定的配合关系，由控制电路保证。

M3 由接触器 KM4、KM5 控制实现正反转，并有热继电器 FR2 作过载保护。

M4 电动机容量小，额定功率仅为 90W，由开关 SA1 控制起动、停止。

4. 控制电路分析

（1）主轴电动机控制　由按钮 SB2、SB1 与接触器 KM1 构成主轴电动机起动——停止控制电路。M1 起动后，指示灯 HL3 亮，表示主轴电动机在运行。

① 按一下SB2 → KM1线圈得电 → { KM1常开触点闭合（自锁）; KM1主触点闭合 } → 电动机M1得电持续运行

② 按一下SB1 → KM1 线圈失电 → { KM1常开触点分断（解除自锁）; KM1主触点分断 } → 电动机M1失电停转

③ 电动机长期过载 → 热继电器FR1发热动作（FR1常闭触点断开）→ KM1线圈失电 → { KM1常开触点分断; KM1主触点分断 } → 电动机M1 失电

（2）摇臂升降及夹紧、放松控制　摇臂钻床工作时摇臂应夹紧在外立柱上，发出摇臂移动信号后，须先松开夹紧装置，当摇臂移动到位后，再将摇臂夹紧。此电路能自动完成这个过程。

由摇臂上升按钮 SB3、下降按钮 SB4 及正反转接触器 KM2、KM3 组成具有双重互锁的电动机正反转点动控制电路。由于摇臂的升降控制须与夹紧机构液压系统密切配合，所以与液压泵电动机的控制密切相关。液压泵电动机的正反转由正反转接触器 KM4、KM5 控制，拖动双向液压泵，送出压力油，经二位六通阀送至摇臂夹紧机构实现夹紧与放松。下面以摇臂上升为例分析摇臂升降及夹紧、放松的控制。

按下摇臂上升点动按钮 SB2，时间继电器 KT 通电吸合，瞬动常开触点 KT（13-14）、KT（1-17）闭合，前者使 KM4 线圈通电吸合，后者使电磁阀 YV 线圈通电。于是液压泵电动机 M3 正转起动，拖动液压泵送出压力油，经二位六通阀进入摇臂松开油腔，推动活塞和菱形块，使摇臂松开。同时活塞杆通过弹簧片压动行程开关 SQ2，其常闭触点 SQ2（6-13）断开，接触器 KM4 断电释放，液压泵电动机停止旋转，摇臂维持在松开状态；同时，SQ2 常开触点 SQ2（6-7）闭合，KM2 线圈通电吸合，摇臂升降电动机 M2 起动旋转并拖动摇臂上升。

当摇臂上升到预定位置时，松开上升按钮 SB3，KM2、KT 线圈断电，M2 以惯性旋转至停止，摇臂停止上升。经延时一段时间后，KT（17-18）闭合，KM5 线圈通电，液压泵电动机 M3 反转，触点 KT（1-17）断开，电磁阀 YV 断电。送出的液压油经另一条油路流入二位六通阀，再进入摇臂夹紧油腔，反向推动活塞与菱形块，使摇臂夹紧。值得注意的是，在KT断电延时的1～3s时间内，KM5线圈仍处于断电状态，而YV也处于通电状态，这段延时就确保了摇臂升降电动机在断开电源依惯性旋转经1～3s完全停止旋转后才开始摇臂的夹紧动作，所以KT延时的长短依电动机M2切断电源到完全停止的惯性大小来调整。

当摇臂夹紧后，活塞杆通过弹簧片压动行程开关SQ3，使SQ3（1-17）断开，KM5线圈断电，M3停止旋转，摇臂夹紧完成。摇臂夹紧的行程开关SQ3调整到摇臂夹紧后应该能够动作，若调整不当，摇臂夹紧后不能动作，会使液压泵电动机M3长期工作而过载。为防止由于长期过载而损坏液压泵电动机，电动机M3即便短时运行，也仍采用热继电器作过载保护。

摇臂升降的极限保护由行程开关SQ1来实现。SQ1有两对常闭触点，当摇臂上升或下降到极限位置时相应常闭触点断开，切断对应的上升或下降接触器KM2与KM3线圈电路，使M2停止，摇臂停止移动，实现极限位置保护。此时可按下反方向移动起动按钮，使M2反向旋转，拖动摇臂反向移动。

摇臂升降电路控制流程如下：

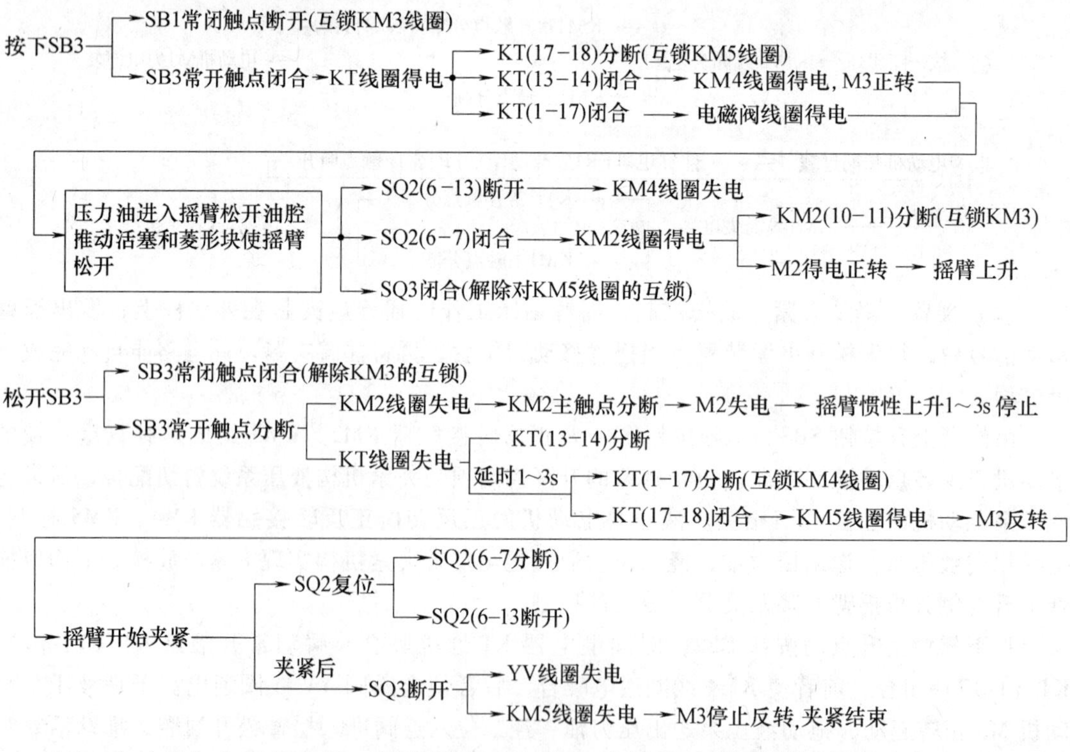


（3）主轴箱与立柱的夹紧、放松控制　立柱与主轴箱均采用液压操纵夹紧与放松，两者是同时进行的，工作时要求二位六通阀不通电。松开与夹紧分别由松开按钮SB5和夹紧按钮SB6控制。指示灯HL1、HL2指示出相应的动作。

按下松开按钮SB5时，KM4线圈通电吸合，M3电机正转，拖动液压泵送出液压油，此时电磁阀线圈YV不通电，其提供的高压油经二位六通电磁阀到另一油路，进入立柱与主轴箱松开油腔，推动活塞和菱形块使立柱和主轴箱同时松开。当立柱与主轴箱松开后，行程开关SQ4不受压而复位，触点SQ4（101-102）闭合，指示灯HL1亮，表明立柱与主轴箱已松开。于是可以手动操作主轴箱在摇臂的水平导轨上移动。当移动到位，按下夹紧按钮 SB6 时，KM5 线圈通电吸合，电动机 M3 反转，拖动液压泵送出液压油至夹紧油腔，使立柱与主轴箱同时夹紧。当确已夹紧时，压下 SQ4，触点（101-102）断开，HL1 灯灭，触点 SQ4（101-103）闭合，HL2 灯亮，指示立柱与主轴箱均已夹紧，可以进行钻削加工。

立柱、主轴箱松夹电路控制流程如下：

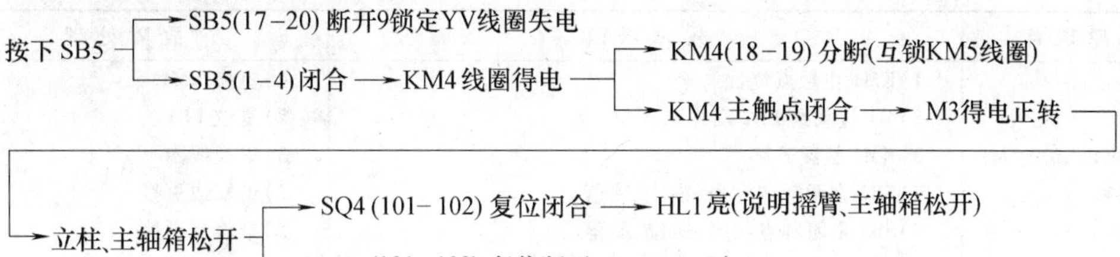


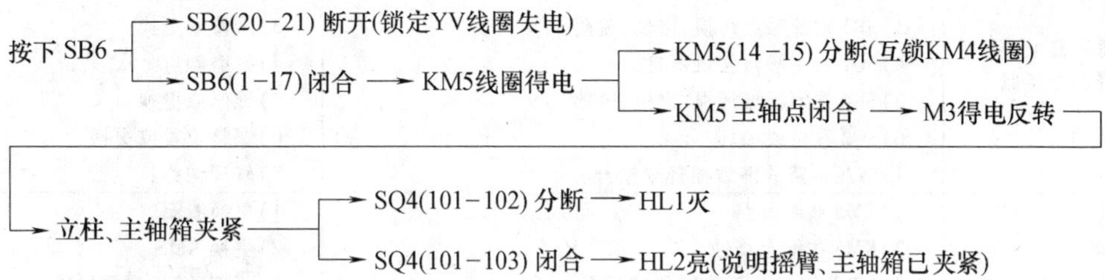


（4）冷却泵电动机 M4 的控制　电动机 M4 由开关 SA1 手动控制，单向旋转。

（5）联锁与保护环节　Z3040 型摇臂钻床的电气控制具有完善的联锁与保护环节，主要有：行程开关 SQ1 实现摇臂上升与下降的限位保护；行程开关 SQ2 实现摇臂松开到位，开始升降的联锁；行程开关 SQ3 实现摇臂完全夹紧，液压泵电动机 M3 停止运转的联锁；时间继电器 KT 实现摇臂升降电动机 M2 断开电源、待 M2 停止后再进行夹紧的联锁；电动机 M2 正反转具有双重互锁，电动机 M3 正反转具有电气互锁；SB5、SB6 立柱与主轴箱松开、夹紧按钮的常闭触点串联在电磁阀 YV 线圈电路中，实现立柱与主轴箱松开、夹紧操作时，液压油只进入立柱与主轴箱夹紧油腔而不进入摇臂夹紧油腔的联锁；熔断器 FU1 ~ FU5 实现电路的短路保护；热继电器 FR1、FR2 为电动机 M1、M2 的过载保护。

5. 照明与信号指示电路分析

HL1 为主轴箱与立柱松开指示灯，灯亮表示已松开，可以手动操作主轴箱沿摇臂移动或推动摇臂回转；HL2 为主轴箱与立柱夹紧指示灯，灯亮表示已夹紧，可以进行钻削加工；HL3 为主轴旋转工作指示灯。

EL 为机床局部照明灯，由控制变压器 TC 供给 24V 安全电压，用手动开关 SA2 控制。

6. Z3040 型摇臂钻床电气控制特点

1）Z3040 型摇臂钻床是机、电、液的综合控制。机床有两套液压系统：一套是由单向旋转的主轴电动机拖动齿轮泵送出液压油，并通过操作手柄来操纵机构实现主轴正、反转、停车制动、空档、预选与变速的操纵机构液压系统；另一套是由液压泵电动机拖动液压泵送出液压油来实现摇臂的夹紧与松开、主轴箱和立柱的夹紧和放松的夹紧机构液压系统。

2）摇臂的升降控制与夹紧、放松控制有严格的程序要求，以确保先松开，再移动，移动到位后自动夹紧。所以对电动机 M3、M2 的控制有严格的程序要求，这些由控制电路控制，并在液压、机械配合下实现。

3）电路具有完善的保护和联锁环节，有明显的信号指示。

（四）常见电气故障分析（见表 11-4）

表 11-4 常见电气故障分析

| 故障现象 | 故障原因 | 故障处理 |
|---|---|---|
| 主轴电动机 M1 不能起动 | 1）KM1 主触点烧蚀<br>2）M1 过载致 FR1 动作未复位<br>3）KM1 线圈开路<br>4）SB2 常开触点污损、错位、脱落<br>5）SB1 常闭触点污损、错位、脱落<br>6）FR1 常闭触点污损、变形 | 1）更换 KM1<br>2）复位 FR1<br>3）更换线圈<br>4）维修或更换<br>5）维修或更换<br>6）维修或更换 |
| 摇臂不能上升（不能下降与之类似） | 1）KM2 主触点烧蚀<br>2）KM2 线圈开路<br>3）SB3 常开触点污损、错位、脱落<br>4）SQ1 常闭触点接触不良<br>5）SB4 常闭触点污损、错位、脱落<br>6）SQ2 移位或损坏<br>7）液压油路故障致摇臂未松开 | 1）更换 KM1<br>2）更换线圈<br>3）维修或更换<br>4）打磨触点<br>5）维修或更换<br>6）调整位置或更换<br>7）修理油路 |
| 摇臂升降到位后不能自动夹紧 | 1）KM5 线圈开路<br>2）KM5 主触点烧蚀<br>3）KT 常闭触点不能复位或污损<br>4）KT 常开触点不能复位，电磁阀吸合液压油进不了夹紧油缸<br>5）维修之后的 M3 相序接反<br>6）SQ3 动作过早 | 1）更换线圈<br>2）更换 KM5<br>3）清理油污、清除异物<br>4）修复 KT 常开触点<br>5）对调任意两根相线<br>6）SQ3 位置稍作后移 |
| 按下 SB5 立柱，主轴箱不能松开 | 1）KM4 线圈开路<br>2）SB5 常开触点错位或被卡<br>3）KM5 的常闭互锁触点没有复位闭合<br>4）FR2 常闭触点不能复位闭合<br>5）FR2 上次动作后没有复位 | 1）更换线圈<br>2）修复 SB5<br>3）排除复位故障<br>4）排除复位故障<br>5）排除动作原因后复位 |
| 按下 SB6 立柱，主轴箱不能夹紧 | 1）KM5 线圈开路<br>2）SB6 常开触点错位或被卡<br>3）KM4 的常闭互锁触点没有复位闭合<br>4）KT 的常闭（断电延时）触点不能闭合<br>5）FR2 常闭触点不能复位闭合<br>6）FR2 上次动作后没有复位 | 1）换线圈<br>2）修复 SB6<br>3）排除复位故障<br>4）修复 KT 常闭触点<br>5）排除复位故障<br>6）排除动作原因后复位 |
| 打开 SA1，冷却泵不工作 | 1）SA1 触点接触不良，两路或三路接触不良电动机不会有任何反应，只有一路接触不良电动机会有沉闷嗡声<br>2）QS 因故动作<br>3）冷却泵卡死 | 1）更换旋钮或打磨旋钮的触点<br>2）排除故障，重合 QS<br>3）清除异物 |

## 五、技能训练

（一）通电状态，主令电器的操作训练

1）按下 SB2，听主轴电动机是否工作（或手摸主轴箱感知电动机是否工作），按下 SB1

看主轴电动机是否停转，再打开配电箱，按下 SB2，指出相应动作的交流接触器，记录对应的动作情况。

2）按下 SB3，在摇臂上升过程中，用手按住上限位开关 SQ1，记录摇臂能否继续上升，分析原因。

3）按下 SB4，在摇臂下降过程中，再按下 SB3 记录摇臂的运行情况，分析原因。

4）按下 SB3，看摇臂是否上升，观察并记录动作间隔时间，分析产生时间间隔的原因。

5）松开 SB3，观察电动机 M3 是否立即起动，反复操作几次，观察并记录 KM2、KT、KM5 的动作顺序，分析动作出现时间差的原因。

6）按下主轴箱、立柱的松开按钮 SB5，观察并记录交流接触器的动作，指示灯 HL1、HL2 的亮暗变化，主轴箱、立柱能否自由移动，分析动作与变化原因。

7）按下主轴箱、立柱的夹紧按钮 SB6，观察并记录交流接触器的动作，指示灯 HL1、HL2 的亮暗变化，主轴箱、立柱是否夹紧，分析动作与变化原因。

8）接通冷却泵电动机开关，观察并记录对应电动机的运行情况，分析不采用交流接触器控制的原因以及不采用热继电器保护的原因。

9）打开照明灯开关 SA2，观察照明灯是否发光，用万用表测量照明灯两端的实际电压为多少，说明为什么不采用 220V 电源供电。

10）打开二位六通阀的护板，反复操作 SB3、SB4、SB5、SB6，观察并记录电磁阀 YV 的动作情况，分析其动作和不动作的原因。

（二）接线训练

1. 配电箱至主轴电动机的导线连接（教师演示）

（1）选导线　查看电动机 M1 的铭牌，记录电动机的额定电流为 6.8A。

查看电工手册可知：三根 $1mm^2$ 的橡皮铜芯软线同时穿入塑料管时，常温下允许的负载电流为 11A。

$1mm^2$ 橡皮铜芯软线允许负载电流大于电动机额定电流，且有较大余量，可以选用。将该导线量取三根，每根长度取 1.6m，作电源线使用，再量取一根 $1mm^2$、长 1.6m 的塑料铜芯双色软线，作接地线使用。

（2）选套管　取直径 25mm 的塑钢软管 1.5m，作导线的保护管使用。

（3）固定导线　根据配电箱接线端子板上对应的标号，在每根电源线两端套好线号，将三根电源线和一根接地线穿入塑钢软管内，固定到配电箱与主轴电动机 M1 之间。

注意：所留导线的伸缩余量要合适，不能影响摇臂升降，也不能影响主轴箱移动。

（4）做线头　将每根线头的绝缘层剥去 5 ~ 6mm，插入接线端头内，然后用压力钳压紧，接线端头（俗称线鼻子）可选用叉型，大小规格取 $\phi 1 \sim 2.5mm$。

注意：压接时不要压住绝缘层，不能露芯过长，导线与接线端头不能松动。

（5）接导线　将接线端头插到对应的接线柱上，确认无误后，紧固螺钉。

注意：不要将相序接反。

2. 配电箱到 M2、M3、M4 的导线连接（学生训练）

有些电动机没有额定电流的标注，只标有额定功率和电压，可算出额定电流为

$$I_N = \frac{P_N}{\sqrt{3}U_N\cos\phi}$$

其中，$\cos\phi$ 为功率因数，为0.7~0.9。

3. 配电箱内摇臂升降电动机主电路的连接（教师演示）

（1）选导线　升降电动机的额定电流为2.75A，选用 $1mm^2$ 的塑料铜芯软线即可。

（2）取导线　根据从FU2经格栅线槽至KM2的实际距离，留取适当余量，截取三根导线，并在每根导线两端套上对应的线号，再将这三根导线绑在一起备用。

依上所述，再截取三根从KM2上端至KM3上端的导线，三根KM2下端至接线端子板的导线，三根KM2下端至KM3下端的导线，分别套上对应的线号，分别绑在一起备用。

（3）做线头　将每个线头剥去5~6mm，插入接线端头内（叉型 $\phi$1~2.5mm），用压力钳压紧，备用。

（4）布线与接线　依电路顺序将上述每组导线嵌入格栅线槽，接到对应的接线柱上。

注意：每组导线都必须嵌入格栅线槽内，不允许不经格栅线槽直接跨接在电器之间。

4. 配电箱内主轴电动机、液压泵电动机主电路的连接（学生训练）

注意：这两种电路都有热继电器保护，不能漏掉这部分的主电路。

5. 主轴电动机控制电路的连接（教师演示）

（1）配电箱内导线的连接

1）取导线、套线号。

量取FU5至FR1的95接线柱的导线（$1mm^2$ 铜芯塑料软线）一根，两端套上1号线号管。

量取FR1的96接线柱至接线端子板2号接线柱的导线一根，两端套上2号线号管。

量取接线端子板3号接线柱至KM1常开触点入线端的导线一根，两端套上3号线号管。

量取KM1常开触点出线端至接线端子板4号接线柱的导线一根，KM1常开触点出线端至KM1线圈入线端的导线一根，在两根导线两端分别套上4号线号管。

量取KM1线圈出线端至接地端子板的导线一根，两端套上0号线号管。

2）做线头：方法与前面相同。

3）布线与接线：方法与前面相同。

（2）配电箱外导线的连接

1）取导线、套线号。

量取三根1.6m长、$1mm^2$ 的塑料铜芯软线，分别在导线两端套上2、3、4号线号管，量取一根20cm长、$1mm^2$ 的塑料铜芯软线，两端套上3号线号管，连接SB1的出线端和SB2的入线端。再将2、3、4号线做好线头，分别连接到配电箱内的接线端子板和主轴箱内的SB1、SB2上。

2）做线头：方法与前面相同。

3）穿线管、接线头。

将做好线头的2、3、4号线穿入1.5m长、直径为16mm的塑钢软管（与主轴电动机电源线共用），再分别连接到配电箱内的接线端子板和主轴箱内的SB1、SB2上。

6. 摇臂升降、主轴箱、立柱夹紧、松开控制电路的接线（学生训练）

学生可以分线号进行接线训练，例如8号线含两部分，分别是SB4至端子板，端子板至

KM3，需要两根线连接。

（三）故障分析与排除训练

1. 主轴电动机不能起动（教师演示）

故障设置：用已经熔断了的熔断管替换 FU2 中第三相线中的熔断管。

（1）故障分析　扳动 SA1，M4 如果能运行，说明 FU2 之前的三相电源正常。按下 SB3 或 SB4，看 M2 能否动作，如果不能动作，则说明控制电路有故障。如果能动作，则说明主电路有故障。

用万用表测量控制电路的电源电压，若没有电压，再测量变压器对控制电路的输出电压，如果还是没有，再测量变压器的输入电压。如果仍然没有，说明变压器无电源输入。

断开总电源，逐个取下 FU2 的熔断管，分别用万用表检测，发现 FU2 的第三相熔断管已经熔断。

主轴电动机不能起动故障分析流程图如图 11-3 所示。

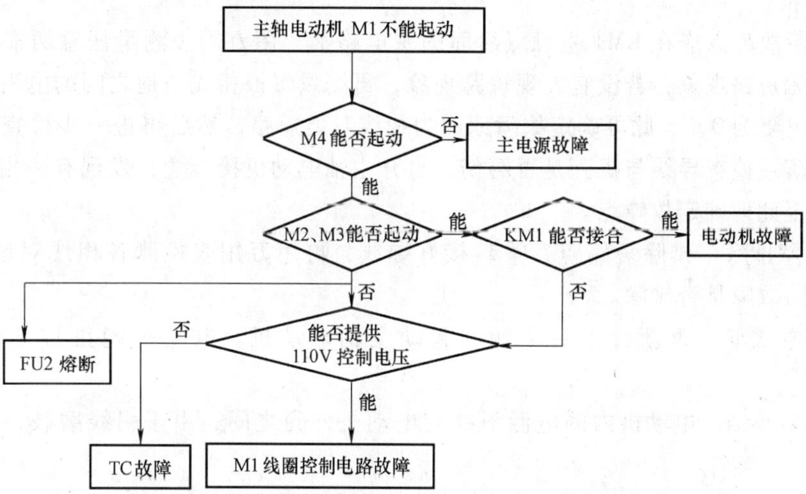


图 11-3　主轴电动机不能起动故障分析流程图

（2）故障排除　确认没有其他故障后，换上同规格的完好的熔断管。

（3）通电试车　确认没有其他故障后，通电试车看主轴电动机能否起动。

2. 摇臂不能夹紧或放松（教师演示）

故障设置：将 SQ2 后移

（1）故障分析流程图　摇臂不能夹紧或放松故障分析流程图如图 11-4 所示。

（2）故障排除　将 SQ2 调整到合适位置。

（3）通电试车　检查确认没有其他故障后，通电试车。行程开关移位、动作失灵的故障现象时有发生，应多加注意。

3. 起动主轴电动机时，总电源开关自动跳闸

故障设置：在主轴电动机接线盒内，使一根相线与电动机外壳短路（俗称搭铁）

（1）故障分析　QS 是具有自动释放功能的负荷隔离开关，当负载短路或严重过载时，会出现无法合闸的现象。

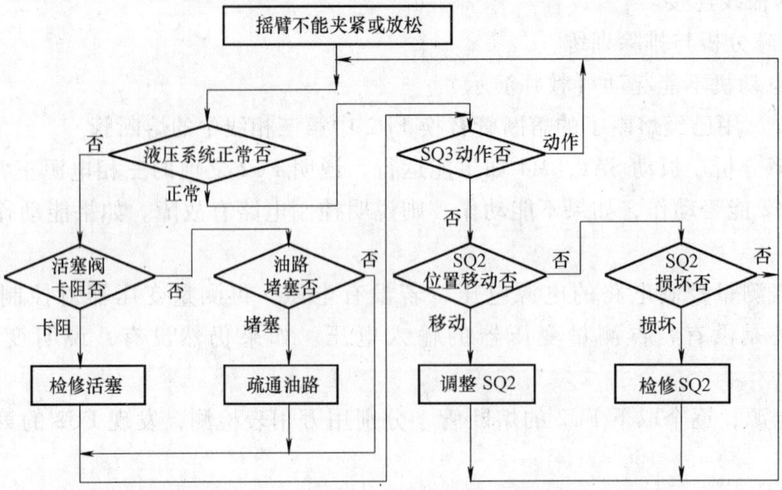


图 11-4　摇臂不能夹紧或放松故障分析流程图

初步诊断故障点应在 KM1 主触点后面的主电路上，用万用表测量任意两根相线之间的电阻，看有无短路现象，若没有发现短路现象，再测量每根相线与地之间的电阻，发现有一根相线对地电阻为 0，至此可确定故障原因为相线对地短路，然后再进一步检查各线头与接线柱是否脱落或检查导线与机壳是否磨伤，打开主轴电动机接线盒，发现有一相线与电动机外壳短接，至此即确定故障点。

（2）故障排除　排除短路点，重新接好导线，再用万用表检测各相线对地是否短路，确认一下短路故障是否排除。

（3）通电试车　重新合上总电源，起动主轴电动机，电动机能正常工作，即检测完毕。

（4）练后小结　电动机内的电源引线与电动机外壳之间，由于引线磨破，出现短路的现象较多。

4. 摇臂不能升降（教师演示）

故障设置：松开 SQ2 紧固螺母，使 SQ2 后移一定距离。

（1）故障分析　按住 SB3，摇臂不能上升，再按住 SB4，摇臂也不能下降，按住 SB5 或 SB6 立柱，主轴箱能松开或夹紧，说明控制电路电源正常。

打开配电箱，按住 SB3 不放，观察各交流接触器的动作情况，正常情况应该是 KM5 吸合，紧跟着 KM2 吸合，KM3 分断，实际情况是 KM5 吸合后，KM2 不能紧跟着吸合，过一会儿 FR2 动作，KM5 分断，说明 KM2 控制电路不能正常闭合，KM5 控制电路不能联动分断，故障只可能是 SQ2 没正常动作，再用万用表确认 SQ2 是否动作。

（2）排除故障　将 SQ2 调到合适位置，再将 FR2 复位。

（3）通电试车　确认没有其他故障后，通电试车。

（4）练后小结　故障分析应以电路原理图为依据，侧重于利用电路自身的动作情况和电路工作原理判断故障原因和故障点，不要轻易拆动电路和元器件。

5. 立柱、主轴箱不能松开

故障设置：在立柱、主轴箱松开按钮 SB5 的常开触点上涂一层石蜡。

6. 主轴电动机、摇臂升降电动机都不能起动

故障设置：将 FU5 的熔断管换成已经熔断的熔断管。

7. 主轴电动机不能起动

故障设置：将 FR1 常闭触点两端的引线改接到常开触点两端。

8. 摇臂不能升降

故障设置：将时间继电器 KT 线圈的电源线断开。

9. 主轴电动机起动时有“嗡嗡”声，但不能转动

故障设置：切断总电路的 L1 相线，造成断相供电。

10. 摇臂升降之后不能自动夹紧

故障设置：将 SQ3 向前移一定距离，使摇臂夹紧还没到位时就动作。

## 六、质量评价标准

在安装调试过程中，应注意工具、仪器、设备的正确使用和保管。实验实训过程中，应注意人身和设备的安全。项目考核的重点放在过程考核，强调素质与能力。表 11-5 所示为 Z3040 型摇臂钻床的故障分析与排除训练评价标准。

**表 11-5 Z3040 型摇臂钻床的故障分析与排除训练评价标准**

| 故障现象 | 分值 | 评价标准 | 得分 |
|---|---|---|---|
| 立柱、主轴箱不能松开 | 20 | 1)故障分析(含流程图)正确得 10 分<br>2)故障排除正确得 4 分<br>3)通电试车一次成功者得 4 分,二次成功者得 2 分<br>4)练后小结得 2 分 | |
| 主轴电动机 M1、摇臂升降电动机都不能起动 | 20 | 1)故障分析(含流程图)正确得 10 分<br>2)故障排除正确得 4 分<br>3)通电试车一次成功者得 4 分,二次成功者得 2 分<br>4)练后小结得 2 分 | |
| 主轴电动机不能起动 | 20 | 1)故障分析(含流程图)正确得 10 分<br>2)故障排除正确得 4 分<br>3)通电试车一次成功者得 4 分,二次成功者得 2 分<br>4)练后小结得 2 分 | |
| 摇臂不能升降 | 20 | 1)故障分析(含流程图)正确得 10 分<br>2)故障排除正确得 4 分<br>3)通电试车一次成功者得 4 分,二次成功者得 2 分<br>4)练后小结得 2 分 | |
| 摇臂升降后不能自动夹紧 | 20 | 1)故障分析(含流程图)正确得 10 分<br>2)故障排除正确得 4 分<br>3)通电试车一次成功者得 4 分,二次成功者得 2 分<br>4)练后小结得 2 分 | |
| 安全文明生产 | 违反安全文明操作规程扣 5 ~ 40 分 | | |
| 定额时间 14h | 每超时 1h 扣 10 分 | 成绩 | |
| 备　注 | 不向教师申请自行通电扣 40 分 | | |
| 开始时间 | | 结束时间 | 实际时间 |

## 七、拓展与提高

（一）台式钻床简介

台式钻床是一种体积小巧、操作简便、通常安装在专用工作台上使用的小型孔加工机床。台式钻床的钻孔直径一般在 13mm 以下，最大不超过 16mm。台式钻床的主轴变速一般通过改变 V 带在塔形带轮上的位置来实现，主轴进给靠手动操作，如图 11-5 所示。

（二）立式钻床简介

立式钻床是主轴竖直布置且中心位置固定的钻床，简称立钻。立式钻床常用于机械制造中加工中、小型工件的孔，如图 11-6 所示。

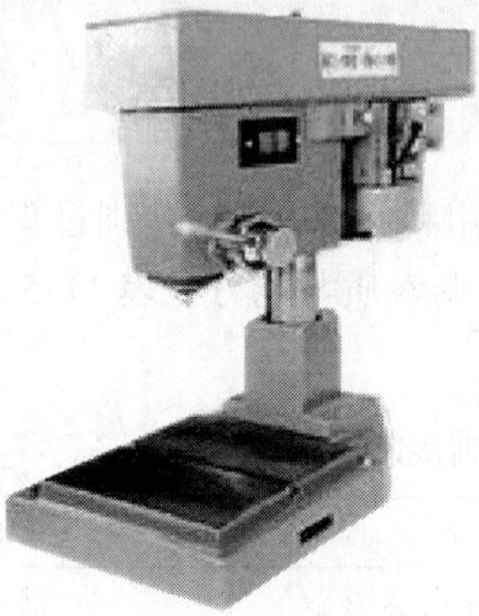

图 11-5　台式钻床

图 11-6　立式钻床

加工前，须先调整工件在工作台上的位置，使被加工孔的中心线对准刀具轴线。加工时，工件固定不动，主轴在套筒中旋转并与套筒一起作轴向进给。工作台和主轴箱可沿立柱导轨调整位置，以适应不同高度的工件。

立式钻床有方柱立式钻床和圆柱立式钻床两种，还有排式、多轴坐标和转塔等多种变型。①排式钻床：一般由 2 ~6 个立柱和主轴箱排列在一个公用底座上，各主轴顺次加工同一工件上的不同孔或分别进行各种孔加工工序，可节省更换刀具的时间，用于中小批量生产。②多轴立式钻床：机床的多个主轴可根据加工需要调整轴心位置，由主轴箱带动全部主轴转动，进行多孔同时加工，用于成批生产。③坐标立式钻床：在方柱立式钻床上加可纵、横移动的十字形工作台而成，可按坐标尺寸进行钻削。④转塔立式钻床：多采用程序控制或数字控制，使装有不同刀具的转塔头自动转位、主轴自动改变转速和进给量，工件自动调整位置，实现多工序加工的自动化循环。

（三）多孔钻床简介

多孔钻床主要用于快速钻孔、攻螺纹、倒角、锪平面，是目前国内刚兴起的一种提高生产效率、降低成本的工作母机。随着国内汽配行业的发展，各零部件供应商之间竞争激烈，选择一种高性能、高效率的机床是企业降低生产成本、提高企业竞争力的一种行之有效的途径。

多孔钻床如图 11-7 所示。一台普通的钻床装上多轴器就能一次把几个乃至十几二十个孔或螺纹一次性加工出来，如再配上本公司的专用钻孔机就能把好几个面上的孔或螺纹一次性加工完成。多孔钻床解决了许多工件难以装夹、定位或定位不准的问题，适用于高精度钻孔、镗孔，解决了高精度钻孔、镗孔上加工成本高的问题。

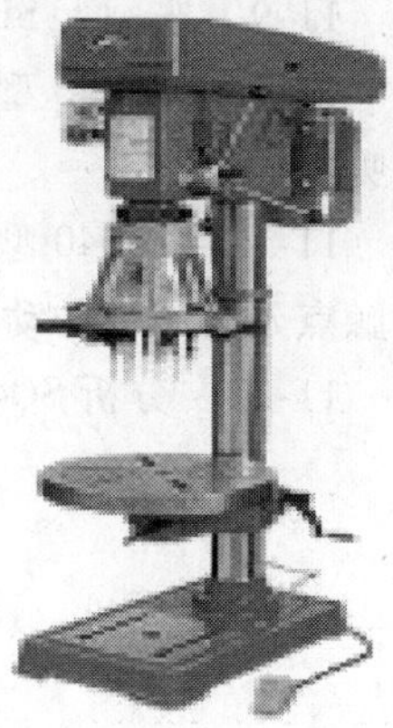

图 11-7　多孔钻床

（四）卧式深孔数控钻床简介

卧式深孔数控钻床如图 11-8 所示。

1）机床采用卧式 T 字形布局，结构紧凑合理，占地面积小。

2）工作台底座与机床床身为灰铁铸造，分体安装，连接方便可靠。

3）进给运动部件为滚动导轨，滚珠丝杠，数控程序控制，运动精确平稳。

4）钻杆主轴电动机矢量变频调速，无级变速，可加工孔径范围广。

5）油温自动冷却，自动排屑滤屑。

6）机床局部防护，操作安全，外观整洁美观。

7）导向套气动顶紧工件，自动化程度高。

8）所有加工动作均为数控控制，一键完成。

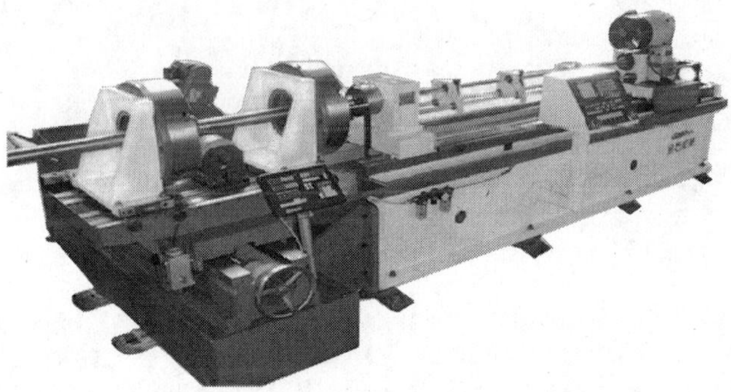

图 11-8　卧式深孔数控钻床

## 习题部分

11-1　Z3040 型摇臂钻床中“40”的含义是什么？

11-2　主轴电动机的动力主要供给哪几部分？

11-3　每根连接导线两端的线号是否相同？接线端子排上，每个接线柱两侧的线号是否一致？

11-4　松开摇臂升降按钮后，液压泵电动机 M3 将延迟起动，为什么？

11-5　液压泵电动机不论正转、反转都只是短时工作，为什么还要采用热继电器保护？

11-6　FU5 的主要功能是什么？

11-7　Z3040 型摇臂钻床的电气原理图中，交流接触器的线圈、时间继电器的线圈、电磁阀的线圈采用的电源电压分别是多少？

11-8　按住上升按钮 SB3 使摇臂上升，上升过程中，按下降按钮 SB4 摇臂会开始下降吗？试分析原因。

11-9　按一下 SB2，立即松开，主轴电动机可持续运行，试分析动作原因。

11-10　Z3040 型摇臂钻床使用的照明电源电压为 24V，为什么不用 220V 的电压供电呢？

11-11　Z3040 型摇臂钻床上采用的时间继电器是通电延时，还是断电延时，分析其常闭触点延时闭合的动作过程。

11-12　分析 SQ4 动作的时间以及 SQ4 对 HL1、HL2 的控制情况。

# 第十二章　X62W型万能铣床电气电路

## 一、电路分析

（一）主轴电动机的控制

控制电路的起动按钮SB1和SB2是异地控制按钮，方便操作。SB3和SB4是停止按钮。KM3是主轴电动机M1的起动接触器，KM2是主轴反接制动接触器，SQ7是主轴变速冲动开关，KS是速度继电器。

1. 主轴电动机的起动

起动前先合上电源开关QS，再把主轴转换开关SA5扳到需要的旋转方向，然后按起动按钮SB1（或SB2），接触器KM3得电动作，其主触电闭合，主轴电动机M1起动。

2. 主轴电动机的停车制动

当铣削完毕，需要主轴电动机M1停车，此时电动机M1的运转速度在120r/min以上时，速度继电器KS的常开触点闭合（9区或10区），为停车制动做好准备。当要M1停车时，就按下停止按钮SB3（或SB4），KM3断电释放，由于KM3主触点断开，电动机M1断电作惯性运转，紧接着接触器KM2线圈得电吸合，电动机M1串电阻$R$反接制动。当转速降至120r/min以下时，速度继电器KS常开触点断开，接触器KM2断电释放，停车反接制动结束。

3. 主轴的冲动控制

当需要主轴冲动时，按下冲动开关SQ7，SQ7的常闭触点SQ7-2先断开，而后常开触点SQ7-1闭合，使接触器KM2通电吸合，电动机M1起动，松开开关机床模拟冲动完成。

（二）工作台进给电动机控制

转换开关SA1是控制圆工作台的，在不需要圆工作台运动时，转换开关扳到“断开”位置，此时SA1-1闭合，SA1-2断开，SA1-3闭合；当需要圆工作台运动时，将转换开关扳到“接通”位置，则SA1-1断开，SA1-2闭合，SA1-3断开。

1. 工作台纵向进给

工作台的左右（纵向）运动是由“工作台纵向操作手柄”来控制。手柄的三个位置为：向左、向右、零位（停止）。当手柄扳到向左或向右位置时，手柄有两个功能，一是压下行程开关SQ1或SQ2，二是通过机械机构将电动机的传动链拨向工作台下面的丝杠上，使电动机的动力唯一地传到该丝杠上，工作台在丝杠带动下作左右进给。在工作台两端各设置一块挡铁，当工作台纵向运动到极限位置时，挡铁撞到纵向操作手柄，使它回到中间位置，工作台停止运动，从而实现纵向运动的终端保护。

2. 工作台向右运动

主轴电动机M1起动后，将操纵手柄向右扳，其联动机构压动行程开关SQ1，常开触点SQ1-1闭合，常闭触点SQ1-2断开，接触器KM4通电吸合，电动机M2正转起动，带动工作台向右进给。

3. 工作台向左进给

控制过程与向右进给相似，只是将纵向操作手柄拨向左，这时行程开关 SQ2 被压着，常开触点 SQ2-1 闭合，常闭触点 SQ2-2 断开，接触器 KM5 通电吸合，电动机反转，工作台向左进给。

4. 工作台升降和横向（前后）进给

操纵工作台上下和前后运动是用同一手柄完成的。该手柄有五个位置，即上、下、前、后和中间位置。当手柄扳向上或向下时，机械手上接通了垂直进给离合器；当手柄扳向前或扳向后时，机械手上接通了横向进给离合器；手柄在中间位置时，横向和垂直进给离合器均不接通。

在手柄扳到向下或向前位置时，手柄通过机械联动机构使行程开关 SQ3 被压动，接触器 KM4 通电吸合，电动机正转；在手柄扳到向上或向后时，行程开关 SQ4 被压动，接触器 KM5 通电吸合，电动机反转。

此五个位置是联锁的，各方向的进给不能同时接通，所以不可能出现传动紊乱的现象。

5. 工作台向上（下）运动

在主轴电动机起动后，将纵向操作手柄扳到中间位置，把横向和升降操作手柄扳到向上（下）位置，并联动机构一方面接通垂直传动丝杠的离合器；另一方面它使行程开关 SQ4（SQ3）动作，KM5（KM4）得电，电动机 M2 反（正）转，工作台向上（下）运动。将手柄扳回中间位置，工作台停止运动。

6. 工作台向前（后）运动

手柄扳到向前（后）位置，机械装置将横向传动丝杠的离合器接通，同时压动行程开关 SQ3（SQ4），KM4（KM5）得电，电动机 M2 正（反）转，工作台向前（后）运动。

（三）联锁问题

实际中，如果机床在上下前后四个方向进给时，又操作纵向控制这两个方向的进给，将造成机床重大事故，所以必须设置联锁保护。当上下前后四个方向进给时，若操作纵向任一方向，SQ1-2 或 SQ2-2 两个开关中的一个被压开，接触器 KM4（KM5）立刻失电，电动机 M2 停转，从而得到保护。

同理，当纵向操作时又操作某一方向而选择了向左或向右进给时，SQ1 或 SQ2 被压着，它们的常闭触点 SQ1-2 或 SQ2-2 是断开的，接触器 KM4 或 KM5 都由 SQ3-2 和 SQ4-2 接通。若发生误操作，而选择上、下、前、后某一方向的进给，就一定使 SQ3-2 或 SQ4-2 断开，使 KM4 或 KM5 断电释放，电动机 M2 停止运转，从而避免了机床事故。

1. 进给冲动

机床为使齿轮进入良好的啮合状态，将变速盘向里推。在推进时，挡块压动行程开关 SQ6，首先使常闭触点 SQ6-2 断开，然后常开触点 SQ6-1 闭合，接触器 KM4 通电吸合，电动机 M2 起动。但它并未转起来，行程开关 SQ6 已复位，首先断开 SQ6-1，而后闭合 SQ6-2。接触器 KM4 失电，电动机失电停转。这样，使电动机接通一下电源，齿轮系统产生一次抖动，就能使齿轮啮合顺利进行。要冲动时按下开关 SQ6，即可模拟冲动。

2. 工作台的快速移动

在工作台向某个方向运动时，按下按钮 SB5 或 SB6（两地控制），接触器 KM6 通电吸合，它的常开触点（4 区）闭合，电磁铁 YB 通电（指示灯亮）模拟快速进给。

3. 圆工作台的控制

把圆工作台控制开关 SA1 扳到“接通”位置，此时 SA1-1 断开，SA1-2 接通，SA1-3 断开，主轴电动机起动后，圆工作台即开始工作，其控制电路是：电源——SQ4-2——SQ3-2——SQ1-2——SQ2-2——SA1-2——KM4 线圈——电源。接触器 KM4 通电吸合，电动机 M2 运转。

铣床为了扩大机床的加工能力，可在机床上安装附件圆工作台，这样可以进行圆弧或凸轮的铣削加工。拖动时，所有进给系统均停止工作，只让圆工作台绕轴心回转。电动机 M2 带动一根专用轴，使圆工作台绕轴心回转，铣刀铣出圆弧。在圆工作台开动时，其余进给一律不准运动，若有误操作动了某个方向的进给，则必然会使开关 SQ1 ~ SQ4 中的某一个常闭触点断开，使电动机停转，从而避免了机床事故的发生。按下主轴停止按钮 SB3 或 SB4，主轴停转，圆工作台也停转。

（四）冷却照明控制

要起动冷却泵时扳动开关 SA3，接触器 KM1 通电吸合，电动机 M3 运转，冷却泵起动。机床照明是由变压器 T 供给 36V 电压，工作灯由 SA4 控制。

## 二、X62W 型万能铣床电气故障现象

1）98-105 间断路：主轴电动机正、反转均缺一相，进给电动机、冷却泵电动机缺一相，控制变压器及照明变压器均没电。

2）100-107 间断路：主轴电动机起动断相。

3）113-114 间断路：主轴电动机无论正反转均缺一相。

4）122-123 间断路：主轴电动机无论正反转均缺一相。

5）163-164 间断路：快速进给电磁铁不能动作。

6）170-180 间断路：照明及控制变压器没电，照明灯不亮，控制电路失效。

7）181-182 间断路：控制变压器没电，控制电路失效。

8）184-187 间断路：照明灯不亮。

9）1-3 间断路：控制电路失效。

10）5-6 间短路：开机冷却泵电动机即起动，SA3 控制失效。

11）13-15 间断路：除冷却泵及主轴冲动外，其余控制均失效。

12）14-21 间断路：主轴冲动失效。

13）6-7 间断路：冷却泵失效。

14）4-13 间断路：除冷却泵外，其他控制均失效。

15）22-23 间断路：主轴制动失效。

16）25-27 间断路：主轴起动失效。

17）8-45 间断路：工作台进给控制及快速进给控制失效。

18）24-42 间断路：主轴运转不能起动。

19）34-35 间断路：一处主轴起动失效，另一处有效。

20）40-41 间断路：主轴不能起动。

21）37-43 间断路：主轴只有点动，不能自锁。

22）44-49 间断路：圆工作台的进给控制及快速进给全失效。

23）49-63 间断路：圆工作台控制开关 SA1 处于断开位置时，进给控制向前、向下、向后、向上失效，进给冲动也失效。

24）47-51 间断路：进给不能冲动。

25）60-61 间断路：工作台向下、向右、向前移动失效。

26）64-65 间断路：圆工作台控制开关 SA1 处于断开位置时，进给控制向前、向下、向后、向上失效，进给冲动也失效。

27）48-72 间断路：圆工作台控制开关 SA1 处于接通位置时，圆工作台控制全部失效。

28）80-81 间断路：进给控制的向后、向上、向左失效。

29）73-77 间断路：圆工作台向上向后失效。

30）82-86 间断路：两处快速进给全部失效。

## 三、电气原理图

X62W 型万能铣床电气原理图如图 12-1 所示。

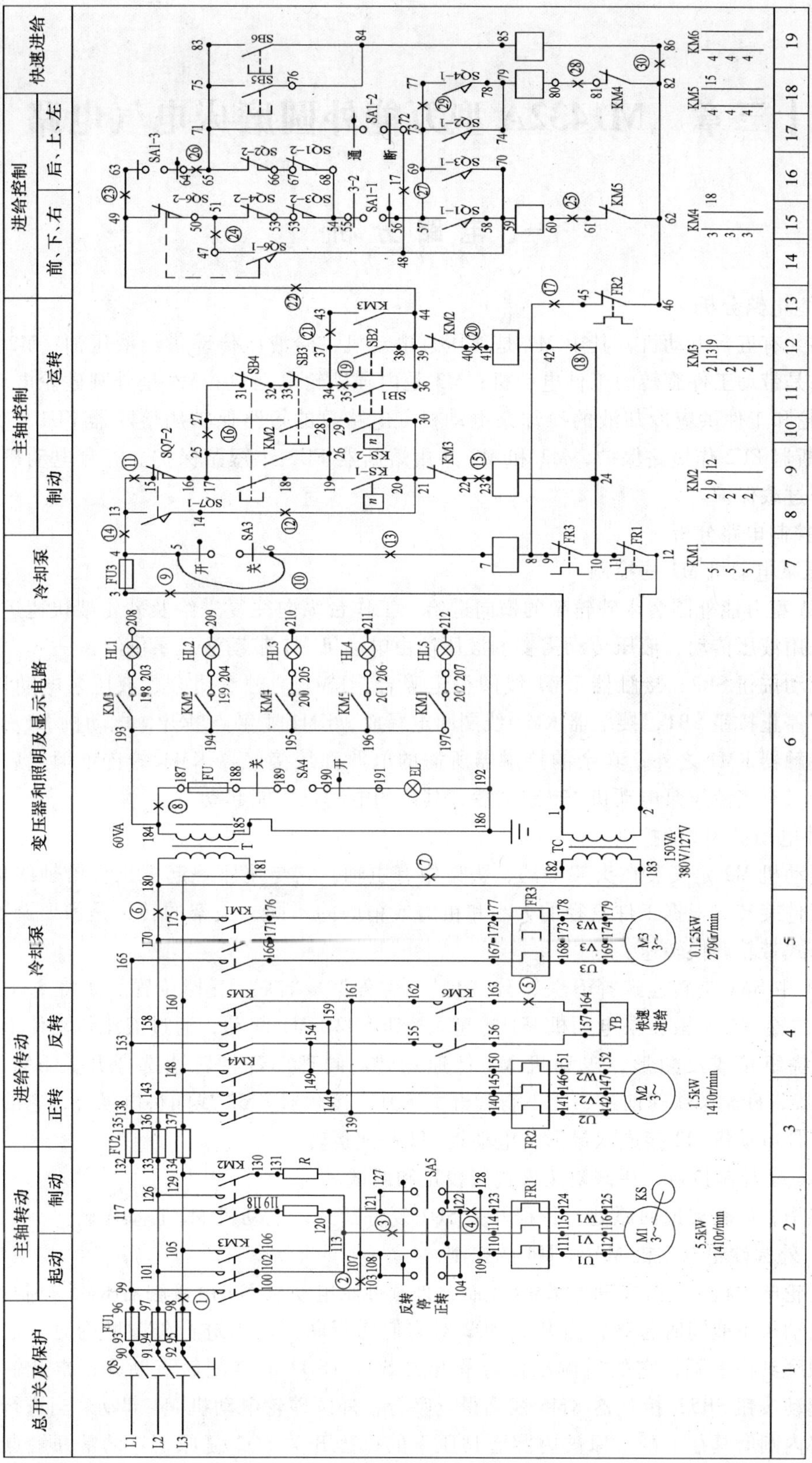


图 12-1　X62W 型万能铣床电气原理图

# 第十三章　M1432A 型万能外圆磨床电气电路

## 一、电路分析

（一）主电路分析

主电路共有五台电动机，其中 M1 是液压泵电动机，给液压传动供给液压油；M2 是双速电动机，是带动工件旋转的工件电动机；M3 是内圆砂轮电动机；M4 是外圆砂轮电动机；M5 是给砂轮和工件供应冷却液的冷却泵电动机。电路总的短路保护用熔断器 FU1，M1 和 M2 共用熔断器 FU2 作短路保护，M3 和 M2 共用熔断器 FU3 作短路保护。五台电动机均用热继电器作过载保护。

（二）控制电路分析

1. 液压泵电动机 M1 的控制

M1432A 型万能外圆磨床砂轮架的横向进给、工作台纵向往复进给及砂轮架快速进退等运动，都采用液压传动，液压传动需要的液压油由电动机 M1 带动液压泵供给。

按下起动按钮 SB2，接触器 KM1 线圈得电吸合，KM1 主触点闭合，液压泵电动机 M1 起动。按下停止按钮 SB1，接触器 KM1 线圈断电释放，KM1 主触点断开，电动机 M1 停转。

除了接触器 KM1 之外，其余的接触器所需的电源都从接触器 KM1 的自锁触点后面接出，所以，只有当液压泵电动机 M1 起动后，其余的电动机才能起动。

2. 工件电动机 M2 的控制

工件电动机 M2 是安装在头架上的，头架中有主轴，它与尾座一起把工件沿轴线顶牢，然后带着工件旋转。根据工件直径的大小和粗磨或精磨的不同，头架的转速是需要调整的，一般采用塔式带轮调换转速。

图 13-1 中 SA1 是转速选择开关，分“低”、“停”、“高”三档位置。如将 SA1 扳到“低”档的位置，按下液压泵电动机 M1 的起动按钮 SB2，M1 起动，通过液压传动使工件电动机 M2 的绕组接成三角形，电动机 M2 低速运转。同理，若将转速选择开关 SA1 扳到“高”档位置，砂轮架快速前进，压下行程开关 SQ1，接触器 KM3 线圈得电吸合，它的主触点闭合将工件电动机 M2 接成双星形，电动机 M2 高速运转。

SB3 是点动控制按钮，用来对工件进行校正和调试。

磨削完毕，砂轮架退回原处，行程开关 SQ1 复位断开，电动机 M2 自动停转。

3. 内、外圆砂轮电动机 M3 和 M4 的控制

内圆砂轮电动机 M3 由接触器 KM4 控制，外圆砂轮电动机 M4 由接触器 KM5 控制。内、外圆砂轮电动机不能同时起动，由开关 SQ2 对它们实行联锁。当进行外圆磨削时，把砂轮架上的内圆磨具往上翻，它的后侧压住行程开关 SQ2，SQ2 的常闭触点断开，常开触点闭合，按下起动按钮 SB5，接触器 KM5 线圈得电吸合，外圆砂轮电动机 M4 起动。当进行内圆磨削时，将内圆磨具往下翻，原被内圆磨具压下的行程开关 SQ2 复原，它的常开触点恢复

断开，常闭触点恢复闭合，按下起动按钮 SB5，接触器 KM4 线圈得电吸合，使内圆砂轮电动机 M3 起动运行。内圆砂轮磨削时，砂轮架是不允许快速退回的，因为此时内圆磨头在工件的内孔，砂轮架若快速移动，易造成磨头损坏及工件报废的严重事故，至此，内圆磨削与砂轮架的快速退回联锁。当内圆磨具翻下时，由于行程开关 SQ2 复位，故电磁铁 YA 线圈得电动作，衔铁被吸下，砂轮架快速进退的操纵手柄锁住液压回路，使砂轮架不能快速退回。

4. 冷却泵电动机 M5 的控制

当接触器 KM2 和 KM3 线圈得电吸合时，工件电动机 M2 起动，同时由于 KM2 和 KM3 的辅助常开触点闭合，使接触器 KM6 线圈得电吸合，冷却泵电动机 M5 自动起动。

5. 照明及指示灯电路

由变压器 TC 降压后的 36V 电压供应照明。

## 二、M1432A 型万能外圆磨床电气故障现象

1）5-8 间断路：所有电动机都缺一相。
2）19-20 间断路：外圆砂轮电动机缺一相。
3）23-52 间断路：电动机 M1、M2、M3、M5 缺一相，控制电路失效。
4）75-81 间断路：内圆砂轮电动机、冷却泵电动机缺一相。
5）46-47 间断路：工件电动机、液压泵电动机缺一相。
6）45-61 间断路：内圆砂轮电动机、冷却泵电动机断相，控制电路断相失效。
7）55-56 间断路：工件电动机慢速缺一相。
8）77-78 间断路：液压泵电动机缺一相。
9）82-83 间断路：内圆砂轮电动机缺一相。
10）109-110 间断路：冷却泵电动机缺一相。
11）106-127 间断路：控制电路缺一相失效。
12）114-115 间断路：控制电路失效。
13）116-117 间断路：控制电路失效。
14）121-122 间短路：液压泵电动机起动后无法关闭。
15）124-125 间短路：打开电源液压泵电动机就起动。
16）125-128 间断路：液压泵电动机起动只能点动，不能自锁。
17）127-135 间断路：液压泵电动机能起动，其他控制均不能实现。
18）129-130 间短路：一起动液压泵电动机，工件电动机慢速就起动。
19）133-134 间断路：工件电动机慢速不能起动。
20）137-138 间断路：工件电动机慢速、快速都不能起动。
21）136-144 间断路：内、外砂轮电动机、冷却泵电动机不能起动。
22）141-142 间断路：工件电动机快速不能起动。
23）149-150 间断路：内圆砂轮电动机起动只能点动，不能自锁。
24）151-152 间断路：内圆砂轮电动机不能起动。
25）154-156 间断路：电磁铁不得电。
26）165-166 间断路：外圆砂轮电动机不能起动。

27）168-169 间短路：一起动液压泵电动机，冷却泵电动机就起动。

28）171-175 间断路：当工件电动机快速起动后，冷却泵电动机不起动。

29）171-172 间断路：冷却泵电动机不能起动。

30）182-183 间断路：照明灯不亮。

## 三、电气原理图

M1432A 型万能外圆磨床电气原理图如图 13-1 所示。

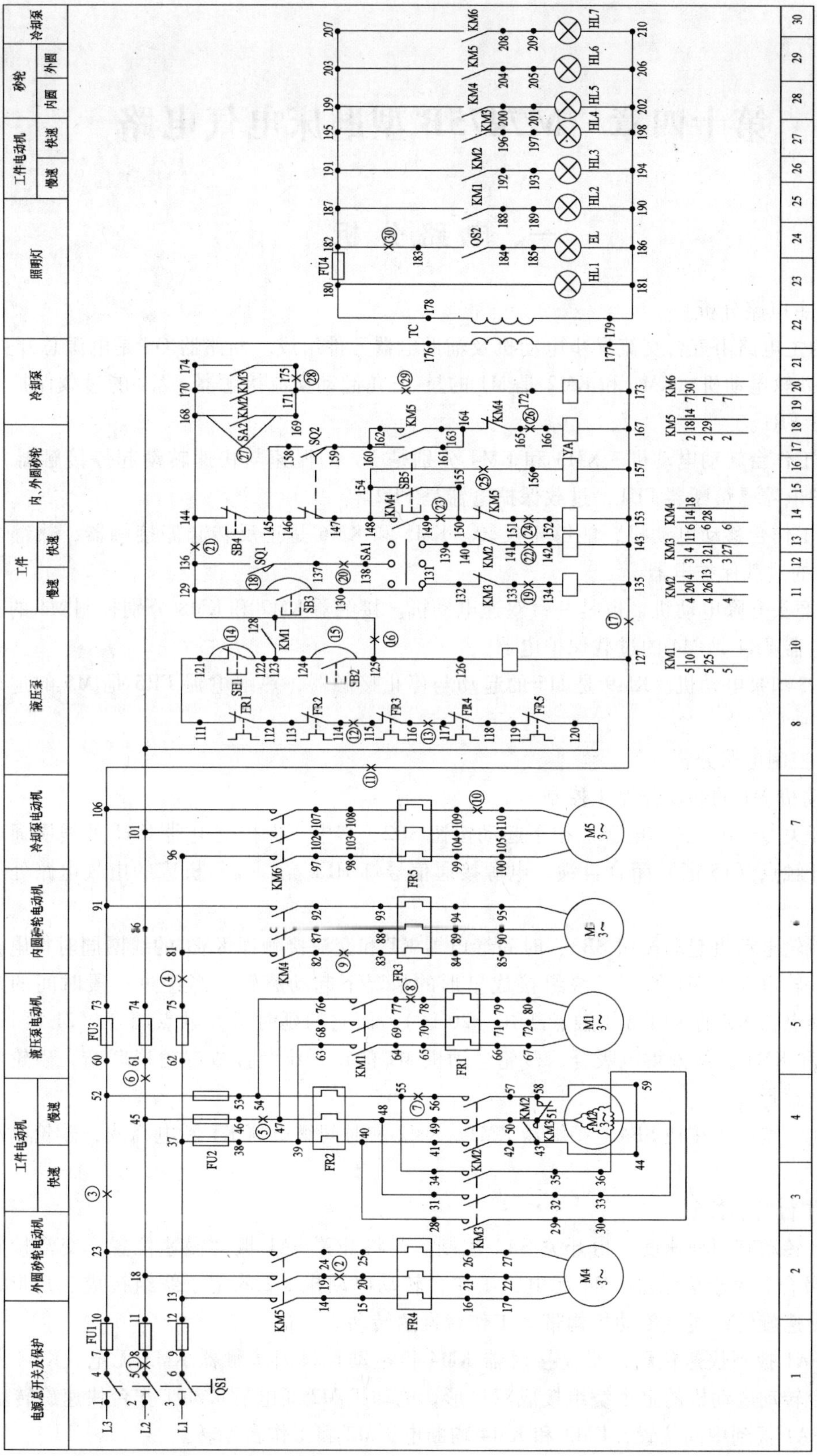


图 13-1　M1432A 型万能外圆磨床电气原理图

# 第十四章　M7475B 型磨床电气电路

## 一、电路分析

（一）主电路分析

机床的主电路由五台交流异步电动机及辅助电器元件组成。断路器 QS 是电源总开关。

M1 是砂轮电动机。KM1 和 KM2 是 M1 的星-三角起动交流接触器，M1 的过载保护电器是热继电器 FR1。

M2 是工作台转动电动机。KM3 和 KM4 分别是 M2 的慢速与快速转动起停接触器，M2 的短路保护电器是熔断器 FU1，过载保护电器是 FR2。

M3 是工作台移动电动机，能够正反转。KM5 和 KM6 是正反转起停接触器，热继电器 FR3 是 M3 的过载保护电器。

M4 是磨头升降电动机，也是一台双速电动机。接触器 KM7 和 KM8 分别控制 M4 的正反转，热继电器 FR4 是 M4 的过载保护电器。

M5 是冷却泵电动机。KM9 是 M5 的起动与停止接触器，热继电器 FR5 是 M5 的过载保护电器。

（二）控制电路分析

1. 电动机 M1 的起动与停止控制

合上开关 QS 引入三相电源。按下起动按钮 SB2，零电压保护继电器 KA1 的线圈通电吸合，其常开触点（15 区）闭合自锁。电源接通信号灯 HL1 亮，表示机床的电气电路处于带电状态。

按下砂轮电动机起动按钮 SB3，时间继电器 KT 和交流接触器 KM1 的线圈同时得电自锁吸合，使砂轮电动机 M1 的定子绕组接成星形的情况下起动旋转。当经过一段时间的延时后，时间继电器 KT 的延时常闭触点断开（20 区），而它的延时常开触点闭合（21 区），接触器 KM2 和 KM1 的线圈得电吸合，砂轮电动机 M1 的定子绕组接成三角形联结，砂轮电动机进入正常运行。

停车时，按停止按钮 SB4，接触器 KM1、KM2 和时间继电器 KT 断电释放，砂轮电动机停转。

2. 工作台转动控制

工作台转动有两种速度，由开关 SA1 控制。若将开关 SA1 扳到慢速位置，交流接触器 KM3 通电吸合。由于接触器 KM4 无电，工作台转动电动机 M2 的定子绕组接成三角形，电动机起动慢速旋转，通过传动机构带动工作台慢速转动。

若将 SA1 扳到快速位置，交流接触器 KM4 得电动作，因接触器 KM3 无电，KM4 的触点将工作台转动电动机的定子绕组接成双星形，电动机 M2 通电后带动工作台快速旋转。

若将 SA1 扳到中间位置，KM3 和 KM4 均断电，M2 和工作台停转。

工作台转动时，磨头不能下降。在磨头下降的控制电路中，串联了 KM3 和 KM4 的常闭触点。只要工作台转动，KM3 和 KM4 的常闭触点总有一个断开，切断磨头的下降控制电路。而当磨头下降时，接触器 KM8 的常闭触点（24 区）断开，接触器 KM3 和 KM4 都不能通电吸合，所以工作台不能转动。

3. 工作台移动控制

按下起动按钮 SB5，接触器 KM5 得电吸合，移动电动机 M3 旋转，工作台向左移动。

按下起动按钮 SB6，接触器 KM6 得电吸合，工作台移动电动机反向转动，工作台向右移动。

因为在按钮两端未装设并联的接触器常开触点，接触器不能自锁，所以工作台的左右移动是点动控制。松开按钮，工作台移动停止。

行程开关 SQ1 和 SQ2 是工作台移动终端保护元件。当工作台移动到极限位置时，撞开行程开关 SQ1 或 SQ2，工作台移动控制电路断电，工作台停止移动。

4. 磨头上升与下降控制

按下按钮 SB7 或 SB8，由接触器 KM7 或 KM8 控制电动机 M4 带动磨头上下移动。行程开关 SQ3 是磨头上升到极限的限位保护元件。

5. 冷却泵电动机 M5 的控制

将开关 SA2 接通，接触器 KM9 通电吸合，冷却泵电动机 M5 起动运转。断开 SA2，KM9 断电释放，M5 停转。

6. 充磁控制

按下按钮 SB9，继电器 KA2 线圈通电吸合自锁，工作台充磁将工件牢牢地吸住。按下按钮 SB10，继电器 KA2 断电释放，工作台失磁。

## 二、M7475B 型磨床电气故障现象

1）8-16 间断路：所有电动机都缺一相。

2）17-18 间断路：砂轮电动机缺一相。

3）37-66 间断路：电动机 M3、M4、M5 缺一相，控制变压器断相。

4）55-56 间断路：工作台转动电动机缺一相。

5）86-95 间断路：工作台移动电动机右行时缺一相。

6）83-84 间断路：工作台移动电动机缺一相。

7）105-118 间断路：磨头升降电动机下降时缺一相。

8）121-136 间断路：控制变压器断相。

9）127-128 间断路：冷却泵电动机缺一相。

10）138-161 间断路：控制电路失效。

11）149-150 间断路：控制电路失效。

12）153-154 间断路：控制电路失效。

13）158-163 间断路：零电压保护继电器只能点动，不能自锁。

14）158-159 间短路：一开电源，零电压保护继电器就起动。

15）161-168 间断路：零电压保护继电器能起动，其他控制均不能实现。

16）171-172 间断路：砂轮电动机能星形起动，但不能三角形运行。
17）176-193 间断路：砂轮电动机能起动运行，其他控制均不能实现。
18）194-195 间断路：工作台转动电动机不能起动。
19）190-191 间断路：工作台转动电动机慢速不能起动。
20）196-197 间断路：工作台转动电动机快速不能起动。
21）201-202 间短路：一起动零电压保护继电器，工作台移动电动机左行就起动。
22）204-205 间断路：工作台移动电动机左行不能起动。
23）210-211 间断路：工作台移动电动机右行不能起动。
24）217-218 间短路：一起动零电压保护继电器，磨头升降电动机上升就起动。
25）220-221 间断路：磨头升降电动机上升不能起动。
26）232-233 间断路：磨头升降电动机下降不能起动。
27）235-236 间短路：一起动零电压保护继电器，冷却泵电动机就起动。
28）236-237 间断路：冷却泵电动机不能起动。
29）240-246 间断路：充磁控制只能点动，不能自锁。
30）222-223 间断路：磨头升降电动机上升不能起动。

## 三、电气原理图

M7475B 型磨床电气原理图如图 14-1 所示。

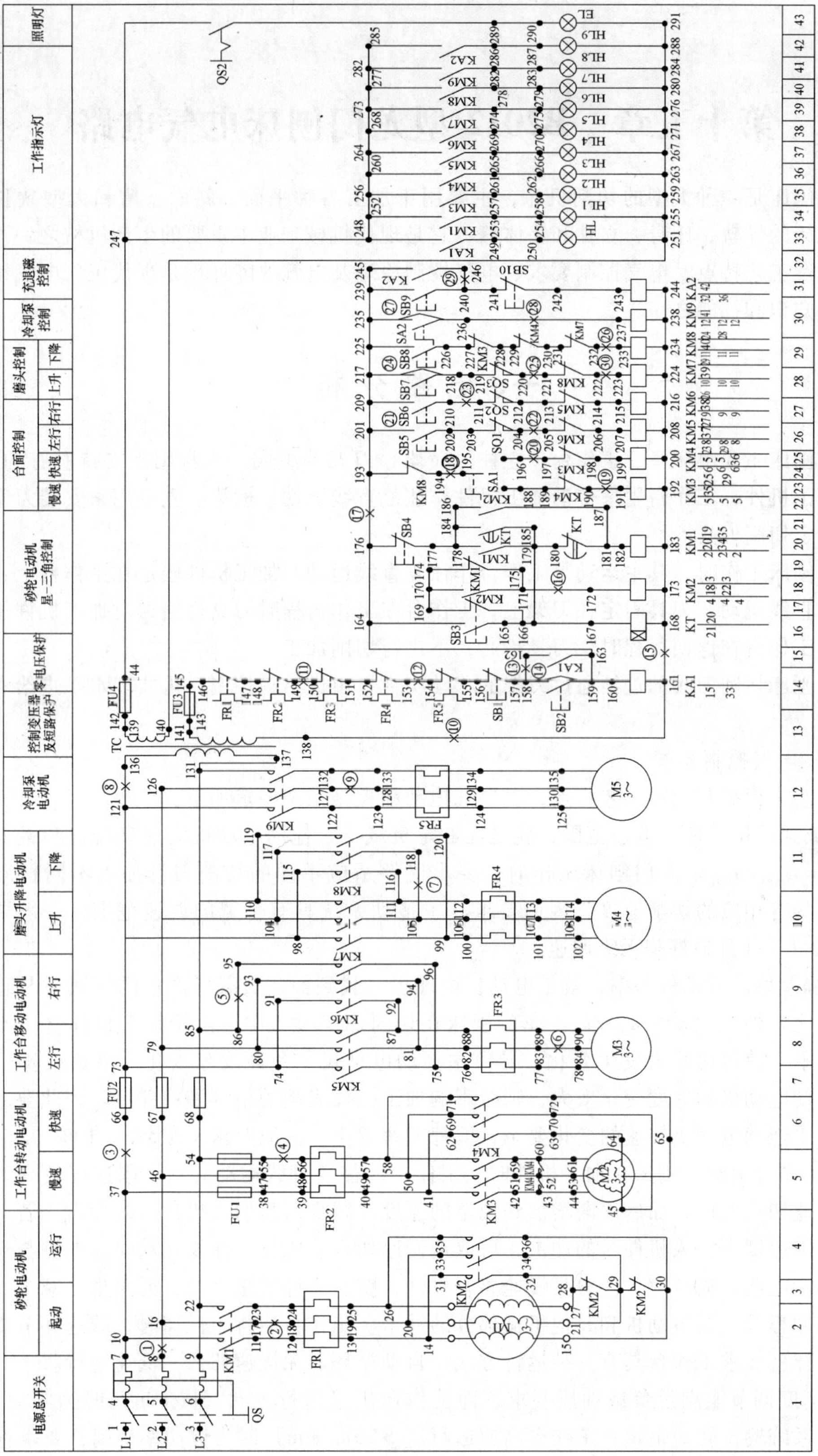


图 14-1　M7475B 型磨床电气原理图

# 第十五章　B2012 型龙门刨床电气电路

龙门刨床是一种大型的切削机床，主要用于加工各种平面、斜面、槽和大型狭长的机件，如机床的导轨、床身、立柱和箱体等，它是现代机械工业中重要的生产机械之一。龙门刨床的生产工艺特点、电气控制要求、电气控制原理及电气故障处理是现代工厂电气维修技师必备的知识和技能之一。

## 一、电路分析

龙门刨床主要由床身、工作台、立柱、横梁、刀架等组成。床身用来支持所有的部件、机构和加工机件，工作台用来带动加工机件作往复直线运动，横梁、立柱用来安装刀架，刀架用来固定切削刀具。

龙门刨床工作时，其主运动是工作台作往复直线运动。加工机件固定在工作台上，随工作台往复直线运动。刀具固定在刀架上，工作台在工作行程时刀具进给，对加工机件进行切削加工；工作台在返回行程时，刀具抬起，不进行切削加工。

龙门刨床切削刀具的进给通过刀架的移动实现，由进给箱控制，可实现水平进给和垂直进给。

（一）电气控制要求

龙门刨床根据其生产工艺特点，对电气拖动和控制系统要求如下：

1）调速范围。所谓调速范围，就是在额定负载下，拖动电动机的最高转速和最低转速之比，$D=n_{max}/n_{min}$。龙门刨床工作时，要求能够适应不同的切削刀具加工不同材质的机件，还要具有相应的切削速度，因而要求其主拖动系统具有较宽的调速范围，一般要求 $D$ 不低于 10:1，并且最好是无级调速。

2）静差率。所谓静差率，就是电动机由理想空载到额定负载所产生的转速降与理想空载转速之比，即 $s=(n_o-n_e)/n_o$。龙门刨床在切削加工过程中，由于加工机件材质不均匀或表面不平，使得切削力发生变化，导致主拖动电动机的负载发生变化。当负载发生变化时，主拖动电动机的速度变化太大，则会影响加工机件表面的精度和粗糙度。因此要求负载变化时，主拖动电动机转速的变化要小，即静差率要小，一般要求 $s$ 为 5%～10%。

3）工作台运动。刨床在加工机件时，工作台作往复直线运动。当切削速度较高时，应使刀具慢速切入机件，而后逐渐增加到规定的速度，减少刀具切入机件时的冲击。若刀具能承受在切削速度下切入机件时的冲击，可取消慢速切入。工作台往复运动时，前进与返回行程的末尾，应能自动减速，使刀具慢速离开机件，防止机件边缘剥裂，同时也可减少工作台换向时的冲程及其对电动机和其他机械部分的冲击。工作台运行于低速时，减速环节要可以取消。这样就要求工作台具有三种运行方式：自动循环、无慢速切入、低速运行。

4）速度调节能满足负载性质要求。即工作台低速运行（≤25m/min）时为等力切削，要求拖动系统输出转矩恒定；工作台高速运行（>25m/min）时为恒功率切削，要求拖动系统输出功率恒定。

5）低速磨削时，工作台运行速度可降至 1m/min，满足磨削工艺要求。

6）因工作台处于频繁的往复直线运动中，故其正、反向运行过渡过程要短，切削运行时要平稳。

7）控制系统应能满足刀架运动的控制要求，即刀架的移动、进给、退刀和抬刀等动作要与工作台的运动状态相配合。

8）必要的联锁：控制系统要有必要的联锁，使合运动部件动作协调，设备安全可靠。

9）主拖动电动机应具备下列机械特性，当切削负载过大时，主拖动电动机的速度迅速下降至零，从而达到对主拖动电动机和机械设备保护的目的。

如上所述，龙门刨床的主运动是一个比较复杂的往复直线运动。它不仅要求起动快，还要求工作速度稳定，速度调节范围宽。为此，龙门刨床的主拖动电动机一般不选用构造简单、价格便宜、维修方便的三相交流异步电动机，而选用调速性能较好的直流电动机。

直流电动机的直流拖动电源有两种，即交磁扩大机——直流发电机系统和晶闸管变流装置。前者过载能力强，工作可靠；后者体积小，效率高，响应快。目前广泛使用的 A 系列 B2012 型龙门刨床和 E 系列 B2012 型龙门刨床就分别配备了上述两种直流拖动电源。以下将介绍 A 系列 B2012 型龙门刨床电气电路及故障处理方法。

（二）电气控制电路

A 系列 B2012 型龙门刨床采用交磁扩大机——直流发电机——直流电动机系统为其主拖动系统。

拖动工作台作往复运动的主拖动系统包括两台交流电动机 M1、M2 和两台直流发电机 G1、G2。交流电动机 M1 拖动直流发电机 G1 和直流励磁发电机 G2，为直流电动机 M 提供电枢电压和励磁电压，使之工作拖动工作台实现往复直线运动。调节直流发电机 G1 的励磁电压，即可改变其输出电压，从而达到调节直流电动机 M 的转速，即工作台运动速度的目的。

其他辅助运动，如刀架的移动、横梁的升降等分别由交流主电路的其他 7 台电动机完成。

1. 交流控制电路

（1）主拖动电动机组星-三角起动　主拖动电动机（M1）星-三角起动时，星形联结接通时间由时间继电器 KT1 决定，而星形联结断开到三角形联结接通的间隔由时间继电器 KT3 决定。KT3 的引入可防止直流电动机 M 在没有励磁电压或励磁电压很小时直流发电机 G1 发出电压，导致直流电动机 M 在不转的情况下，电枢回路电流很大而烧坏直流发电机 G1 和直流电动机 M，并防止直流电动机运行时产生“飞车”现象。

合上电源，电源指示灯 HL2 亮，表示电源接通。

按下起动按钮 SB2，接触器 KM1 得电吸合，其辅助触点 KM1（18）闭合自锁。接触器 KMY得电吸合，交流电动机 M1 按星形联结减压起动。同时，时间继电器 KT1 也得电吸合，KT1 定时开始。

M1 起动后，励磁发电机 G2 的输出电压随其转速的升高而上升，当达到 75% 的额定电压时，时间继电器 KT3 得电吸合，其延时闭合的常闭触点 KT3（19）立即断开，延时闭合的常开触点 KT3（21）立即闭合，为进行星-三角转换作准备。

当 KT1 定时到时，其延时断开的常闭触点 KT1（20）断开，KM丫断电，M1 靠惯性继续旋转，其延时断开的常开触点 KT1（21）闭合，接触器 KM2 得电闭合。KM2 辅助常开触点之一 KM2（22）闭合自锁，之二 KM2（20）闭合，为接触器 KM△得电吸合作准备，其辅助常闭触点 KM2（19）断开，KT1 断电，KT3 定时开始。同时，KM2 的主触点闭合，交磁扩大机和通风机起动。

当 KT3 定时到时，其延时闭合的常开触点 KT3（21）闭合，KM△得电吸合，M1 按三角形联结全压运行。KM△的辅助常闭触点 KM△（19）断开，KT1 断电，其延时断开的常闭触点 KT1（20）立即闭合，KM△两路供电，至此，M1 起动结束。

可用离心开关检测电压是否达到 75%，代替 KT3 的作用。

（2）刀架移动　A 系列 B2012 型龙门刨床有四个刀架：两个垂直刀架、一个右侧刀架、一个左侧刀架。每个刀架都有快速移动、自动进给、自动复位三种工作状态。

当操作手柄置于“快速移动”位置时，工作方式开关 SQ1-1、SQ2-1、SQ3-1 闭合，而 SQ1-2、SQ2-2、SQ3-2 断开。工作台自动方式继电器 KA3 断电，其常闭触点 KA3（23）闭合。点动按钮 SB3、SB4、SB5，使接触器 KM4、KM6、KM8 得电吸合，分别控制电动机 M5、M6、M7 正转，实现刀架的快速移动。

当操作手柄置于“自动进给”位置时，SQ1-1、SQ2-1、SQ3-1 断开，而 SQ1-2、SQ2-2、SQ3-2 闭合，当工作台由后退返回前进时，换向继电器 KA5 得电吸合，其常开触点 KA5（24）、KA5（26）、KA5（28）闭合，KM4、KM6、KM8 得电吸合，电动机 M5、M6、M7 正转，经进给机构实现刀架的自动进给。当操作手柄置于“自动复位”位置时，SQ1-1、SQ2-1、SQ3-1 断开，而 SQ1-2、SQ2-2、SQ3-2 闭合。工作台由前进返回后退，换向继电器 KA6 得电吸合，其常开触点 KA6（24）、KA6（26）、KA6（28）闭合，KM5、KM7、KM9 得电吸合，电动机 M5、M6、M7 反转，刀架机构自动复位，为下一次进给作准备。

刀架移动与工作台自动之间是有联锁的，即工作台自动时，KA3 得电吸合，刀架不能快速移动。

（3）横梁的升降与紧松　一般情况下横梁是夹紧在立柱上的，有时为了加工不同高度的机件，将横梁从立柱上松开，移动到需要位置，再将其夹紧在立柱上。

当需要上升横梁时，按下上升按钮 SB6，中间继电器 KA1 得电吸合，其常开触点 KA1（34）闭合，使接触器 KM13 得电吸合，电动机 M9 反转，横梁放松，放松到位时，位置开关 SQ6-1 闭合、SQ6-2 断开，KM13 断电，M9 停转。同时常开触点 KA1（30）使接触器 KM10 得电吸合，电动机 M8 正转，拖动横梁上升。上升到需要的位置时，松开 SB6，KA1 断电，其常闭触点 KA1（33）闭合，接触器 KM12 经由 SQ6-1 得电吸合，电动机 M9 正转，横梁夹紧，至夹紧位置时，SQ6-1 断开，过电流继电器 KOC1 动作，其常闭触点 KOC1（33）断开，KM12 断电，M9 停转。至此完成放松——上升——夹紧全过程。

下降过程与上述类同，可操作按钮 SB7 来实现。不同之处在于，为了消除横梁下降时丝杠与丝母之间的间隙，要求横梁下降到位后再稍作回升，这个动作是通过时间继电器 KT2 实现的。当横梁下降结束，夹紧开始的同时，KM10、KT2 得电吸合，由 M8 拖动横梁上升，至延时到时，KT2（31）断开，KM10 断电，横梁完成下降后的小幅回升过程。

横梁的升降与工作台自动之间有联锁，即工作台自动时，KA3 得电吸合，横梁不能升降。横梁在立柱上的松紧是自动进行的。横梁升降之间有联锁，且有限位，由行程开关

SQ4、SQ5、SQ7 实现。

（4）工作台运动　工作台运动是运行方式进行自动循环，辅以步进、步退、低速和磨削运动。

工作台的自动循环是由六个行程开关 SQ13、SQ8、SQ10 和 SQ12、SQ9、SQ11 来完成的。工作台进入自动循环时，交流电动机 M2 起动完毕。接触器 KM△的辅助常闭触点 KM△（39）闭合。润滑泵运行正常，油压继电器 KP 的常开触点 KP（39）闭合，主电路电流正常，过电流继电器 KOC2 未动作，其常闭触点 KOC2（39）闭合。工作台已返回初始位置，行程开关 SQ12、SQ9 动作，其常开触点 SQ12-2（43）、SQ9-2（42）闭合，常闭触点 SQ12-1（50）、SQ9-1（40）断开。

按下前进按钮 SB9，继电器 KA3 得电吸合，其常开触点 KA3（39）闭合自锁，中间继电器 KA5 得电吸合。常开触点 KA3（37）闭合，中间继电器 KA2 得电吸合，KA2 在直流主电路中的常开触点 KA2（56）闭合，时间继电器 KT 得电吸合，其常开触点 KT（48）、KT（55）闭合，使调速给定电位器 RP3 和 RP4 接通直流电源。同时，低速切入开关 SA5 接通，从而使得减速继电器 KA7 得电吸合。以上各个继电器得电吸合后，通过直流调速系统（直流调速系统控制电路分析见后）慢速拖动工作台，刀具低速切入机件。

刀具切入机件后，SQ9 复位，换向继电器 KA5 断开，其常开触点 KA5（43）断开，KA7 断电，通过直流调速系统使工作台以工作速度前进。

工作台以工作速度前进到刀具即将离开机件时，行程开关 SQ13 动作。其常开触点 SQ13-2（45）闭合，又使 KA7 得电吸合，通过直流调速系统，使工作台减速前进。

刀具减速离开机件、工作台前进行程结束时，行程开关 SQ8 动作，其常闭触点 SQ8-1（37）断开，KA2 断开。常开触点 SQ8-2（42）闭合，换向继电器 KA6 得电吸合，从而使后退中间继电器 KA4 得电吸合，通过直流调速系统，使工作台快速退回。

工作台快退到一定位置时，行程开关 SQ12 动作，其常开触点 SQ12-2（43）闭合，KA7 得电吸合，通过直流调速系统，使得工作台后退减速。

工作台后退至行程结束位置时，行程开关 SQ9 动作，常闭触点 SQ9-1（40）断开，KA4 断电，工作台后退结束，KA4 的常闭触点 KA4（37）闭合，KA2 得电吸合，SQ9 的常开触点 SQ9-2（42）闭合，KA5 得电吸合，为工作台进入新的一轮循环做好准备。

工作台步进/步退时，先处于停止状态（压停止按钮 SB10，使 KA3 断电），压按钮 SB8/SB12，KA2/KA4 得电吸合，KA2/KA4 无自锁，控制处于点动状态，从而通过直流调速系统实现了工作台的低速步进/步退。

工作台处于低速运行和磨削工作状态时，调速手柄处于低速位置，KA7 线圈得电，常开辅助触点 KA7 闭合，电阻 $R_3/R_4$ 得电，此时若 KA2/KA4 得电吸合，其常开触点 KA2/KA4 闭合，通过 KA3 辅助触点，使得工作台低速运行，当磨削转换开关 SA7 闭合时，磨削中间继电器 KA9 得电吸合，使工作台运行于磨削状态。

2. 直流系统及控制电路

直流系统及控制电路主要实现两个功能：主拖动直流电动机 M 的调速（工作台运行速度的控制）和后退抬刀。后退抬刀控制中，当工作台后退时，KA4 得电吸合，其常开触点 KA4（56）闭合，KA2 断电，常闭触点 KA2（57）闭合，抬刀电磁铁 YB1 ~ YB4 通电，推动顶销将刀板顶起。

主拖动直流电动机 M 的调速是通过控制交磁扩大机 K 的控制绕组，即调节交磁扩大机的励磁电流实现的。

RP3/RP4 为前进/后退速度给定电位器。通过改变 RP3/RP4 手柄的位置，就能改变工作台前进/后退的速度。

当工作台处于步进/步退运行状态时，工作台自动运行继电器 KA3 断电，其常开触点 KA3（55）断开，常闭触点 KA3（55）闭合，KA2 或 KA4 得电吸合，其一常闭触点 KA2（52）或 KA4（51）断开，给定电压由电阻 $R_1$ 经另一闭合的常开触点 KA4（54）或 KA2（49）及常闭触点 KA3（55）获得，一般较小，使得工作台步进/步退时低速运行。

工作台慢速切入、前进（后退）减速时，减速继电器 KA7 得电吸合，自动运行方式继电器 KA3、前进方向继电器 KA2（后退方向继电器 KA4）得电吸合，给定电压由电阻 $R_1$ 经 KA7 的常开触点 KA7（50/53），KA2 的常开触点 KA2（49）（KA4 的常开触点 KA4（54））得到，一般较小。

工作台磨削运行时，磨削控制继电器 KA9 得电吸合，其常闭触点 KA9（48）断开，给定回路中串入电阻 $R_2$，给定电压减小。常开触点 KA9（53）闭合，电阻 8RT 被部分短接，稳定绕组 KI 的作用得到加强，使磨削的过程更加稳定。

采用电压负反馈和电流正反馈后，虽然可使电动机 M 的转速更加稳定，加快起动、制动及反向过渡过程，但也可能因为过渡过程太短，$\Delta U$ 过大，使得电动机电枢电流过大，甚至远远超过电流允许的最大值。此外，也可能因为机械设备卡住，转速急剧降低，负反馈作用太强，导致电动机电枢电流增大到危险的程度。电流截止负反馈环节就可以保证电动机的电枢电流不超过某一限值，使之安全可靠地运行。二极管 VD1/VD2 就是为实现上述功能而设置的，当电枢电流过大，$R_4$ 上的电压降大于 $R_1$ 时的部分电压时，VD1/VD2 导通。在控制绕组中形成新的去磁电流，使 G1 部分产生的电动势 $E_a$ 下降，从而大到最终限制电动机电枢电流上升的目的。

## 二、B2012 型龙门刨床电气故障现象

1）427-465 间断路：除主拖动电动机外，其他电动机都缺一相。

2）458-488 间断路：除电动机 M1、M2、M3、M4 外，其他电动机都缺一相。

3）496-497 间断路：垂直刀架电动机缺一相。

4）530-531 间断路：左侧刀架电动机缺一相。

5）526-534 间断路：左侧刀架电动机反转时缺一相。

6）539-540 间断路：横梁升降电动机缺一相。

7）520-550 间断路：横梁升降电动机下降时缺一相。

8）559-560 间断路：横梁松紧电动机缺一相。

9）553-564 间断路：横梁松紧电动机放松时缺一相。

10）1-2 间断路：控制电路失效。

11）5-9 间断路：控制电路失效。

12）11-12 间断路：主拖动电动机无自锁点动。

13）18-19 间断路：主拖动电动机无法起动。

14）46-65 间断路：除主拖动电动机能起动外，其他进给控制都失效。
15）63-64 间断路：垂直刀架正转进给失效。
16）85-86 间断路：右侧刀架自动进给失效。
17）108-109 间断路：左侧刀架反转自动复位失效。
18）112-113 间断路：横梁放松失效，无法升降。
19）122-123 间断路：横梁上升失效。
20）150-151 间断路：横梁夹紧失效。
21）160-161 间断路：横梁放松失效。
22）182-183 间断路：工作台前进失效。
23）192-193 间断路：工作台自动进给控制失效。
24）216-217 间断路：工作台后退失效。
25）228-229 间断路：工作台换向控制失效。
26）246-247 间断路：润滑泵失效无法起动。
27）354-355 间断路：直流系统无电输出失效。
28）377-381 间断路：抬刀电磁铁 YB1 失效。
29）391-392 间断路：抬刀电磁铁 YB3、YB4 失效。
30）315-349 间断路：直流电动机 M 不转。
31）320-346 间断路：工作台步进/步退时直流电动机 M 不转。
32）287-341 间断路：工作台自动进给时直流电动机 M 不转。

## 三、电气原理图

B2012 型龙门刨床电气原理图如图 15-1、图 15-2、图 15-3 所示。

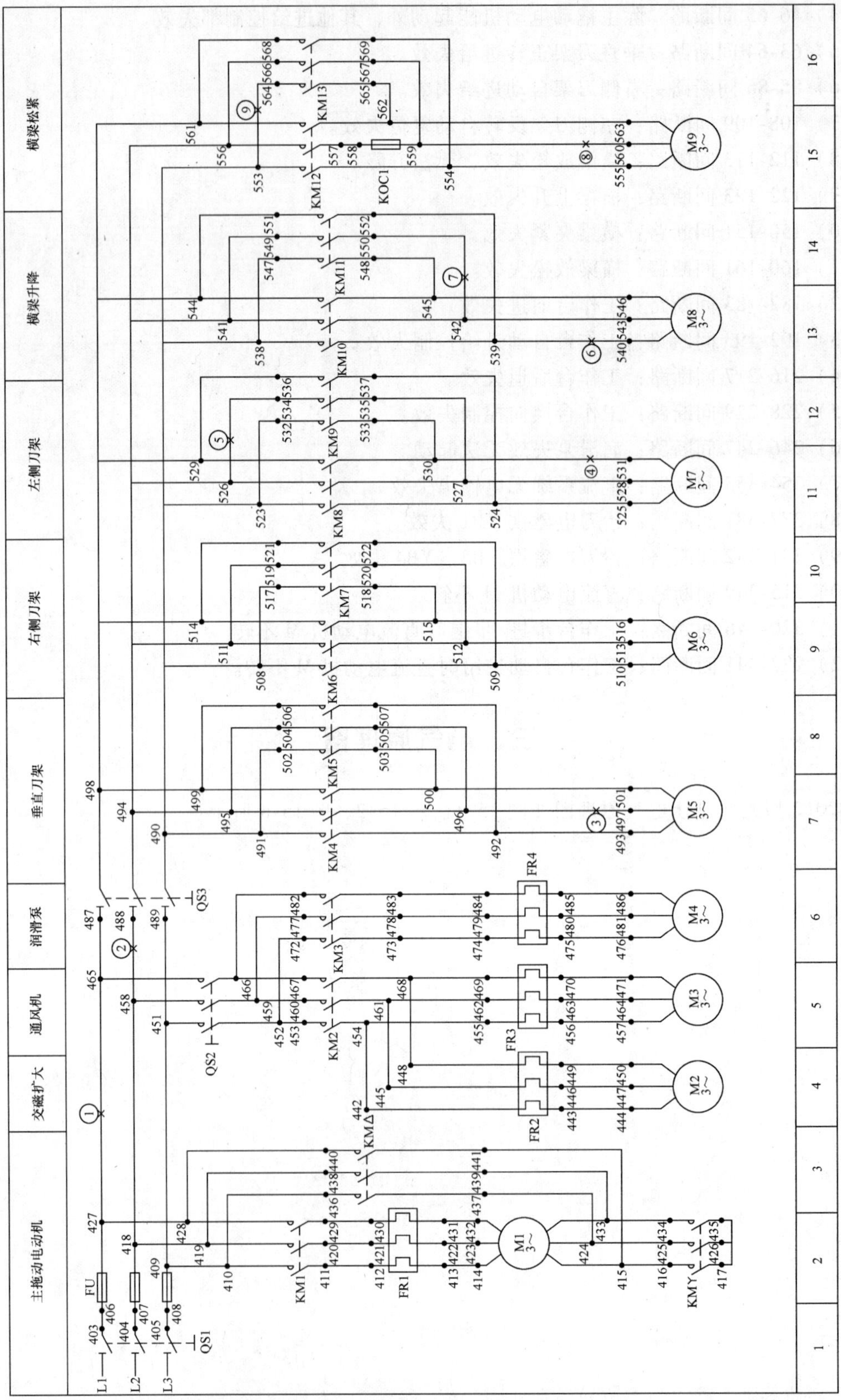


图 15-1 B2012 型龙门刨床电气原理图（a）

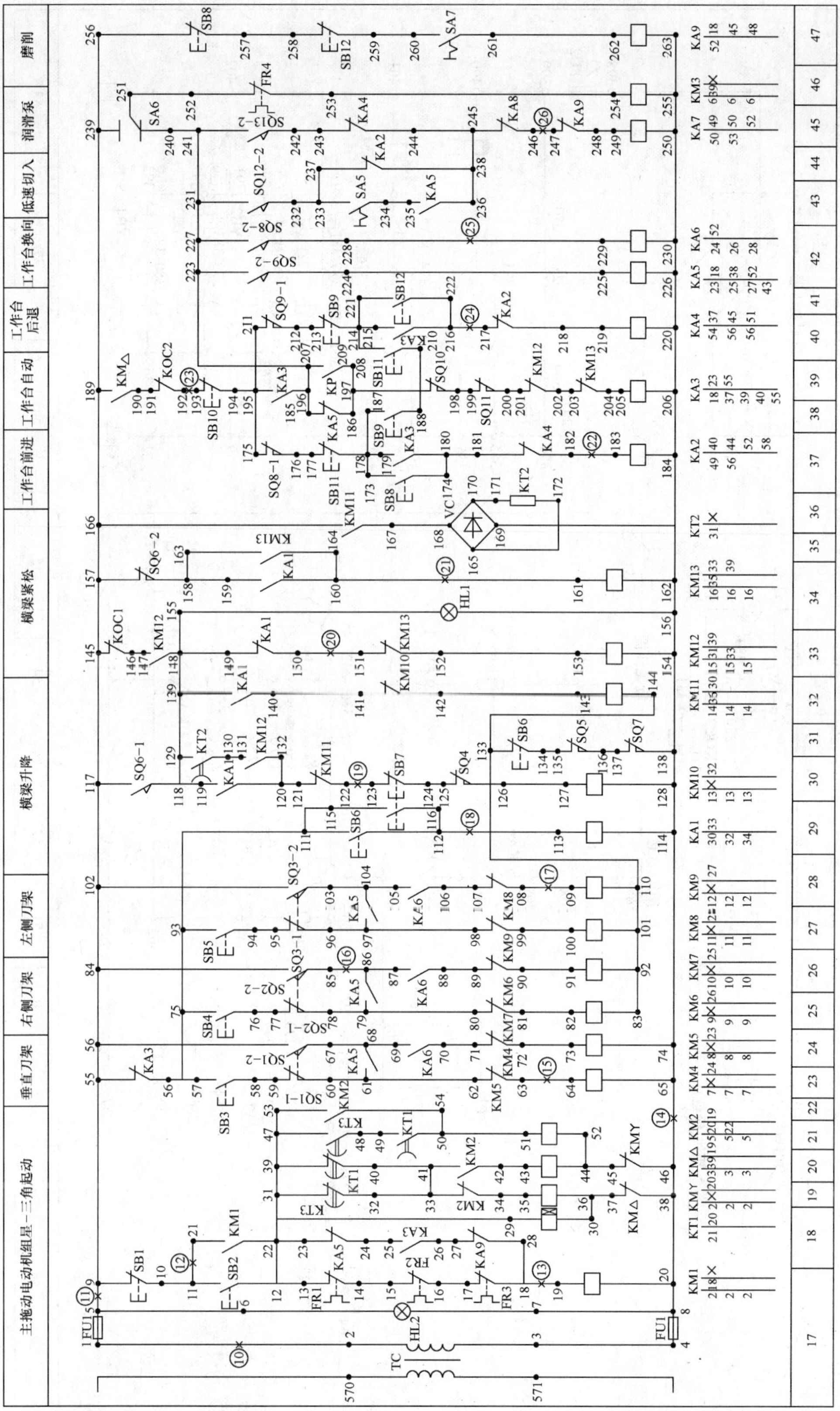


图 15-2　B2012 型龙门刨床电气原理图（b）

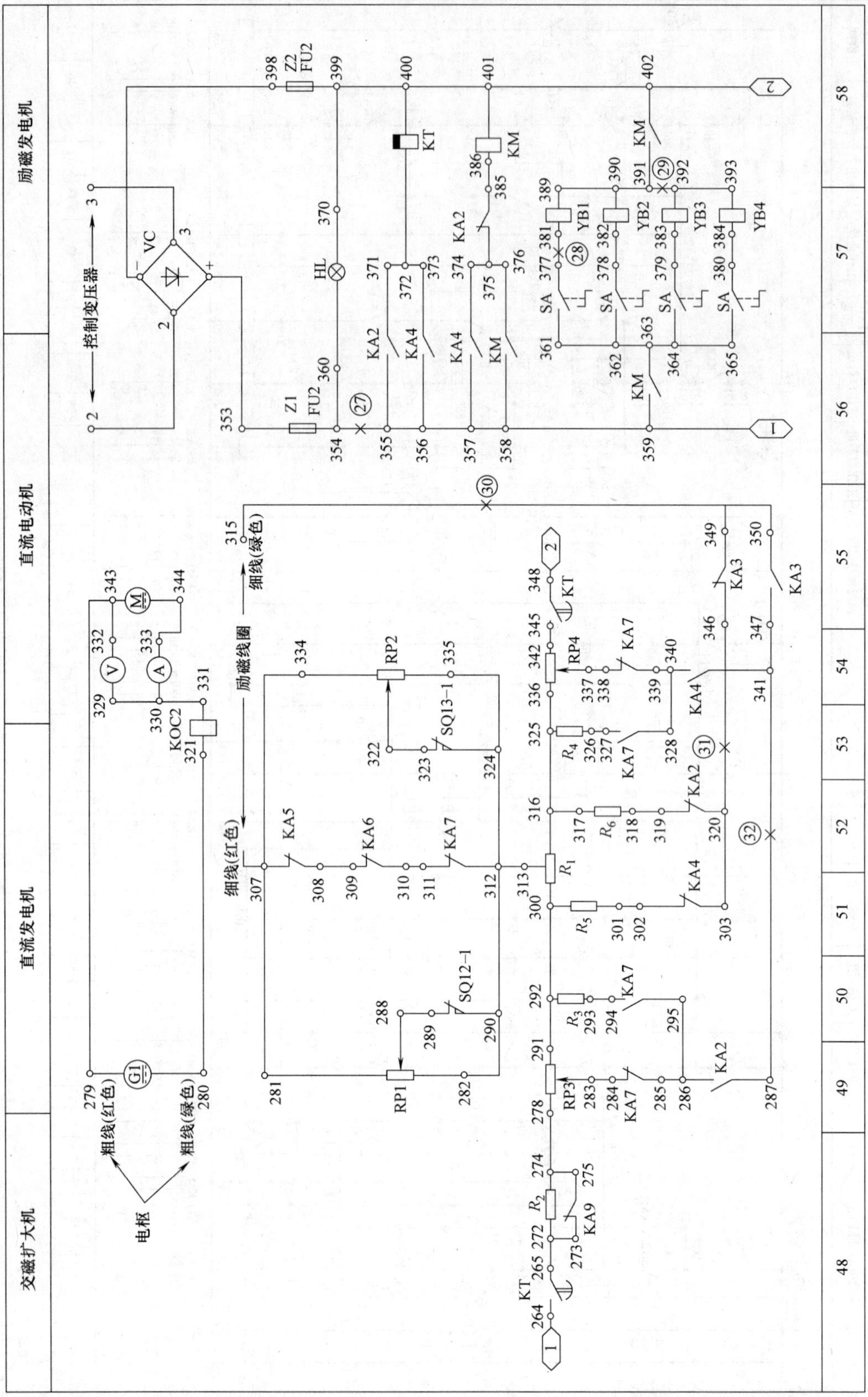


图 15-3　B2012 型龙门刨床电气原理图（c）

# 第十六章　Z3050 型摇臂钻床电气电路

## 一、电路分析

（一）主电路分析

Z3050 型摇臂钻床有四台电动机，除冷却泵采用开关直接起动外，其余三台异步电动机均采用接触器起动。

M1 是主轴电动机，由交流接触器 KM1 控制，只要求单方向旋转。主轴的正反转由机械手柄操作，M1 装在主轴箱顶部，带动主轴及进给传动系统，热继电器 FR1 是过载保护元件，短路保护是总电源开关中的电磁脱扣装置。

M2 是摇臂升降电动机，装于主轴顶部，用接触器 KM2 和 KM3 控制正反转。因为该电动机短时间工作，故不设过载保护电器。

M3 是液压泵电动机，可以作正向转动和反向转动。正向旋转和反向旋转的起动与停止由接触器 KM4 和 KM5 控制。热继电器 FR2 是液压泵电动机的过载保护电器。该电动机的主要作用是供给夹紧装置液压油，实现摇臂和立柱的夹紧和松开。

M4 是冷却泵电动机，功率很小，由开关直接起动和停止。

（二）控制电路分析

1. 开车前的准备工作

为了使钻床具有“开门断电”功能，所以开车前应将立柱下部及摇臂后部的电门盖关好方能接通电源，闭合 SQ4，将模拟盖关好，合上电源开关 QF1、QF3，则电源指示灯 HL1 亮，表示机床的电气电路已进入带电状态。

2. 主轴电动机 M1 的控制

按起动按钮 SB3，则接触器 KM1 吸合并自锁，使主轴电动机 M1 起动运行。按停止按钮 SB2 则接触器 KM1 释放，使主轴电动机 M1 停止旋转。

3. 摇臂升降控制

（1）摇臂上升　按上升按钮 SB4，则时间继电器 KT1 通电吸合，它的瞬时闭合的常开触点（15 区）闭合，接触器 KM4 线圈通电，液压泵电动机 M3 起动正向旋转，供给液压油，液压油经分配阀进入摇臂的“松开油腔”，推动活塞移动，活塞推动菱形块，将摇臂松开。同时活塞杆通过弹簧片位置开关 SQ2，使其常闭触点断开，常开触点闭合。前者切断了接触器 KM4 的线圈电路，KM4 主触点断开，液压泵电动机停止工作，后者使交流接触器 KM2 的线圈通电，主触点接通 M2 的电源，摇臂升降电动机起动正向旋转，带动摇臂上升，如果此时摇臂未松开，则行程开关 SQ2 的常开触点不闭合，接触器 KM2 就不能吸合，摇臂就不能上升。

当摇臂上升到所需位置时，松开按钮 SB4 则接触器 KM2 和时间继电器 KT1 同时断电释放，M2 停止工作，随之摇臂停止上升。

由于时间继电器 KT1 断电释放，经 1～3s 时间延时后，其延时闭合的常闭触点（17 区）闭合，使接触器 KM5 吸合，液压泵 M3 反向旋转，随之泵内液压油经分配阀进入摇臂的“夹紧油腔”，摇臂夹紧。在摇臂夹紧的同时，活塞杆通过弹簧片使行程开关 SQ3 的常闭触点断开，KM5 断电释放，最终停止 M3 工作，完成了摇臂的松开、上升、夹紧的整套动作。

（2）摇臂下降　按下降按钮 SB5，则时间继电器 KT1 通电吸合，其常开触点闭合，接通 KM4 的线圈电源，液压泵电动机 M3 起动正向旋转，供给液压油。与前面叙述的过程相似，先使摇臂松开，接着压着行程开关 SQ2，其常闭触点断开，使 KM4 断电释放，液压泵电动机停止工作；其常开触点闭合，使 KM3 线圈通电，摇臂升降电动机 M2 反向运行，带动摇臂下降。

当摇臂下降到所需位置时，松开按钮 SB5，则接触器 KM3 和时间继电器 KT1 同时断电释放，M2 停止工作，摇臂停止下降。

由于时间继电器 KT1 断电释放，经 1～3s 时间的延时后，其延时闭合的常闭触点闭合，KM5 线圈得电，液压泵电动机 M3 反向旋转，随之摇臂夹紧。在摇臂夹紧的同时，使位置 SQ3 断开，KM5 断电释放，最终停止 M3 工作，完成了摇臂的松开、下降、夹紧的整套动作。

行程开关 SQ1a 和 SQ1b 用来限制摇臂的升降超程。当摇臂上升到极限位置时，SQ1a 动作，接触器 KM2 断电释放，M2 停止运行，摇臂停止上升；当摇臂下降到极限位置时，SQ1b 动作，接触器 KM3 断电释放，M2 停止旋转，摇臂停止下降。摇臂的自动夹紧由行程开关 SQ3 控制。

4. 立柱和主轴箱的夹紧与松开控制

立柱和主轴箱的松开（或夹紧）既可以同时进行，也可以单独进行，由转换开关 SA1 和按钮 SB6（或 SB7）进行控制。SA1 有三个位置，扳到中间位置时，立柱和主轴箱的松开（或夹紧）同时进行；扳到左边位置时，立柱夹紧（或松开）；扳到右边位置时，主轴箱夹紧（或松开）。按钮 SB6 是松开控制按钮，SB7 是夹紧控制按钮。

（1）立柱和主轴箱同时松、夹　将转换开关 SA1 扳到中间位置，然后按松开按钮 SB6，时间继电器 KT2、KT3 同时得电。KT2 的延时断开的常开触点闭合，电磁铁 YA1、YA2 得电吸合。而 KT3 的延时闭合的常开触点经 1～3s 后才闭合，随后，KM4 闭合，液压泵电动机 M3 正转，供出的液压油进入立柱和主轴箱松开油腔，使立柱和主轴箱同时松开。

立柱和主轴箱同时夹紧的工作原理与松开相似，只要把 SB6 换成 SB7，接触器 KM4 换成 KM5，M3 由正转换成反转即可。

（2）立柱和主轴箱单独松、夹　如希望单独控制主轴箱，可将转换开关 SA1 扳到右侧位置，按下松开按钮 SB6（或夹紧按钮 SB7），此时时间继电器 KT2 和 KT3 的线圈同时得电，电磁铁 YA2 单独通电吸合，即可实现主轴箱的单独松开（或夹紧）。

松开按钮 SB6（或 SB7），时间继电器 KT2 和 KT3 的线圈断电释放，KT3 的通电延时闭合的常开触点瞬时断开，接触器 KM4（或 KM5）的线圈断电释放，液压泵电动机停转。经 1～3s 的延时，电磁铁 YA2 的线圈断电释放，主轴箱松开（或夹紧）的操作结束。

同理，把转换开关扳到左侧，则可使立柱单独松开或夹紧。

## 二、Z3050 型摇臂钻床电气故障现象

1）106-113 间断路：M1、M2、M3、M4 各电动机起动后均缺一相。

2）108-109 间断路：M4 起动后缺一相。

3）122-123 间断路：M1 起动后缺一相。

4）121-142 间断路：除冷却泵电动机可正常运转外，其余电动机及控制电路均失效。

5）132-140 间断路：摇臂上升时电动机缺一相。

6）169-170 间断路：M3 液压泵电动机缺一相。

7）107-116 间断路：除冷却泵电动机可正常运转外，其余电动机及控制电路均失效。

8）1-3 间断路：除照明灯外，其他控制全部失效。

9）178-179 间断路：照明灯不亮。

10）7-8 间断路：QF1 不能吸合。

11）13-14 间短路：主轴电动机起动，按 SB2 不能停止。

12）15-21 间断路：主轴电动机能起动，但不能自锁。

13）16-17 间断路：主轴电动机不能起动。

14）23-29 间断路：按摇臂下降失效，且 KT1 线圈不得电。

15）20-24 间断路：摇臂升降控制，液压松紧控制，立柱与主轴箱控制均失效。

16）26-27 间断路：摇臂上升控制失效，摇臂下降控制有效。

17）34-35 间断路：液压松开正常，摇臂上升控制失效，摇臂下降控制有效。

18）25-37 间断路：主轴电动机起动，摇臂上升控制正常，但其他操作失效。

19）48-49 间断路：按摇臂下降控制失效，且 KT1 线圈得电而 KT1 的 49 触点不得电。

20）46-64 间断路：摇臂下降控制，液压松紧控制，立柱与主轴箱控制均失效，KT1 线圈有电。

21）54-55 间断路：摇臂下降控制失效；立柱和主轴箱的松开控制也失效。

22）60-61 间断路：立柱与主轴箱的松开控制失效，下降控制有效。

23）57-75 间断路：液压夹紧、立柱及主轴箱的控制失效。

24）72-73 间断路：液压夹紧控制失效。

25）68-76 间断路：摇臂升降操作后，液压夹紧失效。

26）78-84 间断路：立柱和主轴箱的松开控制失效。

27）80-85 间断路：立柱和主轴箱的液压松开和夹紧操作均失效。

28）83-87 间断路：立柱主轴箱的松夹控制均失效。

29）90-91 间断路：立柱的松夹控制失效。

30）98-99 间断路：主轴箱的松夹控制失效。

## 三、电气原理图

Z3050 型摇臂钻床电气原理图如图 16-1 所示。

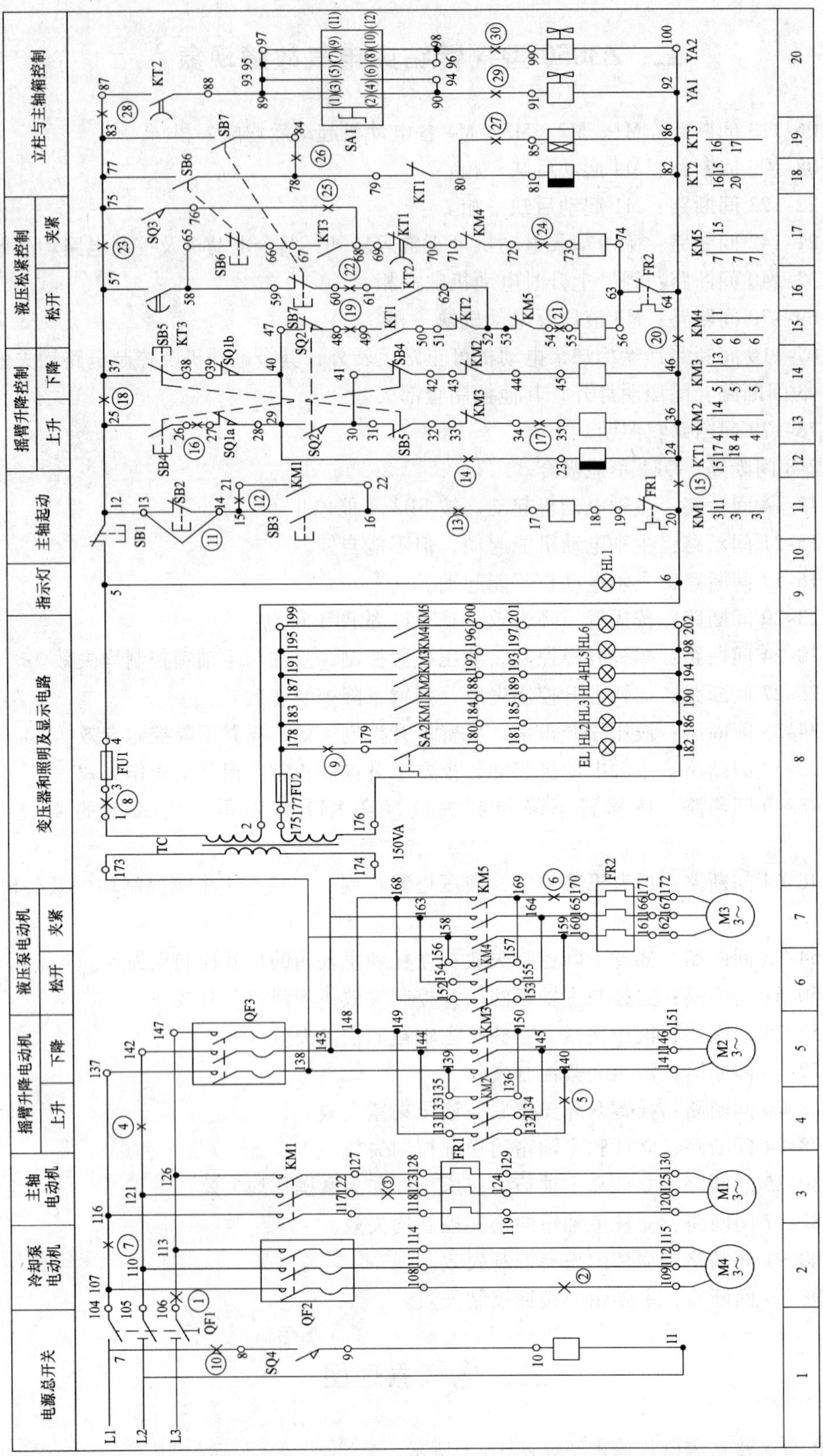


图 16-1　Z3050 型摇臂钻床电气原理图

# 第十七章　工程实例——交流桥式起重机电气电路

## 一、电路分析

桥式起重机的大车桥架跨度一般较大，两侧装置两个主动轮分别由两台相同规格的电动机 M3 和 M4 拖动，沿大车轨道纵向的两个方向同速运动。

小车移动机构由一台电动机 M2 拖动，沿固定在大车桥架上的小车轨道横向的两个方向运动。

主钩升降由一台电动机 M5 拖动。

副钩升降由一台电动机 M1 拖动。

电源总开关为 QS1，凸轮控制器 SA1、SA2、SA3 分别控制副钩电动机（M1）、小车电动机（M2）、大车电动机（M3、M4）；主令控制器 SA4 配合磁力控制屏（PQR）完成对主钩电动机（M5）的控制。

整个起动机的保护环节由交流保护控制柜（GQR）和交流磁力控制屏（PQR）来实现。各控制电路均用熔断器 FU1、FU2 作为短路保护；总电源及每台电动机均采用过电流继电器 KOC0、KOC1、KOC2、KOC3、KOC4、KOC5 作过载保护；为了保障维修人员的安全，在驾驶室舱门盖上装有安全开关 SQc；在横梁两侧栏杆门上分别装有安全开关 SQd、SQe；当发生紧急情况时为了使操作人员能立即切断电源，防止事故扩大，在保护柜上还装有一只单刀单掷的紧急开关 QS4。上述各开关在电路中均为常开触点并与副钩、小车、大车的过电流继电器的常闭触点相串联，当驾驶室舱门或横梁栏杆门开时，主接触器 KM 线圈不能得电运行或运行时断电释放，这样起重机的全部电动机都不能起动运行，从而保证了人身安全。

电源总开关 QS1，熔断器 FU1、FU2，主接触器 KM，紧急开关 QS4 以及过电流继电器 KOC0 ~ KOC5 都安装在保护控制柜上。保护柜、凸轮控制器及主令控制器均安装在驾驶室内，便于驾驶员操作。

起重机各移动部分均采用行程开关作为限位保护。分别为：主钩上升行程开关 SQa；副钩上升行程开关 SQb，小车横向行程开关 SQ1、SQ2；大车纵向行程开关 SQ3、SQ4。利用移动部件上的挡铁压开行程开关，将电动机断电并制动，以保证桥式起重机安全。

起重机设备上的移动电动机和提升电动机均采用电磁制动器制动，分别为：副钩制动电磁铁 YA1；小车制动电磁铁 YA2；大车制动电磁铁 YA3、YA4；主钩制动电磁铁 YA5、YA6。当电动机通电时，电磁铁也得电松开制动器，电动机可以自由旋转。当电动机断电时，电磁铁也断电，电动机被制动器所制动，特别是正在运行时突然停电，可以保证安全。

（一）主接触器 KM 的控制

控制过程如下：

1. 准备阶段

在起重机投入运行前应当将所有凸轮控制器手柄置于“零位”，零位联锁触点 SA1-7、

SA2-7、SA3-7（5 区）处于闭合状态，合上紧急开关 QS4，关好舱门和横梁栏杆门，使开关 SQc、SQd、SQe 也处于闭合状态（5 区）。

2. 起动运行阶段

操作人员按下保护控制柜上的起动按钮 SB（5 区），主接触器 KM 线圈得电吸合（5 区），三副常开主触点 KM 闭合（1 区）。使两相电源进入各凸轮控制器，一相电源直接引入各电动机定子接线端。此时由于各凸轮控制器手柄均在零位，故电动机不会运转。同时，主接触器 KM 两副辅助常开触点 KM 闭合自锁（5 区），当松开起动按钮 SB 后，主接触器 KM 线圈从另一条通路得电。

通路为电源 1→KM（自锁触点）→SA1-6→SA2-6→SQ1→SQ3→SA3-6→KM（自锁触点）→SQe→SQd→SQc→QS4→KOC0→KOC1→KOC2→KOC3→KOC4→KM（线圈→电源 2）

（二）凸轮控制器的控制

桥式起重机的大车、小车和副钩电动机容量较小，一般采用凸轮控制器控制。现以大车为例，说明其控制过程。由于大车为两台电动机同时拖动，故大车凸轮控制器 SA3 比 SA1 及 SA2 多了五副转子电阻控制触点，以供切除第二台电动机的转子电阻用。由图 17-1 可以看出，大车凸轮控制器 SA3 共有 11 个位置，中间位置是零位，右边五个位置，左边五个位置，控制电动机 M3 和 M4 的正反转（大车的前进和后退）。四副主触点控制电动机 M3 和 M4 的定子电源，并实现正反转换接（V2-3M3、4M1，W2-3M1、4M3；V2-3M1、4M3，W2-3M3、4M1）。10 副转子电阻控制触点分别切换电动机 M3 和 M4 的转子电阻 3*R* 和 4*R*。另有三副辅助触点为联锁触点，其中 SA3-5、SA3-6 为电动机正反转联锁触点，SA3-7 为零位联锁触点。

操作过程：当合上电源总开关 QS1 时，按起动按钮 SB 使主接触器 KM 线圈得电运行。

扳动凸轮控制器 SA3 操作手柄向后位置 1，主触点 V2-3M1、4M1 接通，正反转联锁触点 SA3-6 接通，SA3-5 断开，SA3-7 断开，电动机 M3、M4 接通三相电源，同时电磁铁 YA3、YA4 得电（指示灯亮），使制动器放松，此时转子回路中串联着全部附加电阻，故电动机有较大的起动转矩、较小的起动电流，以最低速旋转，大车慢速向后运动。

扳动凸轮控制器 SA3 操作手柄向后位置 2，转子电阻控制触点 3*R*5、4*R*5 接通，电动机 M3、M4 转子回路中的附加电阻 3*R*、4*R* 各切除一段电阻，电动机转速略有升高。当手柄置于位置 3 时，控制触点 3*R*4、4*R*4 接通，转子回路中的附加电阻又被切除一段，电动机转速进一步升高。这样凸轮控制器 SA3 手柄从位置 2 循序转到位置 5 的过程中，控制触点依次闭合，转子电阻逐段切除，电动机转速逐渐升高，当电动机转子电阻全部切除时，转速达到最高速。

当凸轮控制器 SA3 操作手柄扳至向前时，通过主触点将电动机电源换相，主触点 V2-3M3、4M1 接通，W2-3M1、4M3 接通，电动机反方向旋转。另外正反转联锁触点 SA3-5 接通，SA3-6 断开，SA3-7 断开，其他工作过程与向后完全一样。

由于断电或操作手柄扳至零位，电动机电源断电，电磁铁线圈断电，制动器将电动机制动。

小车和副钩的控制过程与大车相同。

（三）主令控制器的控制

主钩运行有升降两个方向，主钩上升控制与凸轮控制器的工作过程基本相似。区别在于它是通过接触器来控制的。

主钩下降时与凸轮控制器的动作过程有较明显的差异。主钩下降有六档位置。“J”、“1”、“2”档为制动下降位置，防止在吊有重载下降时速度过快，电动机处于反接制动运行状态。“3”、“4”、“5”档为强力下降位置，主要用于轻负载时快速强力下降。主令控制器在下降位置时，六个档次的工作情况如下：

合上开关 QS1（1 区）、QS2（6 区）、QS3（7 区）接通主电路和控制电路电源，主令控制器手柄置于零位，触点 S1（7 区）处于闭合状态，电压继电器 KV（7 区）线圈得电动作，其常开触点 KUV（7 区）闭合自锁，为主钩电动机 M5 的起动控制做好准备。

1. 手柄扳到制动下降位置“J”档

主令控制器 SA4 常闭触点 S1 断开，常开触点 S3、S6、S7、S8 闭合，接触器 KM2 线圈得电吸合，常开主触点 KM2 闭合，电动机 M5 的定子绕组通入三相正相序电压，电动机 M5 产生的电磁转矩为提升方向。另外，辅助常开触点 KM2 闭合自锁，辅助常闭触点 KM2 断开联锁，辅助常开触点 KM2 闭合，为制动 KM3 线圈得电作准备；接触器 KM4、KM5 线圈得电吸合，常开触点 KM4、KM5 闭合，转子电阻 5*R*6、5*R*5 被切除，转子回路中还接入四段电阻。此时，尽管电动机 M5 已接通电源，但由于主令控制器的常开触点 S4 未闭合，接触器 KM3 线圈不能得电，故制动电磁铁 YA5、YA6 线圈也不能得电，制动器未释放，电动机 M5 仍处于制动器制动状态，迫使电动机 M5 不能起动旋转。

这种操作常用于主钩上吊有很重的货物或工件，停留在空中或在空间移动时，因负载很重，防止制动器制动失灵或打滑，所以使电动机产生一个向上的提升力，协助制动器制动克服重负载所产生的下降力，以减轻制动器制动的负担，保证运行安全。

2. 手柄扳到制动下降位置“1”档

当主令控制器手柄扳至“1”档时，除“J”档时的 S3、S6、S7 仍闭合，接触器 KM2、KM4 线圈仍得电吸合外，另有常开触点 S4 闭合，接触器 KM3 线圈得电吸合，常开主触点 KM3 闭合，电磁铁 YA5、YA6 线圈得电动作，电磁制动器制动放松，电动机 M5 得以旋转。常开触点 KM3 闭合自锁，并与辅助常开触点 KM1、KM2 并联，主要保证电动机 M5 正反转切换过程中电磁铁 YA5、YA6 有电，处于非制动状态，这样就不会产生机械冲击。

由于触点 S8 的分断，接触器 KM5 线圈断电释放，此时仅切除一段转子电阻 5*R*6，使电动机 M5 产生的提升方向的电磁转矩减小。若此时负载足够大，则在负载重力下电动机作反向（下降方向）旋转，电磁转矩成为反接制动转矩迫使重负载低速下降。

3. 手柄扳到制动下降位置“2”档

此时主令控制器触点 S3、S4、S6 仍闭合，触点 S7 分断，接触器 KM4 线圈断电释放，附加电阻全部接入转子回路，使电动机向提升方向的电磁转矩又减少，重负载下降速度比“1”档时加快。这样，操作者可根据重负载情况及下降速度的要求，适当选择“1”档或“2”档作为重负载合适的下降速度。

4. 手柄扳到强力下降位置“3”档

此档主令控制器触点 S3 分断、S2 闭合，因为“3”档为强力下降，故上升行程开关 SQa 失去保护作用，控制电源通路改由触点 S2 控制。触点 S6 分断，上升接触器 KM2 线圈断电释放。触点 S4、S5、S7、S8 闭合，接触器 KM1 线圈得电吸合，电动机电源相序切换反向旋转（向下降方向），辅助常开触点 KM1 闭合自锁，辅助常闭触点 KM1 断开联锁。同时接触器 KM4、KM5 线圈得电吸合，转子附加电阻 5*R*6、5*R*5 被切除，这时轻负载便在电动机下降转矩作用下强制下落，又称强力下降。

5. 手柄扳到强力下降位置“4”档

主令控制器的触点 S2、S4、S5、S7、S8、S9 闭合，接触器 KM6 线圈得电吸合，转子附加电阻 5*R*4 被切除，电动机转速进一步增加，轻负载下降速度变快。另外，辅助常开触点 KM6 闭合，为接触器 KM7 得电作准备。

6. 手柄扳到强力下降位置“5”档

此档主令控制器触点 S2 ~ S12 全部闭合，接触器 KM7 ~ KM9 线圈依次得电吸合，转子附加电阻 5*R*3、5*R*2、5*R*1 依次逐级切除，这样可以防止过大的冲击电流，同时使电动机旋转速度逐渐增加，待转子附加电阻全部被切除后，电动机以最高转速运行，负载下降速度也最快。此档若负载重力作用较大使实际下降速度超过电动机同步转速时，由电动机运行特性可知，电磁转矩由驱动转矩变为制动转矩，即发电制动，能起到一定的制动下降作用，保证下降速度不致太高。

桥式起重机在实际运行中，操作人员要根据具体情况选择不同的运行位置和档位。比如主令控制器手柄在强力下降位置“5”档时，因负载重力作用太大使下降速度过快，虽有发电制动控制，高速下降仍很危险。此时，就需要把主令控制器手柄扳回到制动下降位置“2”或“1”档，进行反接制动从而控制下降速度。为了避免在转换过程中可能发生过高的下降速度，在接触器 KM9 电路中常用辅助常开触点 KM9 自锁。同时，为了不影响提升的调速，在该支路中再串联一个辅助常开触点 KM1。这样可以保证主令控制器手柄由强力下降位置向制动下降位置转换时，接触器 KM9 线圈始终都有电，只有手柄扳至制动下降位置后，接触器 KM9 线圈才断电，在主令控制器 SA4 触点中，表示当手柄由“5”档向零位回转时，触点 S12 接通。否则，如果没有以上联锁装置，在手柄由强力下降位置向制动下降位置转换时，若操作人员不小心，误把手柄停在了“4”或“3”档上，那么正在高速下降的负载速度不但不会得到控制，反而使下降速度更为增加，可能造成恶性事故。

另外，串联在接触器 KM2 支路中的常开触点 KM2 与常闭触点 KM9 并联，主要作用是当接触器 KM1 线圈断电释放后，只有在接触器 KM9 线圈断电释放的情况下，接触器 KM2 线圈才允许得电并自锁，这就保证了只有在转子电路中保持一定的附加电阻前提下，才能进行反接制动，以防止反接制动时造成直接起动而产生过大的冲击电流。

## 二、交流桥式起重机电气故障现象

1）3-6 间断路：各个控制部分失效。

2）10-14 间断路：副钩电动机无论升降总缺一相。

3）25-26 间断路：起动副钩电动机，制动电磁铁不能动作。

4）23-27 间断路：副钩电动机无论升降总缺一相。

5）106-107 间断路：按 SB 钮，KM 不能起动。

6）120-121 间断路：按 SB 钮，KM 不能起动。

7）124-125 间断路：按 SB 钮，KM 不能起动。

8）128-129 间断路：按 SB 钮，KM 不能起动。

9）102-103 间断路：按 SB 钮，KM 不能起动。

10）40-45 间断路：小车电动机无论正反转都缺一相，且制动电磁铁不能动作。

11）55-58 间断路：大车电动机（两个）均缺一相，且制动电磁铁不能动作。

12）8-76 间断路：按 SB 钮，KM 不能起动。

13）79-80 间断路：副钩下降时，按下 SB，KM 线圈得电后，KM 的常开触点不能实现自锁。

14）81-82 间断路：按 SB 钮，KM 不能自锁。

15）85-88 间断路：按 SB 钮，KM 不能自锁。

16）111-119 间断路：按 SB 钮，KM 不能起动。

17）130-132 间断路：按 SB 钮，KM 不能起动。

18）139-140 间断路：主钩电动机无论升降均缺一相。

19）145-148 间断路：主钩下降时电动机缺一相。

20）139-144 间断路：主钩电动机制动电磁铁不能得电。

21）173-184 间断路：主钩控制部分失效。

22）177-178 间断路：主钩控制部分失效。

23）182-183 间断路：欠电压保护 KUV 失效。

24）198-208 间断路：主钩制动及主钩加速失效。

25）195-196 间断路：主钩电动机下降时不能起动。

26）204-206 间断路：主钩电动机上升时不能起动。

27）209-215 间断路：主钩强力下降时，KM3 不吸合，电磁铁不得电。

28）221-227 间断路：主钩加速时，5$R$1 ~5$R$4 不能切除。

29）217-218 间断路：主钩电动机产生的电磁转矩为提升方向时，5$R$6 不能切除。

30）224-225 间断路：主钩电动机产生的电磁转矩为提升方向时，5$R$5 不能切除。

31）229-247 间断路：从强力下降回档到制动下降时，KM9 不能得电吸合。

32）235-236 间断路：主钩加速时，5$R$3 不能切除。

33）241-242 间断路：主钩加速时，5$R$2 不能切除。

## 三、电气原理图

交流桥式起重机电气原理图如图 17-1 所示。

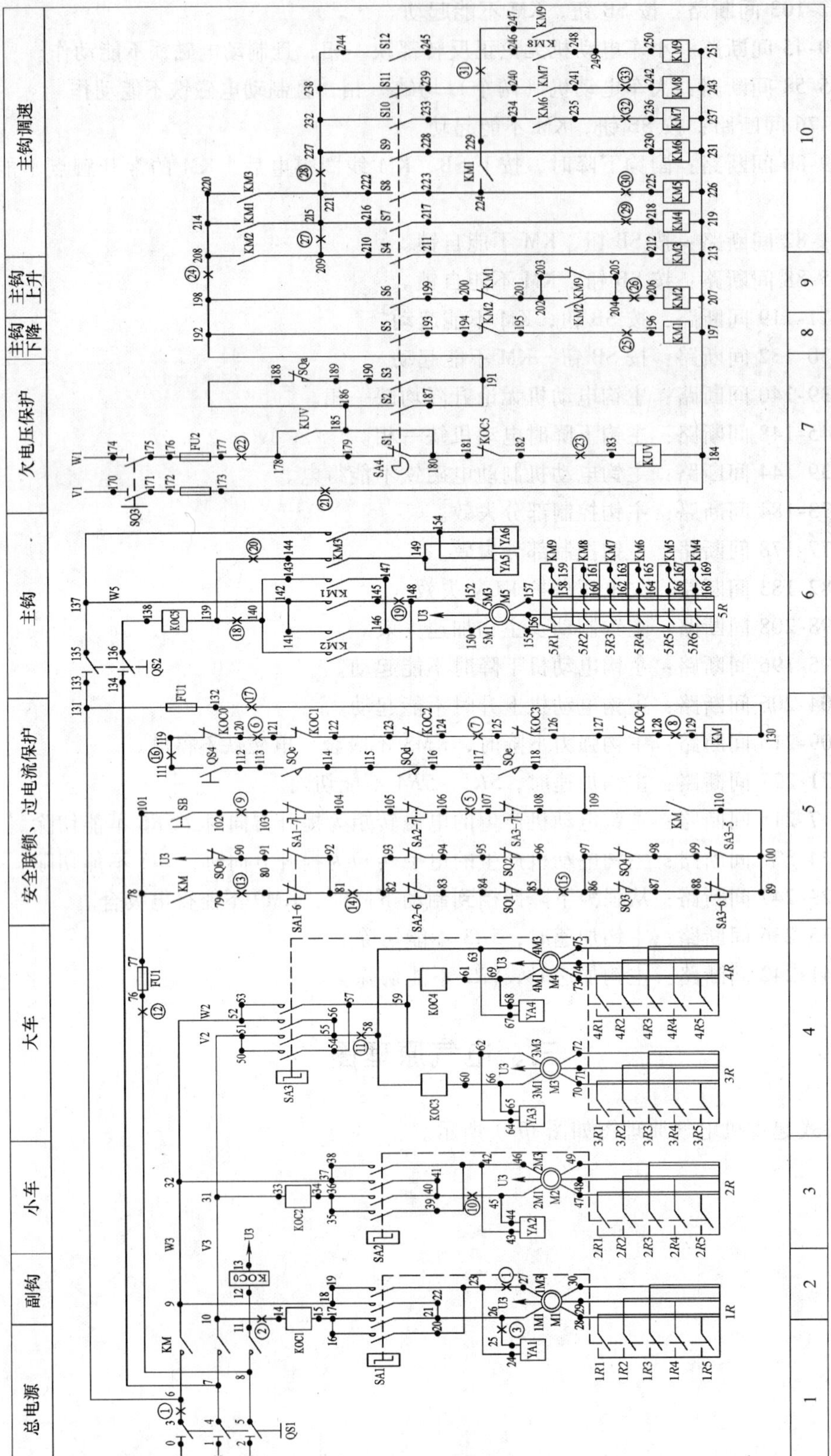


图 17-1 交流桥式起重机电气原理图

# 附录　常用电气设备图形符号及文字符号表

| 名称 | 图形符号 | 文字符号 |
|---|---|---|
| 直流 | | DC |
| 交流 | | AC |
| 接地<br>一般符号 | | E |
| 电铃 | | B |
| 蜂鸣器 | | B |
| 电磁铁 | | YA |
| 接插器件 | | X |
| 照明灯 | | EL |
| 电流表 | | PA |
| 电压表 | | PV |
| 单相变压器 | | T |
| 控制电路<br>电源变压器 | 或 | TC |
| 照明变压器 | | TC |
| 整流变压器 | | T |
| 电阻器 | | R |
| 电位器 | | RP |
| 电容器一般符号 | | C |
| 半导体二极管 | | V |
| PNP 晶体管 | | V |
| NPN 晶体管 | | V |
| 晶闸管 | | V |
| 电抗器 | 或 | L |
| 信号灯 | | HL |

| 名称 | | 图形符号 | 文字符号 |
|---|---|---|---|
| 发电机 | | | G |
| 直流发电机 | | | GD |
| 交流发电机 | | | GA |
| 交流电动机 | | | MA |
| 电动机 | | | M |
| 三相笼型<br>异步电动机 | | | M |
| 三相绕线转子<br>异步电动机 | | | M |
| 三相自耦<br>变压器 | | | T |
| 单极开关 | | | QS |
| 三极开关 | | | QS |
| 手动三极开<br>关一般符号 | | | QS |
| 低压断路器 | | 或 | QF |
| 热继电器 | 常闭触点 | | FR |
| | 热元件 | | FR |
| 串励直流电动机 | | | MD |
| 他励直流电动机 | | | MD |

（续）

| 名称 | | 图形符号 | 文字符号 |
|---|---|---|---|
| 并励直流电动机 | | 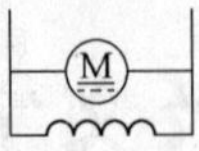 | MD |
| 复励直流电动机 | | 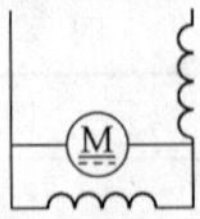 | MD |
| 行程开关 | 常开触点 |  | SQ |
| 行程开关 | 常闭触点 |  | SQ |
| 行程开关 | 复合式触点 |  | SQ |
| 按钮开关 | 带动合触点的按钮 |  | SB |
| 按钮开关 | 带动断触点的按钮 |  | SB |
| 按钮开关 | 复合按钮 | 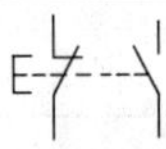 | SB |
| 熔断器 | |  | FU |
| 接触器 | 线圈符号 | 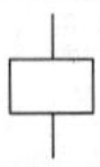 | KM |
| 接触器 | 常开主触点 |  | KM |
| 接触器 | 常闭主触点 |  | KM |
| 接触器 | 辅助触点 |  | KM |
| 继电器 | 继电器线圈一般符号 | 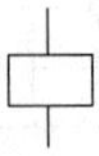 | KA |
| 继电器 | 欠电压继电器线圈 |  | KV |
| 继电器 | 过电压继电器线圈 | 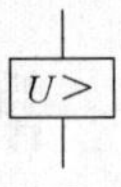 | KV |
| 继电器 | 过电流继电器线圈 | 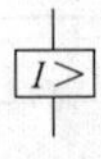 | KA |
| 继电器 | 欠电流继电器线圈 | 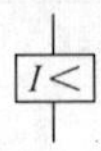 | KA |
| 继电器 | 常开、常闭触点 | 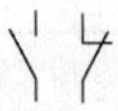 | 相应继电器文字符号 |
| 时间继电器 | 线圈一般符号 | 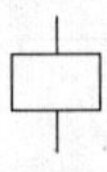 | KT |
| 时间继电器 | 通电延时线圈 | 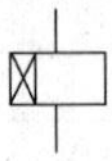 | KT |
| 时间继电器 | 断电延时线圈 | 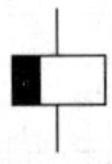 | KT |
| 时间继电器 | 通电延时常开触点 | 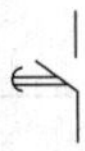 | KT |
| 时间继电器 | 通电延时常闭触点 |  | KT |
| 时间继电器 | 断电延时常开触点 |  | KT |
| 时间继电器 | 断电延时常闭触点 |  | KT |
| 时间继电器 | 瞬时动作触点 |  | KT |
| 速度继电器 | 转子 | 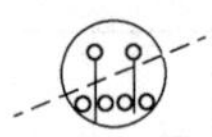 | KS |
| 速度继电器 | 常开触点 | 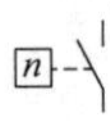 | KS |
| 速度继电器 | 常闭触点 | 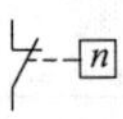 | KS |

# 参考文献


[1] 王浔. 维修电工技能训练 [M]. 北京：机械工业出版社，2009.

[2] 强高培. 电机与电气控制线路 [M]. 北京：机械工业出版社，2008.

[3] 诸笃运. 供用电技术项目教程 [M]. 北京：机械工业出版社，2009.

[4] 齐占庆. 电气控制技术 [M]. 北京：机械工业出版社，2006.

[5] 常斗南. 可编程序控制器原理·应用·实验 [M]. 北京：机械工业出版社，2002.

[6] 董桂桥. 电力拖动控制与技能训练 [M]. 北京：机械工业出版社，2005

[7] 机械工业部. 电工常识 [M]. 北京：机械工业出版社，2004.

[8] 周建清. PLC应用技术 [M]. 北京：机械工业出版社，2008.

[9] 黄净. 电气控制与可编程序控制器 [M]. 北京：机械工业出版社，2004.